NÃO TENHO A MENOR IDEIA

JORGE CHAM &
DANIEL WHITESON

NÃO TENHO A MENOR IDEIA

Tradução
Marcello Neto
Anna Maria Sotero

1ª edição

BestSeller
Rio de Janeiro | 2019

CIP-BRASIL. CATALOGAÇÃO NA PUBLICAÇÃO
SINDICATO NACIONAL DOS EDITORES DE LIVROS, RJ

Cham, Jorge
C427n Não tenho a menor ideia: um guia para o universo desconhecido / Jorge Cham, Daniel Whiteson; tradução Anna Maria Sotero da Silva Neto, Marcello Barbosa da Silva Neto. – 1ª ed. – Rio de Janeiro: Best*Seller*, 2019.

Tradução de: We have no idea: A guide to the unknown universe
ISBN 978-85-7684-338-2

1. Astrofísica. 2. Matéria interestelar. I. Whiteson, Daniel. II. Silva Neto, Anna Maria Sotero da. III. Silva Neto, Marcello Barbosa da. IV. Título.

CDD: 523.01
19-58813 CDU: 52

Vanessa Mafra Xavier Salgado – Bibliotecária – CRB-7/6644

Texto revisado segundo o novo Acordo Ortográfico da Língua Portuguesa.

Título original
WE HAVE NO IDEA: A GUIDE TO THE UNKNOWN UNIVERSE

Design de capa original e ilustrações de miolo: Jorge Cham

Impresso no Brasil

ISBN 978-85-7684-338-2

Seja um leitor preferencial Record.
Cadastre-se no site www.record.com.br e receba informações
sobre nossos lançamentos e nossas promoções.

Atendimento e venda direta ao leitor
sac@record.com.br

Para minha filha, Elinor.

— J. C.

Para minha família,
por me apoiar em todos os capítulos da minha vida,
mesmo aqueles com trocadilhos ruins.

— D. W.

Sumário

NÃO TENHO A MENOR IDEIA

Introdução

Você gostaria de saber como o universo começou, do que é feito e como vai terminar? De entender de onde vêm o tempo e o espaço? De descobrir se estamos sozinhos no universo?

Que pena! Este livro não vai lhe dar nenhuma dessas respostas.

Pelo contrário, este livro é sobre todas as coisas que *não* sabemos sobre o universo: todas as grandes perguntas que você acha que já foram respondidas, mas que, na verdade, não foram.

Frequentemente, temos notícia de alguma grande descoberta que responde a uma pergunta profunda sobre o universo. Mas quantas pessoas de fato tinham ouvido a pergunta antes de ficarem sabendo da resposta? E quantas dessas grandes questões ainda permanecem sem respostas? É para isso que este livro serve, para apresentá-lo às questões em aberto.

Nas páginas a seguir, explicaremos quais são as grandes perguntas não respondidas sobre o universo e porque elas ainda são um mistério. Ao final, você terá percebido quão absurdo é acharmos que temos alguma ideia do que está acontecendo ou de como o universo realmente funciona. A vantagem é que você terá, pelo menos, uma ideia do porquê não termos a menor ideia.

O objetivo do livro não é fazer você ficar deprimido pelo tanto que não sabemos, mas empolgá-lo com a quantidade inacreditável de terreno ainda não explorado. Para cada mistério cósmico não resolvido, vamos também revelar o que as respostas associadas poderiam significar para nós, humanos, e que surpresas desconcertantes poderiam estar se escondendo em cada fato desconhecido. Nós vamos ensiná-lo a olhar para o mundo de um modo diferente — ao compreender o que não sabemos, podemos ver que o futuro está cheio de possibilidades impressionantes.

Então coloque o cinto, acomode-se e prepare-se para explorar as profundezas de nossa ignorância, porque o primeiro passo da descoberta é saber o que não sabemos. Estamos prestes a embarcar em uma jornada através dos grandes mistérios do universo.

1.
Do que é feito o universo?

Neste capítulo você aprende que
é bem esquisito e especial

Se você é um ser humano (contaremos com essa suposição por enquanto), é praticamente impossível não ficar curioso sobre o mundo ao seu redor. Faz parte do que significa ser um humano e parte da razão pela qual você escolheu este livro.

Não é novidade. Desde o primórdio dos tempos, as pessoas buscam repostas para questões básicas e bastante razoáveis sobre o mundo:

Do que é feito o universo?

Rochas grandes são feitas de rochas menores?

Por que não podemos comer pedra?

Como é ser um morcego?[1]

1 A última pergunta é o título de um dos artigos sobre filosofia mais citados no mundo em todos os tempos, do filósofo americano Thomas Nagel. Spoiler: a resposta é "Nunca saberemos".

A primeira pergunta, "Do que é feito o universo?", é uma questão de enorme importância. Enorme não apenas por causa do assunto (e não ficará muito maior que o próprio universo), mas porque perguntar do que o universo é feito é relevante para todo mundo. É o mesmo que perguntar do que são feitos a sua casa e tudo o que está nela (incluindo você). Não é necessário um conhecimento profundo de matemática ou física para compreender que esta pergunta afeta cada um de nós.

Digamos que você tenha sido a primeira pessoa a tentar responder à pergunta "Do que é feito o universo?". Uma boa estratégia seria tentar primeiro a ideia mais simples, mais ingênua. Por exemplo, você poderia dizer que o universo é feito das coisas que podemos ver nele e, então, poderia responder à pergunta fazendo uma lista. Tal lista começaria assim:

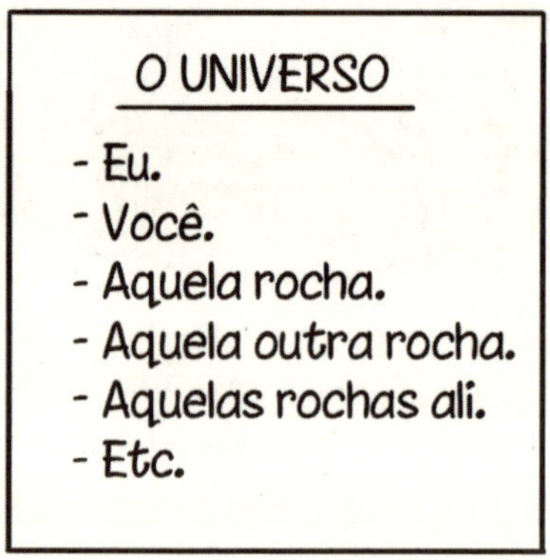

Porém, essa abordagem tem sérios problemas. Primeiro, sua lista será muito, muito longa. Precisa incluir cada rocha de cada planeta do universo e, ainda, ela própria (sua lista também faz parte do universo). Se você exigir que a lista inclua objetos, assim como as partes que os compõem, então ela seria infinitamente longa. Se você não exigir que a lista mencione as partes dos objetos, poderia ter uma lista de um único elemento: "o universo." Claramente, esta abordagem tem grandes problemas independentemente do que se faça a respeito.

Sobretudo porque fazer uma lista não responde à pergunta. O tipo de resposta que seria satisfatória não registraria apenas a complexidade dos nossos arredores — a quase infinita variedade de coisas que temos perto de nós —, mas também a *simplificaria* para nós. Esse é exatamente o grande triunfo da tabela periódica de elementos (aquela com oxigênio, ferro, carbono etc.). Ela descreve todos os objetos que os humanos já viram, tocaram, provaram[2] ou atiraram uns nos outros, todos em termos de cerca de cem blocos básicos de construção. A tabela mostra que o universo é organizado com o mesmo princípio do Lego. Com um mesmo conjunto de pequenas peças plásticas, é possível construir dinossauros de brinquedo, aviões ou piratas — ou criar seu próprio híbrido: dinossauro-pirata voador.

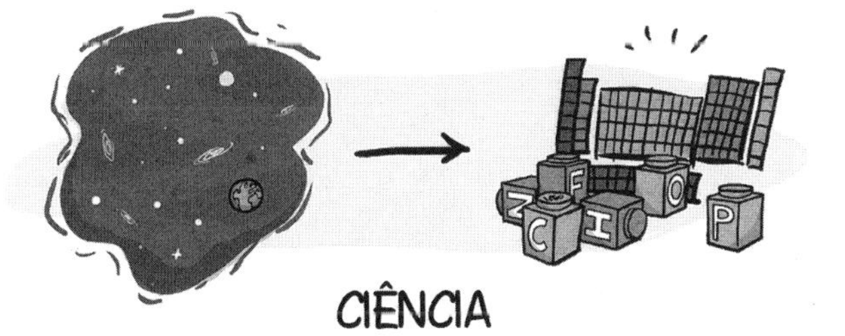

Assim como num Lego, um punhado destes blocos básicos de construção (os elementos) permite a criação de muitas coisas do nosso universo: estrelas, pedras, poeira, sorvete, lhamas. Este princípio organizacional, em que objetos complexos são, na verdade, combinações de objetos simples, nos permite adquirir um entendimento mais profundo destrinchando esses objetos simples.

Mas por que o universo segue a filosofia do Lego? Até onde sabemos, não há razão para que esta simplificação seja sequer possível. Até onde os primeiros e as primeiras cientistas das cavernas sabiam, o mundo *poderia* ter dado certo de várias maneiras diferentes. Tudo o que os cientistas das cavernas Ook e Groog tinham como base de suas ideias eram suas experiências, que eram consistentes com muitas ideias diferentes sobre do que era feito o universo.

---

2. Sim, incluindo aquela vez no terceiro ano em que seu amigo lambeu um lagarto.

Poderia ser que o número de tipos de coisas fosse quase infinito. Em tal universo, rochas seriam feitas de partículas de rocha elementares. O ar poderia ter sido feito de partículas de ar elementares. Elefantes seriam feitos de partículas de elefante elementares (vamos chamá-las Dumbotrons). Nesse universo hipotético, a tabela de elementos teria praticamente um *número infinito* de itens.

Ou, mais estranho ainda, poderíamos viver em um universo no qual as coisas não fossem de maneira alguma feitas de partículas minúsculas. Em tal universo, rochas seriam feitas simplesmente de material de rocha, uniforme, que poderia ser eternamente cortado em pedaços cada vez menores, e a faca usada para cortá-lo seria eternamente afiada.

PRIMEIROS CIENTISTAS

Ambas as ideias eram consistentes com os dados coletados pelos professores Ook e Groog em seus experimentos famosos de colisões de rochas. Mencionamos essas possibilidades não porque achamos que o universo funcione desse jeito, mas para lembrá-los de que a nossa parte do universo poderia funcionar assim e que *ainda pode ser assim que funciona outros tipos de matéria do universo que ainda não exploramos*.

É por isso que os mistérios não resolvidos do universo que você vai encontrar neste livro devem fazê-lo sentir-se inspirado e entusiasmado, e não frustrado e desmoralizado. Esses mistérios revelam o quanto ainda temos a explorar e descobrir.

No universo que conhecemos e amamos, as coisas ao nosso redor parecem ser feitas de partículas minúsculas. Após milhares de anos de pensamentos e pesquisa, temos uma teoria de matéria bastante elegante.[3] Dos primeiros experimentos de Ook e Groog aos dias de hoje, nós ultrapassamos a tabela periódica e espiamos o interior do átomo.

3. A ciência na sua forma moderna, com experimentos, dados e jalecos, tem apenas centenas de anos, mas a história do pensamento sobre essas questões tem milhares.

A matéria como nós a conhecemos é composta de átomos dos elementos listados na tabela periódica. Cada átomo tem um núcleo cercado por uma nuvem de elétrons. Os núcleos contêm prótons e nêutrons, cada um dos quais é formado por quarks up e down. Assim, com quarks up, down e elétrons, podemos construir qualquer elemento da tabela periódica. Que conquista! Reduzimos nossa lista dos ingredientes do universo de infinitamente longa para cerca de uma centena de elementos da tabela periódica e, daí, para apenas três partículas. Tudo o que já vimos, tocamos, cheiramos ou topamos com o dedinho do pé pode ser formado a partir de três blocos constituintes básicos. Parabéns ao trabalho coletivo de milhões de cérebros humanos.

Mas, se por um lado devemos ficar orgulhosos de nós mesmos enquanto espécie, por outro, essa descrição está incompleta por duas razões importantes.

Primeiro, há outras partículas por aí, não apenas o elétron e dois quarks. Apenas essas três partículas são necessárias para formar matéria normal, mas, no século passado, os físicos de partículas descobriram outras nove partículas de matéria e cinco outras que transmitem forças. Algumas dessas partículas são bastante estranhas, como o neutrino fantasmagórico, que pode viajar por trilhões de quilômetros através do chumbo sem ser espalhado sequer por uma única partícula.[4] Para os neutrinos, o chumbo

4. Nós achamos. Ninguém jamais tentou literalmente este experimento.

é transparente. Outras partículas são bastante parecidas com as três que compõem a matéria, só que muito, muito mais pesadas.

Por que temos essas partículas extras? Para que servem? Quem as convidou para a festa? Quantos outros tipos de partículas existem? Não sabemos. Mais ainda: *não temos a menor ideia*. Algumas dessas partículas estranhas e seus padrões intrigantes serão discutidos mais detalhadamente no Capítulo 4.

Mas essa descrição está incompleta por outro motivo importante. Se por um lado precisamos de apenas três partículas para construir estrelas, planetas, cometas e picles, por outro, parece que tais coisas compõem apenas uma fração minúscula do universo. O tipo de matéria que consideramos normal — porque é o único que conhecemos — é na verdade bem pouco usual. De todas as coisas (matéria e energia) do universo, esse tipo de matéria corresponde a apenas 5% do total.

Do que são feitos os outros 95%? *Não sabemos*.

Se fizéssemos um gráfico de pizza do universo, ele teria a seguinte aparência:

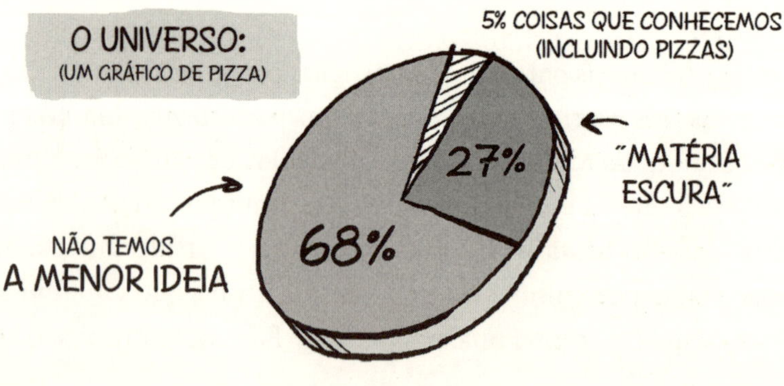

Essa pizza parece bastante misteriosa. Apenas 5% dela é feita de coisas que conhecemos, incluindo estrelas, planetas e tudo neles. Um total de 27% é composto por algo que chamamos de "matéria escura". Os 68% restantes do universo é composto por algo que mal entendemos. Os físicos chamam isso de "energia escura" e achamos que é ela a responsável pela expansão do universo, mas isso é tudo que sabemos a respeito. Explicaremos ambos esses conceitos e como chegamos a esses números exatos nos capítulos adiante.

E fica pior. Mesmo dentro dos 5% das coisas que conhecemos, ainda há muita coisa que não sabemos (lembram-se daquelas partículas extras?). Em alguns casos, não sabemos nem sequer como formular as perguntas certas que vão revelar estes mistérios.

Essa é, então, a nossa situação atual enquanto espécie. Apenas alguns parágrafos atrás, estávamos nos parabenizando pelos nossos feitos incríveis de exploração do nosso potencial intelectual por termos sido capazes de descrever toda a matéria conhecida em termos simples. Agora isso parece ter sido um pouco prematuro, visto que *a maior parte do universo é composta por alguma outra coisa*. É como se tivéssemos passado milhares de anos estudando um elefante para descobrir, repentinamente, que estávamos olhando apenas *para a sua cauda*.

Reconhecer isso pode deixá-lo um pouco desapontado. Talvez você tenha pensado que havíamos alcançado o ápice do nosso conhecimento e domínio do universo (temos robôs que aspiram a casa, ora bolas). O mais importante é não enxergar isso como uma decepção, mas como uma oportunidade incrível: uma oportunidade de explorar, aprender e ter ideias. E se te dissessem que exploramos apenas 5% de toda a terra do planeta? Ou que você experimentou apenas 5% dos sabores de sorvete existentes em todo o mundo? O cientista em você iria exigir uma explicação bastante detalhada (e mais colheradas) e estaria bem entusiasmado com a possibilidade de novas descobertas.

Tente se lembrar do ensino fundamental, quando você estava aprendendo sobre as descobertas dos grandes exploradores da história. Eles navegaram pelo desconhecido, descobriram novas terras e mapearam o mundo. Se isso pareceu empolgante, talvez você tenha sentido também um pingo de tristeza, porque todos os continentes já foram descobertos, todas as ilhas minúsculas já têm nome e, nesta era de satélites e GPS, a da exploração parece ter ficado no passado. A boa notícia é que não ficou, não.

Existe uma quantidade *enorme* de exploração ainda a ser feita. Na verdade, estamos nos primórdios de uma era de exploração inteiramente nova. Estamos entrando em um período que vai muito provavelmente redefinir nossa compreensão do universo. Por um lado, sabemos que sabemos muito pouco (5%, lembra?) e temos alguma noção de quais tipos de perguntas fazer. Por outro, estamos desenvolvendo algumas ferramentas bastante fantásticas, como novos e poderosos aceleradores de partículas, detectores de ondas gravitacionais e telescópios que vão nos ajudar a obter todas as respostas. Isso tudo está acontecendo *agora mesmo*.

O mais empolgante é que os grandes mistérios científicos *têm* respostas reais e difíceis. Só não sabemos quais são ainda. Existe a possibilidade de que sejam resolvidas ainda na nossa geração. Por exemplo, se há ou não há vida inteligente em algum outro lugar do universo neste exato instante. A resposta existe (Mulder estava certo: a verdade *está* lá fora). O conhecimento destas respostas mudaria a forma com que encaramos o mundo de uma maneira bem drástica.

A história da ciência é repleta de revoluções nas quais descobrimos constantemente que nossa visão de mundo estava distorcida pela nossa perspectiva. Uma Terra plana, um sistema solar que gira em torno da Terra, um universo dominado por estrelas e planetas, eram ideais bastante razoáveis, dadas as informações disponíveis no momento, mas que agora vemos como constrangedoramente ingênuas. É praticamente certo que haja mais revoluções dobrando a esquina, em que ideias importantes que aceitamos atualmente, como a relatividade e a física quântica, podem ser estraçalhadas e substituídas por ideias novas de tirar o fôlego. Daqui a duzentos anos as pessoas provavelmente vão analisar nosso entendimento de como as coisas acontecem da mesma forma que nós analisamos o entendimento que os homens e mulheres das cavernas tinham do mundo.

A jornada da raça humana rumo ao desbravamento do universo está longe do fim, e *você* faz parte dela. Prometemos que a viagem será mais doce que rapadura.

2.
O que é matéria escura?

Você está nadando nela

Aqui está um gráfico de barras da massa e energia do universo como conhecemos:

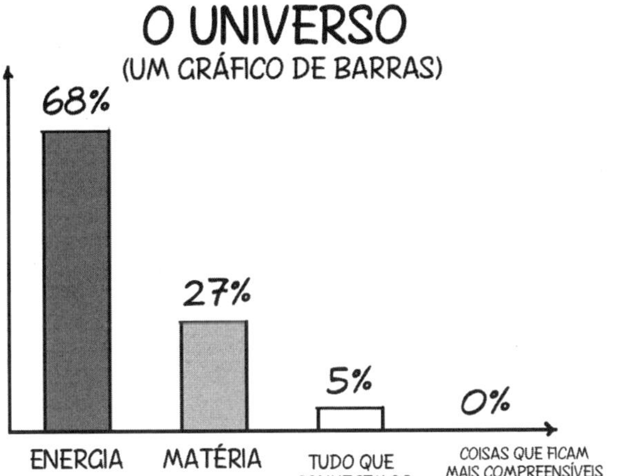

Os físicos acreditam que uma porção surpreendente de 27% de toda a matéria e energia no universo conhecido são compostas de algo chamado "matéria escura". Isso significa que a maior parte da matéria no universo não é do tipo que passamos séculos estudando. Há *cinco vezes* mais dessa matéria misteriosa do que da matéria normal, que nos é familiar. Na verdade, nem é justo chamarmos nossa matéria de "normal", uma vez que ela é, na verdade, bastante rara no universo.

Portanto, o que é a matéria escura? Ela é perigosa? Mancha a roupa? Como sabemos que ela existe?

A matéria escura está em todo lugar. Na verdade, você está provavelmente nadando nela. A existência da matéria escura foi inicialmente proposta nos anos 1920 e levada a sério pela primeira vez nos anos 1960, quando os astrônomos perceberam algo de estranho em como as galáxias giram e o que isso representa para a quantidade de massa nelas.

Fatos que nos garantem que matéria escura existe

1. Galáxias em rotação

Para entender a conexão entre matéria escura e galáxias em rotação, imagine colocar um monte de bolas de pingue-pongue num carrossel. Agora imagine o carrossel girando. É de se esperar que as bolas de pingue-pongue voem para fora do carrossel. Uma galáxia em rotação funciona quase da mesma forma.[5] Como a galáxia está girando, as estrelas nela tendem a querer voar para fora. A única coisa que as mantém juntas é a força gravitacional de toda a massa presente na galáxia (a gravidade puxa coisas com massa umas contra as outras). Quanto mais rápido uma galáxia gira, mais massa é necessária para manter todas as estrelas. Consequentemente, sabendo-se a quantidade de massa em uma galáxia podemos prever sua velocidade de rotação.

A princípio, os astrônomos tentaram estimar a massa das galáxias pela contagem do número de suas estrelas. Mas, quando usaram este número para calcular quão rápido as galáxias deveriam estar girando, algo não fechou. As medidas mostraram que as galáxias estavam girando mais rápido do que o previsto pela contagem do número de estrelas. Em outras palavras, as estrelas deveriam estar voando para fora das galáxias, assim como as bolas de pingue-pongue no carrossel. Para explicar essa alta velocidade de rotação, os astrônomos precisaram adicionar uma

5. Embora galáxias tendam a ser ligeiramente maiores que carrosséis.

quantidade de massa enorme às galáxias para que as estrelas continuassem juntas segundo seus cálculos. Mas eles não conseguiam ver onde essa massa estava. Essa contradição poderia ser resolvida se supuséssemos a existência de uma quantidade enorme de alguma substância pesada e invisível, ou "escura", em cada galáxia.

Essa foi uma afirmação bastante extraordinária. E, como o famoso astrônomo Carl Sagan uma vez disse: "Afirmações extraordinárias exigem evidências extraordinárias." E, assim, esse estranho enigma existiu na comunidade de astronomia por décadas sem ser compreendido. Com o passar dos anos, a existência dessa coisa pesada invisível e misteriosa (ou matéria escura, como ficou conhecida) começou a ser mais e mais amplamente aceita.

2. Lentes gravitacionais

Outro indício importante para convencer os cientistas da existência da matéria escura foi constatar que ela pode *entortar a luz*. É o que chamamos de lentes gravitacionais.

Os astrônomos olhavam para o céu e percebiam algo estranho. Viam a imagem de uma galáxia vindo de uma direção. Não há nada de estranho nisso, mas ao moverem o telescópio apenas um pouquinho eles viam a imagem de outra galáxia que se parecia muito com a primeira. A forma, a cor e a luz oriundas dessas galáxias eram tão similares que os astrônomos estavam certos de que era uma galáxia só. Mas como pode? Como uma mesma galáxia poderia aparecer duas vezes no céu?

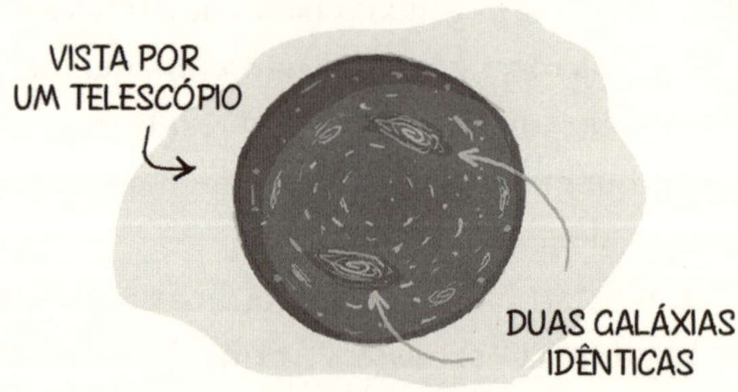

Observar duas galáxias idênticas faz todo o sentido se existir algo pesado (e invisível) localizado entre você e uma galáxia; essa bolha pesada e invisível pode agir como uma lente gigante, entortando a luz de uma galáxia de modo que pareça que ela vem de duas direções diferentes.

Imagine que a luz saia dessa galáxia em todas as direções. Agora considere duas partículas de luz, conhecidas como fótons, vindas dela em sua direção, mas uma pela esquerda e outra pela direita. Se houver algo pesado entre você e aquela galáxia, a força gravitacional desse objeto vai distorcer o espaço ao seu redor, fazendo com que as partículas de luz tracem uma curva até você.[6]

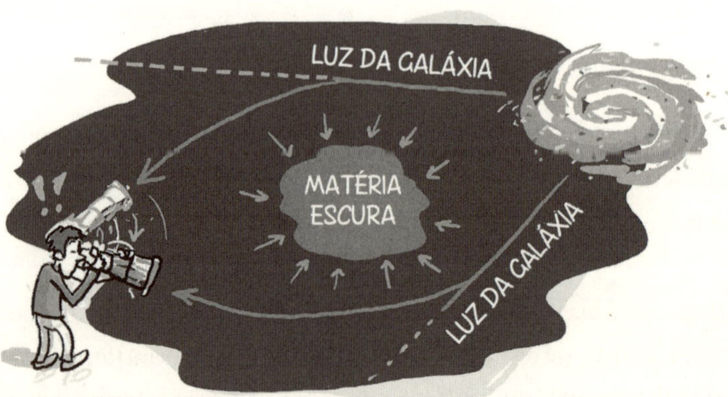

6. A possibilidade de entortar a luz através da força gravitacional foi algo que Albert Einstein propôs e foi posteriormente confirmado. Dizem que ele era um cara bem esperto.

Da Terra, você observa isso no seu telescópio como duas imagens da mesma galáxia vindas de duas direções diferentes no céu. Esse efeito foi observado em todo o céu noturno; essa coisa pesada e invisível parece estar em todo lugar. A matéria escura deixou de ser uma ideia louca. Existia evidência dela para onde quer que olhássemos.

3. Galáxias em rota de colisão

A evidência mais contundente da existência de matéria escura veio quando conseguimos observar uma gigantesca colisão entre galáxias no espaço. Dois aglomerados de galáxias bateram um contra o outro milhões de anos atrás num evento épico; não presenciamos a colisão propriamente dita, mas, como a luz da colisão leva milhões de anos para nos alcançar, podemos nos sentar e nos acomodar para ver as explosões resultantes.

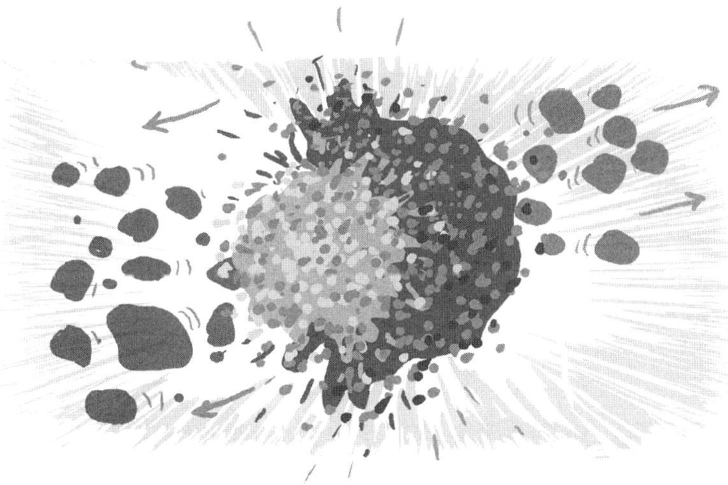

À medida que os dois aglomerados de galáxias bateram um no outro, o gás e a poeira de ambos colidiram com resultados espetaculares: grandes explosões e nuvens gigantes de poeira sendo rasgadas ao meio. É um festival de efeitos especiais. Se ajudar, tente visualizar uma pilha gigante de balões de água sendo arremessados um contra o outro a uma velocidade insanamente alta.

Mas os astrônomos também notaram algo além. Próximo ao local da colisão, eles perceberam dois aglomerados gigantes de matéria escura; é claro que essa matéria escura é invisível, mas eles puderam identificá-la indiretamente medindo a distorção que tais aglomerados estavam causando na luz das galáxias que se encontravam atrás deles. Esses dois aglomerados de matéria escura pareciam se mover ao longo da rota de colisão como se nada tivesse acontecido.

O que os astrônomos puderam concluir foi: havia dois aglomerados de galáxias, cada um tanto com matéria regular (na maior parte gás e poeira de estrelas) quanto com matéria escura. Quando os dois aglomerados colidiram, a maior parte do gás e da poeira se espatifou, como era de se esperar de uma matéria normal. Mas o que acontece quando matéria escura se choca com matéria escura? *Nada que pudéssemos detectar!* Os aglomerados de matéria escura continuaram seu caminho e passaram um *através* do outro — quase que como se fossem invisíveis um ao outro. As estrelas também passaram quase todas umas pelas outras, por estarem tão dispersas.

Bolhas enormes de matéria, maiores que muitas galáxias, passaram umas pelas outras. Em teoria, a colisão arrancou o gás e a poeira dessas galáxias.

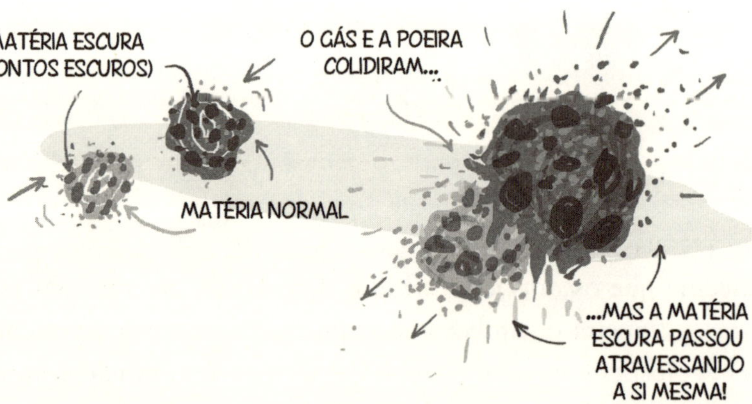

O que sabemos a respeito da matéria escura

A esta altura já ficou bastante óbvio que a matéria escura existe e que é bem estranha e diferente do tipo de matéria a que estamos acostumados. Aqui vai o que sabemos sobre a matéria escura:

- Tem massa.
- É invisível.
- Curte uma galáxia.
- A matéria regular parece não tocá-la.
- Outra matéria escura parece não tocá-la, tampouco.[7]
- Tem um nome irado.

Agora você deve estar pensando: *Cara, como eu queria ser feito de matéria escura. Eu seria um super-herói sensacional.* Não? Ok, talvez só a gente.

Uma coisa que sabemos sobre a matéria escura é que ela não se esconde longe, na verdade tende a se aglomerar em bolhas massivas que flutuam no espaço, e com galáxias. Isso significa que existe uma probabilidade alta de que a matéria escura esteja lhe rodeando nesse exato momento. Ao ler esta página, é bem provável que matéria escura esteja passando por este livro e por você. Mas, se ela nos cerca, por que tanto mistério? Por que não podemos vê-la ou tocá-la? Como algo pode estar aqui e não ser visto?

É muito difícil estudarmos a matéria escura, porque não podemos interagir muito com ela. Não podemos vê-la (por isso a chamamos de "escura"), mas sabemos que ela tem massa (por isso a chamamos de "matéria"). Para explicar como isso é possível, precisaremos primeiro pensar em como a matéria regular interage.

---

7. Pode ser que a matéria escura possa sentir a si própria através de alguma força nova desconhecida.

Como a matéria interage

Há quatro maneiras principais através das quais a matéria interage:

Gravitação

Se duas coisas têm massa, elas sentirão uma força atrativa entre si.

Eletromagnetismo

É a força que duas partículas sentem se tiverem carga elétrica. Ela pode ser repulsiva ou atrativa dependendo se as cargas são iguais ou diferentes.

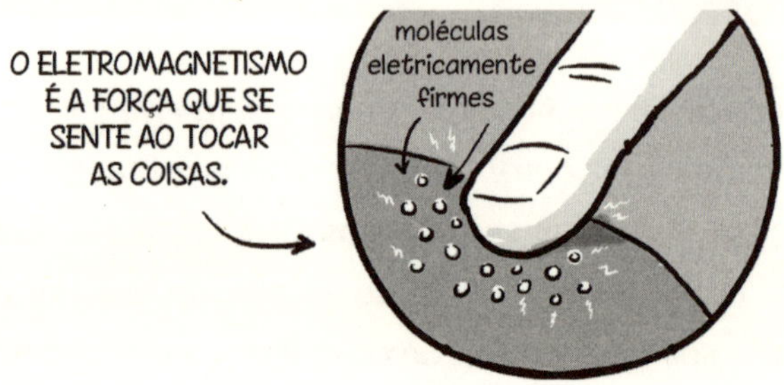

Você realmente *sente* esta força no dia a dia. Se apertar este livro, o papel não se estraçalha, ou sua mão não atravessa o papel, porque as moléculas no livro se seguram firme umas às outras com ligações eletromagnéticas e repelem as moléculas da sua mão.

O eletromagnetismo também é responsável pela luz e, claro, a eletricidade e o magnetismo. Falaremos mais sobre a luz e as conexões mais profundas entre partículas e forças adiante.

A força nuclear fraca

Esta força é parecida, de muitas maneiras, com o eletromagnetismo, porém é muito, muito mais fraca. Por exemplo, os neutrinos a usam para interagir (de um jeito muito fraco!) com outras partículas. A energias muito altas, a força fraca se torna tão forte quanto a força eletromagnética e já se sabe que representa parte de uma força unificada chamada "eletrofraca".

A força nuclear forte

Esta é a força que mantém os prótons e os nêutrons unidos dentro do núcleo de um átomo. Sem ela, todos os prótons carregados positivamente no núcleo iriam simplesmente repelir uns aos outros e voar para longe.

Como a matéria escura interage

É importante perceber que esta lista de forças é apenas *descritiva*. Nesse sentido, a física se assemelha à botânica. Não entendemos *por que* essas forças existem. Essa é apenas uma lista das coisas que observamos. Nem sequer sabemos se a lista está completa. Mas até o momento conseguimos explicar qualquer experimento feito em física de partículas usando essas quatro forças.

Então, por que a matéria escura é tão escura? Bom, a matéria escura tem massa, então sente a gravitação. Mas isso é tudo que sabemos com certeza sobre suas interações. *Achamos* que ela não interage eletromagneticamente. Até onde sabemos, não reflete a luz nem produz luz e, por causa disso, é difícil *vê-la* diretamente. A matéria escura também parece não interagir via forças nucleares, seja a fraca ou a forte.

Portanto, tirando quaisquer novos tipos de interação ainda não descobertos, parece que a matéria escura não interage conosco, nem com nossos telescópios ou detectores, usando qualquer um dos mecanismos usuais. Isso dificulta bastante seu estudo.

Das quatro maneiras fundamentais que conhecemos, através das quais as coisas interagem, a única que sabemos com certeza que se aplica à matéria escura é a gravitação. É aí que a "matéria" em matéria escura entra. Tem coisa na matéria escura. Ela tem massa e, se tem massa, sente a gravidade.

Como podemos estudar a matéria escura?

Esperamos tê-lo convencido de que a matéria escura existe. Com certeza, há algo lá fora evitando que as estrelas voem pelo espaço afora, entortando a luz das galáxias e saindo de explosões cósmicas gigantes como os heróis dos filmes de ação saem de carros explodindo em câmera lenta (sem sequer olhar para trás). A matéria escura é descolada assim.

Mas a pergunta persiste: do que é feita a matéria escura? Não podemos fingir que temos uma resposta para a pergunta maior, do que o universo é feito, se apenas estudamos os 5% mais fáceis. Não podemos ignorar os enormes 27% que são matéria escura. A resposta mais rápida é que ainda temos pouquíssima ideia do que é a matéria escura. Sabemos que existe, quanto é e aproximadamente onde está, mas ainda não sabemos de que tipo de partículas é composta — nem sequer se *é* mesmo feita de partículas. Lembre-se de que precisamos ter cuidado ao definirmos um tipo de matéria pouco usual para todo o universo.[8] Manter a mente aberta é necessário para os tipos de descoberta capazes de mudar nosso olhar sobre o universo e nosso lugar nele.

Para progredirmos, precisamos examinar algumas ideias específicas, explorar suas consequências e projetar experimentos para testá-las. É possível que a matéria escura seja feita de elefantes roxos dançantes construídos a partir de algum tipo bizarro de partícula não detectável, mas, como essa teoria é difícil de ser testada, não tem alta prioridade científica.[9]

Uma ideia simples e concreta é que a matéria escura é feita de um tipo novo de partícula, que usa um tipo novo de força para interagir muito fracamente com a matéria normal. Por que considerar apenas uma nova partícula? Porque é a ideia mais simples, então faz sentido considerá-la primeiro. É perfeitamente possível que a matéria escura seja feita de diversos tipos de partículas, assim como a matéria normal; essas partículas

8. Se você comeu um sanduiche de queijo no almoço hoje, não significa que todos os almoços são sanduiches de queijo.

9. Até o momento da produção desse livro, o fomento científico tem sido imprevisível.

escuras podem ter todo tipo de interações interessantes, resultando em uma química escura, talvez até mesmo biologia escura, vida escura e perus escuros (uma ideia amedrontadora).

Essa partícula candidata é conhecida pelo acrônimo WIMP, ou Partícula Massiva Fracamente Interagente (i.e., algo com massa que interage fracamente com a matéria regular). Especula-se que ela talvez use uma nova força hipotética para interagir com o nosso tipo de matéria, mais ou menos ao mesmo nível dos neutrinos, o que é muito, muito pouco. Durante um tempo as pessoas consideraram outras ideias, como bolhas enormes de matéria normal do tamanho de Júpiter. Para distingui-las dos WIMPs, deram o apelido MACHOs, ou Objetos Astrofísicos Massivos de Halo Compacto.

Como podemos saber se a matéria escura interage com a matéria normal através de outras forças além da gravitacional? Não podemos. Esperamos que elas interajam, porque isso tornaria muito mais fácil sua detecção. Então tentamos primeiro os experimentos bem difíceis antes de tentar aqueles praticamente impossíveis.

Os físicos construíram experimentos projetados para detectar as partículas hipotéticas de matéria escura. Uma estratégia clássica é encher um contêiner com algum gás nobre frio e sob pressão e rodear o contêiner com detectores que disparam quando *um dos átomos* do gás é atingido por matéria escura. Até agora esses experimentos não deram qualquer evidência de matéria escura, mas estão começando a ficar maiores e mais sensíveis, e, portanto, esperamos que sejam capazes de detectá-la em breve.

Outra abordagem é tentar criar matéria escura com aceleradores de partículas, que lançam partículas de matéria normal (prótons ou elétrons) umas contra as outras a uma velocidade insanamente alta. Isso por si só já é fantástico, e incorpora ainda o benefício de tornar capaz a exploração do universo para novas partículas. Eles têm esse poder porque conseguem transformar um tipo de matéria em outros tipos de matéria. Quando as partículas colidem, elas não apenas rearranjam suas partes internas em novas configurações; a matéria antiga é aniquilada e novas formas de matéria são produzidas. É como alquimia (não é brincadeira) em nível subatômico. Isso quer dizer que você pode quase que sem limitações fabricar qualquer tipo de partícula que puder existir sem saber a priori pelo que está procurando. Os cientistas examinam essas colisões à procura de evidências de que algumas delas levem à criação de matéria escura.

Uma terceira abordagem é apontar os nossos telescópios para onde imaginamos que haja grandes concentrações de matéria escura. O lugar mais próximo é o centro da nossa galáxia, que parece ter uma bolha enorme de matéria escura. A ideia é que duas partículas aleatórias de matéria escura possam colidir, se aniquilando mutualmente. Se a matéria escura tem autointeração, ela pode colidir consigo mesma para criar partículas de matéria normal, assim como partículas normais podem colidir para criar matéria escura.[10] Se isso acontecer com certa frequência, algumas dessas partículas normais resultantes terão uma distribuição de energia peculiar e estarão posicionadas de modo que nossos telescópios poderão identificá-las como possivelmente oriundas de colisões de matéria escura. Mas compreender isso requer que saibamos bastante sobre o que acontece no centro da nossa galáxia, que é um conjunto de mistérios à parte.

10. Se duas partículas normais podem se transformar em partículas de matéria escura, o processo inverso também pode acontecer: duas partículas de matéria escura podem se transformar em partículas de matéria normal.

Por que isso importa

Matéria escura é um forte indicador de que mesmo com todas as nossas descobertas e progresso ainda estamos praticamente alheios no que diz respeito à natureza do universo. Em termos de conhecimento, estamos no mesmo nível que os cientistas das cavernas Ook e Groog. A matéria escura não está sequer em nossos modelos físicos e matemáticos atuais do universo. Há uma enorme quantidade de coisas lá fora nos puxando e não sabemos o que é. Não podemos mesmo dizer que entendemos o universo sem compreender esse tanto sobre ele.

Agora, antes que você comece a ficar paranoico com coisas escuras, esquisitas e misteriosas flutuando ao seu redor, pense o seguinte: e se a matéria escura for algo *sensacional*?

A matéria escura é feita de algo com o qual ainda não tivemos nenhuma experiência direta. É algo que nunca vimos e que talvez se comporte de maneiras que jamais imaginamos.

Imagine o enorme potencial que temos aqui.

E se a matéria escura for feita de algum tipo novo de partícula, que podemos produzir nos aceleradores de altas energias? E se, ao descobrirmos o que ela é, pudermos concluir algo sobre as leis da física que não sabíamos de antemão, como uma nova interação fundamental ou uma maneira nova de fazer funcionar interações já existentes? E se essa nova descoberta nos permitir manipular a matéria regular de maneiras novas?

Imagine que você tenha jogado um jogo a sua vida inteira e, de repente, percebe que há regras especiais ou peças novas que poderiam estar sendo usadas. Que tipo de tecnologia formidável ou entendimento podem ser acessados ao compreendermos o que a matéria escura é e como funciona?

Não podemos continuar ignorando isso para sempre. Só porque é escura não quer dizer que não importa.

3.
O que é energia escura?

Aqui o universo em expansão explode a sua mente

Você pode estar se contorcendo ao descobrir que tudo que imaginava saber sobre o universo ganharia no máximo uma pontuação de 5% em um teste-padrão elaborado por uma raça de seres alienígenas bastante esperta que viaja pelas estrelas. Sejamos realistas, suas chances de ingressar em uma universidade alienígena são muito baixas.[11] Para recapitular o que sabemos como espécie humana, aqui vai um gráfico de colunas empilhadas do universo (perdão, estamos ficando sem tipos de gráficos):

11. O que pode ser uma boa — a comida da lanchonete deles é bem esquisita.

Imagine que você passou a vida inteira achando que tinha uma casa espaçosa que representava completamente o sentido de tudo o que existe. Então num belo dia você descobre que, na verdade, a casa compõe apenas cinco andares de um edifício luxuoso de cem apartamentos. De repente, a sua relação com os vizinhos ficou mais complicada. 27 dos outros andares pertencem a algo pesado e invisível que estamos chamando de matéria escura. Eles podem ser vizinhos legais ou esquisitos. Por alguma razão insistem em evitá-lo pelos corredores.

Os outros 68 andares são praticamente um *mistério completo*. Esses 68% restantes do universo é o que os físicos estão chamando de "energia escura". É a maior fatia da realidade e não temos praticamente nenhuma ideia do que seja.

Primeiro você pode estar se perguntando por que ela é chamada de energia escura. A verdade é que poderíamos tê-la chamado de qualquer coisa.[12] Por que qualquer coisa? Porque *não sabemos quase nada a seu respeito* exceto que está causando *uma expansão muito rápida* no universo.

A segunda pergunta que você pode estar se fazendo é "Como sabemos da sua existência?". E a resposta é: bem por acaso. Foi uma surpresa completa para os cientistas, que estavam, na verdade, tentando responder à outra pergunta completamente diferente. Tentavam medir quão rapidamente a expansão do universo estava diminuindo e, em uma reviravolta, acabaram descobrindo que de fato não estava diminuindo, e sim cada vez mais rápida. Chegou a hora de subirmos até as estrelas e descobrirmos do que se tratam esses misteriosos andares de cima.

12. Quer dizer, quase qualquer coisa. "O lado escuro" já tinha sido usado.

Nosso universo em expansão

Para compreendermos quão louco e surpreendente é o fato de dois terços de todo o montante de energia do universo terem sido descobertos enquanto procurávamos outra coisa, temos que voltar atrás e recomeçar com a pergunta inicial que nos levou a tal descoberta:

Nosso universo teve um início ou existe em sua forma atual desde sempre?

Pode parecer uma pergunta simples, mas é, na verdade, bastante profunda. Há apenas cem anos, a maior parte dos cientistas julgava *óbvio* que o universo esteve assim por toda a eternidade e assim continuaria para todo o sempre. Nem passou pela cabeça da maioria das pessoas que o nosso universo estava mudando. Para eles, todas as estrelas e planetas existiam em um estado perpétuo de movimento suspenso, como um móbile pendurado no teto ou uma sala cheia de relógios que nunca param.

Então, um dia, os astrônomos começaram a perceber algo estranho. Eles mediram a luz proveniente das nossas estrelas e galáxias vizinhas e concluíram que tudo estava se movendo e se afastando de tudo. O universo não estava apenas lá quieto... estava *se expandindo*.

E se o universo esteve sempre expandindo, significa que está maior agora do que antes. E se você continuar a pensar assim e voltar no tempo, pode imaginar que, em algum momento, o universo foi bem pequeno.

Muitos físicos acharam isso ridículo e de um modo sarcástico chamaram a teoria de "Big Bang". Se esses cientistas estivessem vivos hoje, iriam provavelmente levantar os dedos, revirar os olhos e fazer o símbolo de aspas no ar toda vez que usassem esse termo. Foi um termo feito para envergonhar aqueles que propuseram a ideia, mas de algum modo vingou. Você sabe que algo está mudando fundamentalmente nosso entendimento do universo quando os físicos começam a ficar irritadiços.

O UNIVERSO PRIMORDIAL

Então os astrônomos descobriram, em 1931, que o universo estava se expandindo, o que significa que poderia estar crescendo a partir de um ponto muito, mas muito[13] denso. (Note que este ponto não estava flutuando pelo espaço, ele *era* todo o espaço. Falaremos mais sobre essa maneira nova e louca de pensarmos sobre o espaço no Capítulo 7.) Ainda havia algumas teorias sobre um universo sem Big Bang consistentes com a descoberta de expansão, mas essas teorias precisavam que mais e mais matéria fosse constantemente criada para manter o universo em expansão com a densidade atual.

Se o universo teve um início, você imediatamente se pergunta se terá um fim. O que poderia dar fim a este lugar maravilhoso, mágico e enorme? E, mais importante, será que você terá tempo de terminar este romance no qual esteve trabalhando por uma eternidade?

O que poderia causar o fim do universo? A resposta é a nossa velha amiga gravidade.

Lembre-se de que enquanto tudo que existe no universo está se ejetando por causa da explosão cósmica do Big Bang, a gravidade está trabalhando no sentido oposto. Cada pedaço de matéria no universo sente a gravidade, que está fazendo tudo que pode para juntar o universo de volta. O que isso significa para o eventual destino do universo? As pessoas tiveram várias ideias (veja a seguir).

13. Não temos como escrever tantos *muitos* aqui para informar quão denso o ponto era. Era o universo inteiro condensado em *um ponto*.

Aqui vai a parte surpreendente. A verdadeira resposta é: *nenhuma delas!* A verdade, por mais estranha que pareça, é uma quarta opção *secreta* que apenas alguns cientistas consideraram (exatamente porque parecia completamente insana):

DESTINOS POSSÍVEIS PARA O UNIVERSO

HÁ TANTA COISA NO UNIVERSO QUE A FORÇA DA GRAVIDADE VAI EVENTUALMENTE VENCER, TORNAR A EXPANSÃO MAIS LENTA E ENCOLHER TUDO DE VOLTA. É O CHAMADO BIG CRUNCH, OU O GRANDE COLAPSO.	:O
NÃO HÁ COISAS SUFICIENTES NO UNIVERSO PARA QUE A GRAVIDADE TORNE LENTA A EXPANSÃO, ENTÃO O UNIVERSO CONTINUARÁ A EXPANDIR ATÉ QUE SE ESPALHE E SE TORNE UM UNIVERSO INFINITAMENTE DILUTO E FRIO (E SOLITÁRIO).	:(
HÁ EXATAMENTE A QUANTIDADE SUFICIENTE DE COISA PARA QUE A GRAVIDADE TORNE A EXPANSÃO LENTA, MAS NÃO O SUFICIENTE PARA FAZÊ-LO ENCOLHER DE VOLTA. O UNIVERSO CONTINUARÁ SE EXPANDINDO, MAS ESSA EXPANSÃO LENTAMENTE SE APROXIMA DO ZERO.	:|

Alguma força misteriosa e poderosa está causando a expansão do espaço de forma que o universo está crescendo cada vez mais rápido.

A quarta opção é a única consistente com o que observamos sobre o universo.

Como sabemos que o universo está em expansão

Esta questão sobre o destino do universo parece ser muito importante, mas você pode relaxar. O futuro em questão está a bilhões e bilhões de anos independente do que aconteça. Você terá tempo de terminar seu best-seller e ainda escrever uma continuação. Esse assunto é importante para nós porque à medida que obtemos respostas a perguntas como essa, aprendemos mais sobre o funcionamento do universo. Às vezes, ao fazermos tais perguntas, aprendemos algo surpreendente que pode afetar nossas experiências do dia a dia. Por exemplo, você gosta de ter um GPS no seu telefone? Um GPS preciso só é possível porque Einstein se perguntou o que acontece com coisas que se movem em velocidades próximas à da luz, o que não acontece com frequência na Terra. Mas isso levou ao desenvolvimento da teoria da relatividade, sem a qual o GPS não teria precisão.

Para prevermos o destino eventual do universo, os cientistas precisaram saber quão rapidamente o universo está se expandindo. Para descobrir isso, mediram a velocidade de afastamento das galáxias ao nosso redor.

Primeiro, você precisa entender que, num universo em expansão, tudo está se afastando de tudo e não apenas do centro. Imagine que somos uma uva-passa em um pedaço de pão de uvas-passas do tamanho do universo. À medida que o pão assa e cresce, todas as uvas-passas se afastam umas das outras, mas permanecem do mesmo tamanho.

A ANALOGIA DO PÃO DE UVAS-PASSAS

Para sabermos o destino do universo precisamos saber se essa expansão está mudando: será que as outras galáxias estão se afastando de nós mais *lentamente* agora do que há bilhões de anos atrás? Ou será que estão se afastando de nós mais *rapidamente* do que estavam há bilhões de anos? O que queremos saber é como a taxa de expansão do universo está *variando com o tempo*. Para isso, precisamos saber quão rápido as coisas estavam se afastando de nós no *passado* e comparar com a velocidade com a qual estão se afastando de nós *agora*.

Observar o futuro é bem difícil, mas, para os astrônomos, olhar para o passado é fácil. Como o universo é enorme e a luz tem uma velocidade finita, a luz emitida por objetos distantes leva um longo tempo até chegar na Terra. Isso significa que a luz de estrelas muito distantes é *bastante velha* e a informação que carrega também. Olhar para esta luz é como olhar para trás no tempo.

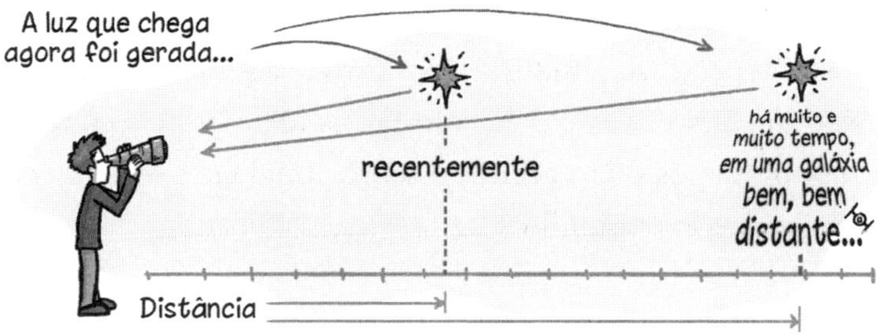

E funciona ao contrário também. Se alienígenas em um planeta bem distante estiverem olhando para a Terra através de seus telescópios, verão uma luz que saiu da Terra há muito tempo. Nesse exato momento, podem estar observando aquele evento bastante vergonhoso que aconteceu com você anos atrás (*você sabe qual*).

Então, quanto mais distante um objeto está, mais antiga é a luz que vemos e mais para trás no tempo estaremos olhando. Isso significa que, se observarmos objetos distantes se movendo a certa velocidade e objetos próximos se movendo a uma velocidade diferente, poderemos concluir que a velocidade das coisas mudou com o tempo. Podemos medir a velocidade de uma estrela distante pelo desvio no espectro de frequência de sua luz usando a mesma técnica (o efeito Doppler) que a polícia usa para multar por excesso de velocidade. Quanto mais rápido uma estrela se afasta de nós, mais vermelha será sua luz.

Identificar a distância das coisas exigiu cienciar[14] de um jeito inteligente. Por exemplo, como podemos diferenciar uma estrela próxima com brilho fraco de uma estrela distante com brilho forte? Através de um telescópio, elas parecem iguais: pequenos pontos de brilho fraco no céu noturno. Foi assim até que os cientistas identificaram um tipo especial de estrela, bastante previsível e que fazia a mesma coisa em todo o universo. Pelo seu tamanho e composição, essas estrelas especiais crescem a uma mesma taxa e, quando atingem certo tamanho, fazem a mesma coisa: explodem. Ou, para ser mais especifico, implodem, mas a implosão é tão violenta que produz uma explosão subsequente.[15] Esse tipo de explosão é chamado de supernova do tipo Ia. O que é útil sobre essas supernovas é que, de um modo geral, todas explodem de modo similar. Isso significa que, após uma calibragem apropriada, se você vir uma que seja fraca, saberá que ela está distante, e se vir uma que seja forte, saberá que está próxima. É como se o universo tivesse colocado faróis idênticos em todo lugar só para que soubéssemos quão grande e sensacional ele é (o universo pode ser misterioso, mas não humilde).

Os astrônomos chamam as supernovas do tipo Ia de "velas-padrão" (eles são mesmo românticos). Com elas, os astrônomos puderam determinar a distância (e, consequentemente, a idade) de objetos afastados e, usando o desvio Doppler, puderam dizer quão rápido eles estavam indo. Como resultado, os astrônomos puderam medir como a expansão do universo estava mudando.

14. É isso mesmo, usamos como verbo.
15. Astronomia: tem mais explosões que um filme de Michael Bay.

Logo após perceber isso, duas equipes de cientistas competiram para determinar a taxa de expansão do universo. Mas encontrar uma supernova não é uma tarefa fácil, porque são explosões de vida curta. Para achar uma, você precisa varrer o céu constantemente à procura de estrelas e identificar aquelas que ficam repentinamente mais brilhantes e depois fracas, por isso demora um pouco.

Ambas as equipes supuseram que a expansão do universo deveria estar diminuindo ou permanecendo inalterada. Essa é uma suposição razoável. Se o universo explodiu e a gravidade está tentando puxar tudo de volta, só há mesmo duas opções: ou a gravidade vence e tudo se junta de volta, ou ela perde e tudo permanece em expansão de modo constante.

Quando os cientistas mediram essas supernovas e calcularam a taxa pela qual o universo estava se expandindo, esperavam que a gravidade estivesse vencendo. Ou seja, esperavam encontrar as estrelas mais distantes (aquelas no passado) se movendo mais rápido do que as estrelas mais próximas (aquelas mais no presente). No entanto, ficaram perplexos ao descobrir exatamente o oposto: as estrelas pareciam estar se afastando de nós mais rapidamente agora do que no passado. Em outras palavras, o universo está se expandindo *mais rápido* do que antes.

Vamos parar um instante e considerar quão inesperado foi esse resultado. Na cabeça dos astrônomos havia duas coisas: um universo que explodiu há muito tempo e a gravidade, que está tentando juntar tudo de novo. Em vez disso, há uma terceira parte de importância crítica: o tamanho do espaço propriamente dito. Como vamos discutir em pormenores no Capítulo 7, o espaço não é um pano de fundo vazio e imutável no qual o teatro do universo atua. É algo físico que pode entortar (na presença de objetos massivos), formar ondas (chamadas gravitacionais), ou expandir. E parece que está mesmo em expansão — e rapidamente. O espaço está *correndo* para ficar maior. Algo está criando mais espaço, que puxa para fora tudo no universo.

Precisamos notar que os resultados mostraram que, na verdade, as coisas *estavam* lentas inicialmente, mas nos últimos cinco bilhões de anos algo tem puxado os destroços do universo explodido mais e mais rápido para longe uns dos outros.

É essa força que está tornando o universo maior a uma taxa crescente a que os físicos deram o nome de energia escura. Não podemos vê-la (por isso é "escura"), e ela está afastando tudo de tudo (por isso a chamam de "energia"). É uma força de tal importância que estima-se que corresponda a 68% de toda a massa e energia no universo.

O UNIVERSO: UM GRÁFICO DE PI

O gráfico de pizza

Até agora estivemos sendo bem específicos ao rotular nossos gráficos de pizza do universo. Os 5% podem soar como uma estimativa, mas, quando se fala em porcentagens como 27% para a matéria escura e 68% para a energia escura, é preciso ter em mente que os cientistas estão lançando mão de mais do que estimativas ousadas para chegar a esses números.

Como sabemos então a quantidade de matéria escura e energia escura que há no universo?

Não temos como medir todos os pedacinhos da matéria escura usando as ferramentas que aprendemos anteriormente (lentes gravitacionais e rotação das galáxias) e somando tudo. Não é sempre que encontramos a distribuição correta de estrelas e matéria escura para usar esses métodos, e sempre há a possibilidade de existir matéria escura escondida em algum lugar que não conseguimos encontrar.[16]

Quanto à energia escura, nem sabemos ao certo o que seja, então não temos como medi-la diretamente.

O mais impressionante, dada a nossa ignorância sobre o que essas coisas sejam, é que conseguimos calcular essas porcentagens de várias maneiras diferentes. Até o momento, todas parecem concordar.

A maneira mais precisa que conhecemos para calcular quanto há de matéria escura e energia escura é através da análise de uma imagem do universo bebê: uma fotografia do universo quando ainda era minúsculo e fofo.[17]

Falaremos, nos capítulos adiante, sobre como essa imagem-bebê do universo foi feita e o que ela representa, mas, por ora, apenas saiba que tal imagem existe. É chamada de radiação cósmica de fundo e se parece um pouco com isto:

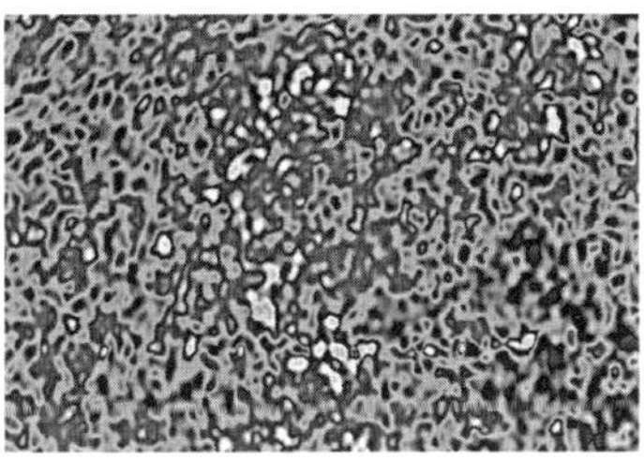

O UNIVERSO BEBÊ
(FRALDAS NÃO INCLUSAS)

Ok, não é assim tão fofo. Na verdade, é como um aglomerado de dobrinhas (como a maioria dos bebês). Essa imagem captura os primeiros fótons que escaparam da formação inicial do universo. O importante é que o número de rugas e padrões que se formam na imagem são muito sensíveis à proporção de matéria escura, energia escura e matéria regular no universo. Em outras palavras, se você mudar essas proporções, os

16. Junto com todos os pés de meia e chaves perdidos.
17. É sempre bom elogiar a coisa que fez você.

padrões na imagem ficarão diferentes. Acontece que, para obtermos os padrões que vemos na imagem, precisaríamos de cerca de 5% de matéria regular, 27% de matéria escura e 68% de energia escura. Qualquer outra coisa nos daria uma imagem diferente da que observamos.

Um outro método já utilizado para medir a energia escura é através da observação da taxa de expansão do universo, que conhecemos a partir das supernovas do tipo velas-padrão. Sabemos que a energia escura está empurrando tudo para fora a uma velocidade cada vez maior. A partir das nossas estimativas de matéria e energia escura, podemos calcular quanta energia escura precisaríamos para obter tal expansão, e isso nos dá uma estimativa da quantidade de energia escura que existe.

E, por fim, podemos chegar às proporções de matéria escura, energia escura e matéria regular apenas olhando para a estrutura do universo que vemos hoje. O universo está arrumado em uma configuração bem específica de estrelas e galáxias. Usando uma simulação de computadores, podemos retornar, a partir desse estado atual, aos instantes subsequentes ao Big Bang e ver o quanto de matéria escura e energia escura precisaríamos para que as coisas se pareçam com o que são atualmente. Por exemplo, se você não colocar a quantidade certa de matéria escura na simulação, não terá galáxias com as mesmas formas que vemos hoje e elas não se formarão tão cedo quanto sabemos que se formaram. A matéria escura, devido à sua enorme atração gravitacional e de massa, ajuda a matéria normal a se aglomerar da maneira necessária para a formação das galáxias como conhecemos. Ao mesmo tempo, se você tentar explicar toda a energia contida no universo em termos apenas de matéria e matéria escura, sem a energia escura (i.e., a matéria escura = 95%), as galáxias também não sairão corretamente.

O que é impressionante é que todos esses métodos concordam entre si.

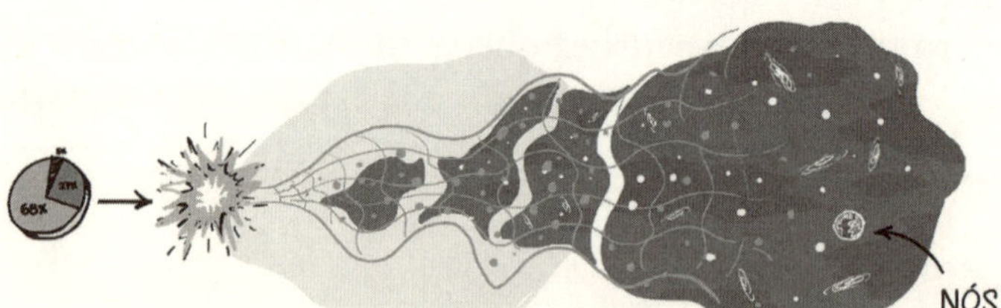

A PIZZA NÃO MENTE

Todos revelam que nosso universo é composto, mais ou menos, por uma combinação de matéria regular, matéria escura e energia escura na razão de 5%, 27% e 68%. Ainda que não saibamos o que essas coisas sejam, podemos dizer com bastante segurança que sabemos o quanto existe de cada uma. Não temos a menor ideia do que são, mas sabemos que estão *lá*. Sejam bem-vindos à era da ignorância de precisão.

O que a energia escura poderia ser?

Já mostramos como a energia escura foi descoberta e o quanto dela há por aí, mas o que ela é? A resposta curta é *não temos a menor ideia.*

Sabemos que é uma força que está atualmente *expandindo* o universo. Está pegando tudo o que é matéria no universo e empurrando para fora. Agora mesmo está me empurrando, empurrando você e empurrando tudo o que conhecemos para longe uns dos outros.[18] E não sabemos o que é.

18. Não é o amor que vai nos rasgar ao meio; é a energia escura.

Uma corrente popular de pensamento diz que a energia escura é proveniente da energia do espaço vazio. Sim, *espaço vazio*.

Quando dizemos que algo está vazio, queremos dizer que não há "coisas" em seu interior. Para ser mais técnico, imaginamos que não haja nada *agregado* ali. Há lugares no espaço intergaláctico que simplesmente não contêm partículas de matéria (nem mesmo matéria escura). Agora considere o seguinte: e se este espaço vazio tiver alguma energia agregada a ele, como um brilho ou um ruído grave, mesmo que não haja matéria? Simplesmente há lá uma energia que ali permanece sem nenhuma razão especial. Se isso fosse verdade, essa energia poderia prover um efeito gravitacional que empurra o universo para fora.

ENERGIA DO ESPAÇO VAZIO
(ACREDITE, EXISTE)

Pode parecer loucura, mas é, na verdade, uma explicação surpreendentemente razoável. De fato, é bastante comum em mecânica quântica termos uma energia no vácuo. De acordo com a mecânica quântica, o mundo funciona bastante diferente para objetos muito pequenos (como partículas) e para objetos maiores (como pessoas e picles). Objetos quânticos se comportam de maneira que não faz muito sentido para os picles, por exemplo, não têm uma posição bem definida, aparecem do outro lado de barreiras impenetráveis e agem de modo diferente se estiverem sendo observados ou não. Ainda de acordo com a física quântica, partículas podem aparecer do nada e desaparecer novamente a partir da energia agregada a um espaço vazio.

No final das contas, a mecânica quântica nos forneceu uma visão diferente da realidade, enquanto a relatividade nos fez abandonar a ideia de espaço e tempo absolutos. Então, por que não aceitarmos que o que parece ser espaço vazio está na verdade repleto de uma energia de vácuo que estica o universo?

Um problema com essa teoria é que, quando os cientistas tentaram calcular quanta energia de espaço vazio deveria existir de acordo com a mecânica quântica, eles obtiveram uma reposta muito grande. E não apenas um pouco grande, mas algo como 10^{60} ou 10^{100} vezes grande. É um Googleplex bem grande (pesquise no Google). Comparativamente, a estimativa do número de partículas no universo inteiro é apenas 10^{85}. Então é justo dizer que essa ideia errou por um pequeno bocado.

O CAMPO DOS SONHOS DE ENERGIA

Outras ideias incluem forças novas ou campos especiais que permeiam todo o espaço, assim como o campo eletromagnético. Alguns desses campos estão sendo conceitualmente construídos para variarem no tempo de modo a explicar por que a expansão acelerada do universo começou apenas há cinco bilhões de anos. Há diversas versões para essas teorias, mas uma coisa que têm em comum é que são difíceis de se testar. Até porque alguns desses campos podem não interagir com as nossas partículas, tornando difícil projetar um experimento para detectá-las. Outros também podem apresentar novas partículas (assim como o campo de Higgs tem o bóson de Higgs), mas essas partículas podem ser muito, mas muito massivas, colocando-as fora do alcance do que podemos medir hoje em dia. Quão massivas? Mais pesada do que qualquer coisa que já tenhamos visto, porém não tão pesada quanto o seu gato.

Todas essas ideias estão na sua infância. São apenas protótipos de ideias que conduzirão os cientistas a ideias melhores até que, finalmente, possamos entender o que pretende a maior parte da energia no universo. Comparativamente, a energia escura faz a matéria escura parecer bastante simples e bem compreendida: pelo menos sabemos que é matéria. A energia escura poderia literalmente ser qualquer coisa. Se uma cientista, daqui a quinhentos anos, olhasse para trás no tempo e nos visse, nossas ideias atuais sobre energia escura poderiam lhe parecer hilariantes, da mesma forma que os homens e mulheres primitivos terem explicado as estrelas, o sol ou o clima como resultado de deuses vestidos em robes nos parece pitoresco hoje. Sabemos que há forças poderosas lá fora além da nossa compreensão e que ainda temos muito o que aprender sobre o universo.

O que isso implica sobre o futuro

Se o universo está se expandindo cada vez mais rápido por causa da energia escura, então tudo está ficando mais afastado de nós um pouco mais rápido a cada dia. Conforme a expansão ganha velocidade, as coisas que estão distantes umas das outras estarão finalmente se afastando *mais rápido que a velocidade da luz*. Isso significa que a luz das estrelas não será mais capaz de nos alcançar. Já há, na verdade, menos estrelas visíveis em nosso céu noturno hoje do que havia ontem. Se você seguir essa expansão até o seu final natural, em bilhões de anos o céu noturno terá apenas algumas estrelas visíveis. E, indo ainda além no futuro, o céu noturno poderá ser quase que totalmente escuro.

Imagine você como um cientista nessa Terra do futuro. Como pensaria a existência de estrelas e galáxias que você não vê?[19] Se a expansão conti-

19. Se você quiser ver as estrelas, melhor não adiar aquela viagem de acampamento por outros bilhões de anos.

nuar, ela pode finalmente destroçar nosso sistema solar e nosso planeta e até mesmo arrancar os celulares das mãos dos seus tataranetos. Por outro lado, como sabemos tão pouco sobre o que está causando essa expansão, também pode ser que ela diminua no futuro.

Mas isso o faz pensar: se já houve, alguma vez, mais estrelas visíveis do que há hoje, quais fatos, uma vez óbvios, estamos perdendo por que humanos chegaram 14 bilhões de anos após a festa ter começado?

O CÉU NOTURNO DO FUTURO :/

4. Qual é o elemento mais básico da matéria?

Aqui você percebe quão pouco entendemos sobre os menores pedacinhos que vemos

Ficar ciente de que todo conhecimento humano e toda ciência são relevantes apenas para 5% do universo, o qual chamamos de "matéria normal", pode levar a várias reações possíveis. Entre elas:

a. Fazê-lo sentir-se pequeno, humilhado e ligeiramente apavorado.
b. Fazê-lo negar, negar e negar.
c. Deixá-lo entusiasmado com todas as coisas que podemos aprender sobre o universo.
d. Encorajá-lo a continuar lendo este livro.[20]

Se a sua reação é sentir-se humilhado e apavorado, temos boas notícias para você. Vamos passar a maior parte deste capítulo falando da matéria normal. Aliás, se, associada à matéria escura, existir física escura, química escura, biologia escura e, por consequência, cientistas feitos de matéria escura, eles provavelmente vão argumentar que a matéria *deles* é que é "normal". Talvez você *deva* sentir-se um pouco humilhado.

Também temos más notícias para você. Não sabemos tudo que há para saber destes 5% que conhecemos.

20. E comprar exemplares para todos os seus amigos.

Isso pode surpreender muitos leitores. Afinal, estamos aqui por apenas alguns milhares de anos e nos saímos muito bem no que diz respeito à ciência. Na verdade, você pode se sentir tentado a dizer que dominamos o nosso canto do universo. Temos tanta tecnologia incrivelmente elegante ao alcance dos dedos hoje em dia que imagina-se que temos um ótimo domínio da ciência por trás da matéria do dia a dia. Podemos transmitir horas de programas de TV ruins para qualquer lugar e a qualquer hora. Certamente este é um marco histórico em qualquer civilização.

Curiosamente, isso é tão verdadeiro quanto falso (a ideia de que temos um bom domínio sobre a realidade, não a de que podemos ver reality shows na nossa TV dia e noite).

É verdade que sabemos bastante sobre a matéria normal. Mas também é verdade que há muito que *não* sabemos sobre a matéria normal. Notavelmente, não temos ideia da utilidade de algumas partículas (pedacinhos da matéria). Aqui é onde estamos: através da exploração física diária, descobrimos doze partículas de matéria. Seis delas chamamos de "quarks" e as outras seis chamamos de "léptons".

Ainda assim você precisa de apenas três desses doze para fazer tudo ao seu redor: o quark up, o quark down e o elétron (um dos léptons).

Lembre-se de que com os quarks up e down você pode fazer prótons e nêutrons, e, junto com o elétron, pode fazer qualquer átomo. Então, para que servem as outras nove partículas? Por que existem? *Não temos ideia.*

Quão intrigante isso é? Bom, imagine que você fez um bolo maravilhoso e, após assá-lo, confeitá-lo e prová-lo (a propósito, ficou uma delícia; você é um boleiro de mão cheia), descobre que tinha outros nove ingredientes à sua disposição e você nem pegou neles. Quem trouxe esses ingredientes? Precisavam ser usados de alguma maneira? Enfim, quem inventou essa receita?

A verdade é que a nossa ignorância sobre a matéria normal (os 5%) vai muito além da nossa confeitaria de partículas.

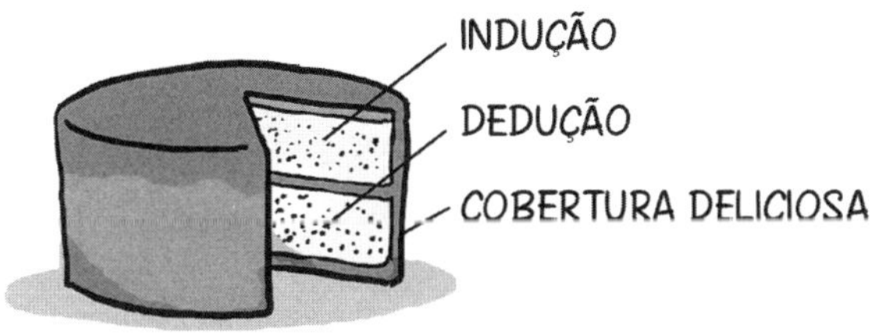

O BOLO DA CIÊNCIA

Recapitulando, sabemos como três partículas (quarks up, quarks down e elétrons) podem ser combinadas para formar qualquer tipo de átomo. Sabemos como os átomos podem ser usados para formar moléculas e como moléculas podem ser usadas para formar objetos complexos, como bolos e elefantes. Mas tudo isso é, apenas, o *como*: sabemos como as coisas se unem e sabemos como agrupá-las. Sabemos isso tão bem que podemos fabricar qualquer coisa, desde roupa íntima antitranspirante até os telescópios espaciais. Somos muito incríveis, não é mesmo?[21]

O que não entendemos muito é o *porquê*: por que as coisas se agrupam como se agrupam? Por que não se agrupam de outro jeito? Será esta a

21. E ainda, nada de carros voadores.

única versão de um universo autoconsistente ou existem 10^{500} versões como proposto pelos teóricos de cordas?

Não sabemos ainda, num nível fundamental, por que todas as peças no universo se encaixam. É como música: sabemos como fazer música, dançamos, cantamos, mas não sabemos por que ela nos embala. É o mesmo com o universo: sabemos que funciona, mas não sabemos *por que* funciona.

Alguns podem argumentar que tal explicação não existe, ou que, se existe, talvez jamais tenhamos acesso a ela, muito menos seremos capazes de compreendê-la. Deixaremos esta discussão para o Capítulo 16, mas a questão é que definitivamente não temos esse conhecimento hoje.

Agora, supondo que você seja uma pessoa curiosa e genuinamente interessada em conhecer o porquê das coisas,[22] você deve estar imaginando como podemos responder a essa pergunta e o que ela tem a ver com as partículas inúteis que encontramos.

Bom, se for para investigar o "porquê" básico do universo, a primeira coisa que precisamos fazer é entender como é o universo ao seu nível mais fundamental e profundo. Isso significa desconstruir o universo até que não sejamos mais capazes de desconstruí-lo. Qual é o menor e mais básico pedaço de realidade? Se este pedaço for uma partícula, queremos encontrar as partículas que compõem as partículas que compõem as partículas que compõem as partículas, etc., até o infinito (ou até enjoar, o que quer que aconteça primeiro).

Uma vez que você encontre essas partículas elementares, pode então examiná-las e possivelmente descobrir por que tudo funciona como funciona. Seria como encontrar as menores peças de Lego em um universo Lego. Se as encontrasse, você saberia a regra básica que explica como tudo interage com todo o resto. Você saberia algo profundo e verdadeiro sobre a realidade, inclusive (assim esperamos) sobre a energia escura e a matéria escura.

22. Esta é uma suposição razoável, visto que você lê até as notas de rodapé.

No momento, não sabemos com certeza se conhecemos o universo até seu menor tamanho possível. Ou, caso saibamos, não sabemos o que fazer com essas peças de Lego que encontramos. Mas a coisa mais empolgante é que temos um mapa. Temos um enigma de palavras cruzadas incompleto do universo e este enigma se parece bastante com algo que já vimos antes: a tabela periódica.

A tabela periódica das partículas fundamentais

Após um século esmagando coisas, os físicos perceberam que as doze partículas fundamentais da matéria podem ser arrumadas em uma tabela que é mais ou menos assim:

AS PARTÍCULAS "FUNDAMENTAIS" DE MATÉRIA

	1ª GERAÇÃO	2ª GERAÇÃO	3ª GERAÇÃO	4ª GERAÇÃO
QUARKS:	UP u	CHARM c	TOP t	+2/3
	DOWN d	STRANGE s	BOTTOM b	-1/3
LEPTONS:	ELECTRON e	MUON M	TAU T	-1
	$\nu_{ELECTRON}$	ν_{MUON}	ν_{TAU}	0
	ALGUMA MASSA	MAIS MASSA	AINDA MAIS MASSA	

Vamos parar um instante para apreciar o que significa termos chegado a este ponto. Lembrem-se de que a teoria inicial dos físicos das cavernas Ook e Groog era:[23]

23. Este "blá blá blá" detém o recorde de maior quantidade de matéria blá-blá-blá.

> TEORIA DO UNIVERSO
> por Ook e Groog
>
> O UNIVERSO É:
>
> - Ook e Groog.
> - A pedra preferida do Ook.
> - A lhama de estimação do Groog.
> - Blá blá blá

Esta era uma visão completa, mas não muito útil porque não dizia nada fundamental ou perspicaz; era uma afirmação do óbvio. Mais tarde, os gregos tiveram a ideia de que tudo era feito a partir de quatro elementos: *água*, *terra*, *ar* e *fogo*. Estava claramente errado, mas ao menos foi um passo na direção certa, porque tentaram *simplificar* a descrição do mundo.

Depois descobrimos os elementos e também que pedras, terra, água e lhamas são todas feitas de um conjunto pequeno de tipos de átomos. Mais tarde, descobrimos que mesmo átomos são feitos de partículas menores e algumas delas são feitas de partículas menores ainda (os quarks). A lição mais importante que aprendemos com tudo isso é que os átomos e lhamas não são as unidades fundamentais do universo. Se há uma equação fundamental para o universo — o que quer que seja — podemos ter certeza que não contém uma variável chamada N_{lhamas}, porque lhamas, como átomos, não são elementos fundamentais do universo. Não determinam a sua natureza essencial; são apenas o resultado global (o fenômeno emergente) de uma realidade mais profunda (perdão, lhamas), da mesma forma que tornados são um fenômeno emergente de ventos e estrelas são um fenômeno emergente de gás e gravidade.

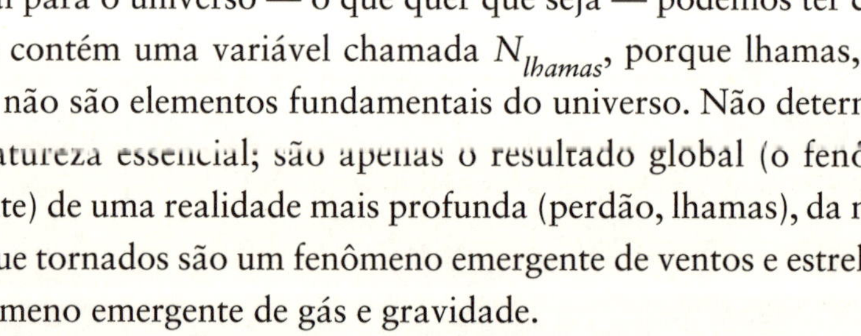

Organizar aquilo que sabemos (e não sabemos) em tabelas nos ajuda a identificar se há padrões e peças ausentes. Imagine, por um segundo, que você foi um cientista nos anos 1800 (sim, pode imaginar-se usando aqueles óculos engraçados) e não sabia que os átomos eram feitos de elétrons, prótons e nêutrons ainda menores. Se você tivesse organizado o que de fato sabia em uma tabela periódica de elementos, teria percebido algumas coisas interessantes.

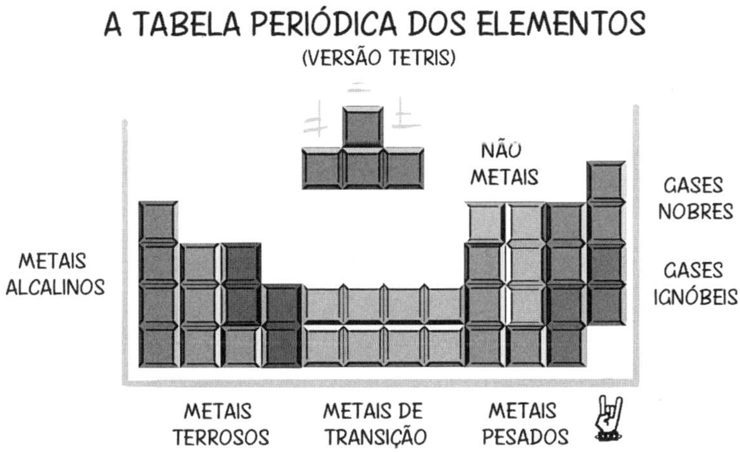

Você teria percebido que os elementos de um lado da tabela periódica são bastante reagente, enquanto os do outro lado são quase que completamente inertes — e que grupos de elementos vizinhos têm propriedades similares, como os metais, e que alguns elementos são mais difíceis de serem encontrados do que outros.

Todos esses padrões curiosos teriam lhe dado dicas de que a tabela periódica *não* era uma descrição fundamental do universo. Eles sinalizam que algo mais profundo está acontecendo. É como encontrar um grupo de irmãos e reparar algumas similaridades entre eles. Mesmo que sejam todos diferentes, dá para supor que vieram dos mesmos pais por sua aparência ou comportamento. Da mesma forma, os cientistas olharam versões primitivas da tabela periódica, perceberam os padrões e se perguntaram, *Deixamos passar alguma coisa?*

Agora sabemos que os padrões na tabela periódica têm a ver com os arranjos dos orbitais eletrônicos, sabemos que há um elemento para cada posição e que alguns elementos são mais raros que outros porque decaem radioativamente. É tudo uma questão de agruparmos o número certo de nêutrons, prótons e elétrons para obtermos cada elemento.

A questão é que organizamos o conhecimento que tínhamos na época e o estudamos cuidadosamente. Então começamos a perceber padrões e peças ausentes, e isso nos levou a fazer as perguntas certas, o que, por sua vez, nos levou a um entendimento mais profundo de como o universo funciona.

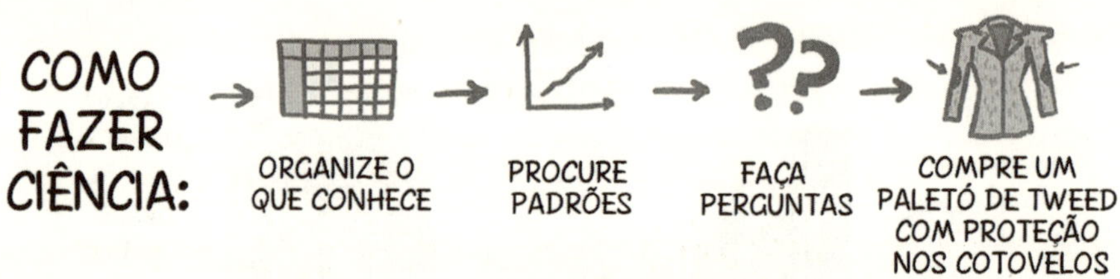

Demorou quase a maior parte do século XX para se compor a tabela periódica das partículas fundamentais (aquela com quarks e léptons). Chamamos essas partículas de "fundamentais" não porque sejam *fun* (são mesmo muito divertidas), mas porque não temos como ver, ainda, se são compostas por partículas ainda menores. Na verdade, não temos nenhuma prova de que sejam os blocos mais básicos de construção do universo, mas são os menores pedacinhos que já vimos (até agora).

Se analisar a tabela de partículas "AS PARTÍCULAS 'FUNDAMENTAIS' DE MATÉRIA", você perceberá que ela também apresenta alguns padrões interessantes. Primeiro, perceberá que há dois tipos de partículas de matéria: quarks e léptons. Sabemos que são diferentes porque os quarks sentem a força nuclear forte, enquanto os léptons não. Então talvez você perceba que as partículas que compõem a matéria do dia a dia estão todas na primeira coluna: *quark up*, *quark down* e *elétron*. Há uma quarta partícula nesta primeira coluna chamada de neutrino do elétron (ν_e) que atravessa o cosmos velozmente, como um fantasma, sem interagir com absolutamente nada.

PADRÕES DE PARTÍCULAS

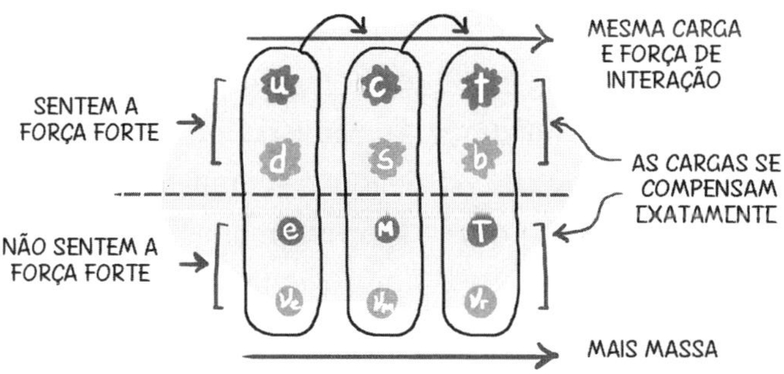

Mas espere, tem mais! Há outras partículas além dessas quatro e também se encaixam todas em colunas. Cada coluna se parece exatamente com a primeira (com mesmas propriedades, como carga e força de interação) exceto que as partículas têm mais massa.[24] Chamamos essas colunas de "geração" e já descobrimos três dessas gerações.

- Imediatamente podem surgir perguntas sobre nossa tabela de partículas:
- Elas vêm em bandos?
- Para que servem essas partículas?
- Qual é o padrão de massas das partículas?
- Qual é a desses 1/3 de carga elétrica?
- Há mais partículas?

Essas são perguntas absolutamente naturais de se fazer. Se por um lado todo este mistério pode assustar a alguns, o importante é respirar fundo. Lembre-se de que nossa estratégia é organizar o que conhecemos e, então, sair à procura de padrões e furos que possamos usar para formularmos as perguntas certas. Fazer as perguntas certas vai, assim esperamos, nos conduzir a um entendimento mais profundo do que está acontecendo.

Décadas atrás, essa tabela de partículas fundamentais estava incompleta. Vários dos quarks e léptons ainda não haviam sido descobertos.

24. Elas preferem o termo "parrudas".

Mas os físicos olharam para os padrões na tabela e os usaram para sair em busca das partículas ausentes. Por exemplo, vários anos atrás os cientistas sabiam que deveria haver um sexto quark, porque havia um buraco vazio na tabela. Mesmo que ainda não tivesse sido encontrado, as pessoas estavam tão confiantes da sua existência que ele era tratado com naturalidade em vários livros didáticos, juntamente com a sua massa prevista. Após vinte anos, o quark top foi finalmente encontrado (quer dizer, sua massa é muito maior do que a esperada e por isso demorou tanto para ser encontrado, o que significa que todos os livros didáticos tiveram que ser reescritos).

E assim os físicos continuaram a preencher e analisar os padrões nessa tabela tão importante. Durante as últimas décadas, conseguimos agrupar algumas respostas e, em alguns casos, mais perguntas.

Para que servem todas essas partículas?

A única coisa que *realmente* sabemos é que há apenas três gerações de partículas. A existência de uma quarta geração foi descartada pela descoberta do bóson de Higgs (no Capítulo 5 você poderá tirar todas suas dúvidas sobre o bóson de Higgs). Mas o que isso significa? Será o 3 um número mágico no universo? Se você finalmente estivesse prestes a revelar uma única equação que descrevesse tudo no universo, teria ela um 3 incluído? Os católicos são fãs do número 3, mas os matemáticos e os teóricos nem tanto; eles gostam de números como 0, 1, π e, talvez, e. Mas 3? Eles não veem nada especial nele.

O que ele pode significar? Não temos nenhuma ideia. Nós literalmente não temos boas ideias. Não há nenhuma disputa teórica importante reivindicando a explicação para o número de gerações de partículas. Bem possivelmente, é um fenômeno emergente de regras mais profundas sobre a natureza, assim como os padrões da tabela periódica dos elementos. Os cientistas de daqui a centenas de anos podem achar que tínhamos todas as dicas bem na nossa frente, que estava *ridiculamente óbvio*, mas hoje em dia é um mistério.[25] Se você consegue explicá-lo, procure o seu físico de partículas mais próximo e bata à sua porta.

Qual é o padrão de massa das partículas?

Na tabela periódica dos elementos, as massas dos átomos e os padrões que eles formam foram uma dica muito importante para entendermos o que estava acontecendo. A partir dos padrões de massa, deduzimos que cada elemento tem um número específico de prótons e nêutrons no núcleo (o número atômico, medido a partir da carga positiva no núcleo).

Infelizmente, não há um padrão evidente para as massas das partículas fundamentais. Abaixo estão os valores das massas de cada uma destas partículas.

VALORES DAS MASSAS

	1ª GERAÇÃO	2ª GERAÇÃO	3ª GERAÇÃO
QUARKS:	2.3	1,275	173,070
	4.8	95	4,180
LÉPTONS:	0.5	105.7	1,777
	< 0.000002	PEQUENO, MAS ≠ 0	PEQUENO, MAS ≠ 0

CADA NÚMERO ESTÁ EM MeV/c² (APROXIMADAMENTE 0,000000000000000000000000009 DE UMA GOTA DE CHOCOLATE)

25. Os físicos do futuro aparentemente falam assim, de um jeito condescendente.

Fora o fato de as gerações mais altas serem mais massivas, ainda não fomos capazes de perceber nenhum padrão nestes valores. Pode ter a ver com o bóson de Higgs (veja o Capítulo 5), mas até agora não há respostas claras. Deem uma olhada no quark top supermassivo. Ele pesa o equivalente a 175 prótons, que é o mesmo que o núcleo de um átomo de ouro.[26] A variação nas massas engloba treze ordens de magnitude. Por quê? Não temos ideia. Estamos ao mesmo tempo perdidos *e* cercados de pistas.

Qual é daqueles 1/3 de carga elétrica?

Quarks são diferentes dos léptons no sentido de que sentem a força nuclear forte e também têm carga elétrica fracionária estranha $\left(+\frac{2}{3} \text{ e } -\frac{1}{3}\right)$. Se você misturar os quarks up e down da maneira certa, pode formar prótons (dois quarks up e um down, com carga $= \frac{2}{3} + \frac{2}{3} - \frac{1}{3} = +1$) e nêutrons (um quark up e dois down, com carga $= \frac{2}{3} - \frac{1}{3} - \frac{1}{3} = 0$). Isso é *extremamente* importante (e fortuito), porque a carga de um elétron é exatamente -1. Se os quarks tivessem alguma carga a mais (ou a menos), a carga dos prótons não compensaria exatamente a carga negativa do elétron e não poderíamos formar átomos neutros. Sem as cargas perfeitas, $-\frac{1}{3}$ e $+\frac{2}{3}$, não estaríamos aqui. Não existiria química, nem biologia, ou mesmo a vida.

26. A intenção era impressionar você.

Isso é na verdade fascinante (ou arrepiante, dependendo do seu nível de paranoia) porque, de acordo com a nossa teoria atual, as partículas podem ter qualquer carga; a teoria funciona da mesma forma com qualquer valor de carga, e o fato de se compensarem perfeitamente é, até onde sabemos, uma grande e fortuita coincidência.

Às vezes, em ciência, coincidências de fato acontecem. A lua e o sol são bastante diferentes em tamanho, mas, por uma coincidência cósmica (esta é uma das únicas vezes que você pode escrever cientificamente "coincidência cósmica"), parecem ter aproximadamente o mesmo tamanho no nosso céu, o que possibilita eclipses solares dramáticos. Para os astrônomos da antiguidade, deve ter sido bastante confuso e sugestivo. Provavelmente fez com que muitos deles tomassem o caminho errado tentando entender se o sol e a lua eram de fato relacionados de alguma maneira. Mas não é uma coincidência perfeita. Os tamanhos do sol e da lua no céu são diferentes por cerca de 1%.

Ainda assim, no caso das partículas fundamentais, o próton e o elétron têm *exatamente* a mesma carga (ainda que opostas), e não temos ideia do motivo. De acordo com a nossa melhor teoria, esses números poderiam ser qualquer coisa. Essa é uma coincidência exata, diferença zero. O que significa para a relação entre elétrons e quarks? Não sabemos ainda, mas clama por uma explicação mais simples. Se você perder R$2.000,00 no mesmo dia em que seu vizinho encontrou R$2.000,00, você atribuiria isso a uma coincidência? Provavelmente só depois de esgotar todas as explicações mais simples.[27]

Pode ser que esse casamento perfeito das cargas elétricas seja mais um sinal de que há componentes mais fundamentais por trás dessas partículas. Ou talvez esses dois tipos de partículas sejam simplesmente dois lados da mesma moeda, ou construídos a partir de um mesmo conjunto de peças de Lego extra minúsculas.[28]

27. Bem, talvez você devesse se mudar para um bairro diferente.
28. E ainda doem quando você pisa nelas.

Existem outras partículas?

Além das doze partículas de matéria (não consideramos partículas de antimatéria como partículas excepcionais), os seis quarks e os seis léptons, há também partículas que transmitem forças. Por exemplo, a interação eletromagnética é transmitida pelos fótons. Quando dois elétrons se repelem, eles estão, na verdade, trocando um fóton. Não é matematicamente correto, mas você pode pensar que um elétron empurra o outro para longe atirando um fóton contra ele.

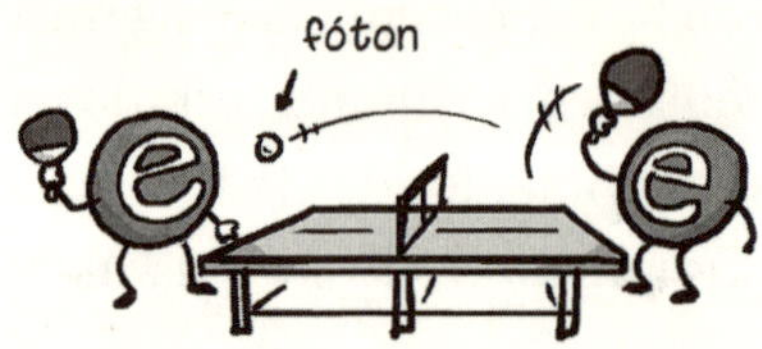

UMA REPRESENTAÇÃO NÃO-TÃO-PRECISA DA PARTÍCULA DE FORÇA DE INTERAÇÃO

Conhecemos cinco partículas que carregam força.

PARTÍCULAS PORTADORAS DE FORÇA

PARTÍCULA DE FORÇA	FORÇA QUE TRANSMITE
FÓTON	FORÇA ELETROMAGNÉTICA
BÓSONS W, Z	FORÇA FRACA
GLÚON	FORÇA FORTE
BÓSON DE HIGGS	O CAMPO DE HIGGS
MIDI-~~CHLORIANS~~	~~A FORÇA~~

Combinadas às nossas outras 12 partículas de matéria, esta é a lista inteira das partículas que já descobrimos, mas não sabemos se é a lista *completa* de partículas. Não há limite teórico para o número de partículas que podem existir. Pode haver apenas dezessete partículas ou pode haver cem, mil, ou dez milhões. Sabemos que não há outras gerações de quarks e léptons, mas pode certamente haver outros tipos de partículas. Quantas existem? Não temos ideia.

Qual é o elemento mais básico da matéria?

Para que servem todas essas partículas? Por que algumas são inúteis, considerando que tudo o que precisamos para a matéria do dia a dia são as três primeiras (o quark up, o quark down e o elétron)? Bom, aqui vão algumas respostas possíveis:

- Não se sabe, mas é isso aí.
- Alguém sabe, e não é isso aí.
- "Inútil" é um termo relativo.

Talvez seja simplesmente como o universo é: essas partículas são os objetos mais fundamentais do universo e simplesmente aconteceu de ele ter um tipo de lista longa de dez ou vinte partes básicas por nenhuma razão aparente. Talvez haja outros universos por aí que têm uma lista diferente de dez ou vinte partes básicas, e que talvez jamais consigamos ver.

Ou talvez pode ser que essas partículas não sejam os objetos mais fundamentais no universo, que sejam feitas de um conjunto mais simples de partículas básicas que não descobrimos ainda. Isso significa que as partículas que conhecemos são apenas o resultado da combinação dessas partículas fundamentais. O que explicaria por que há dicas de padrões e coincidências na nossa atual tabela de partículas. Essa é provavelmente a resposta certa, mas não temos provas (ainda).

Ou talvez as partículas pesadas sejam "inúteis" apenas porque não podem ser usadas para a fabricação dos prótons, nêutrons e elétrons, que são as formas estáveis das partículas mais leves. No entanto, o universo é feito, em sua maior parte, por estas partículas mais leves, apenas por ser tão grande e tão frio. Se o universo fosse menor e mais quente e denso, teríamos mais dessas partículas pesadas, e elas não nos iriam parecer tão inúteis (mas tudo seria bastante diferente).

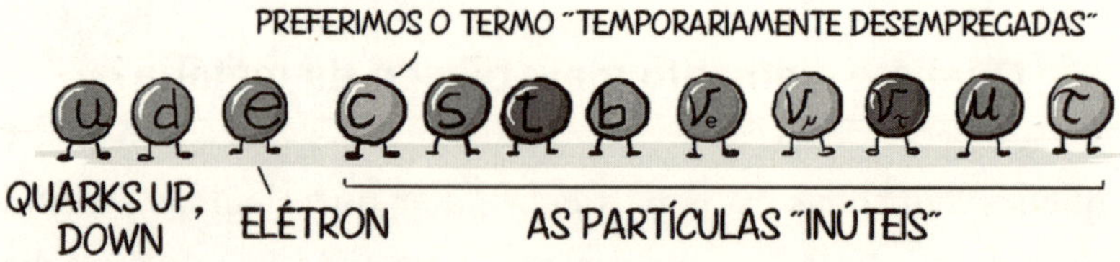

A moral disso tudo é que ainda estamos tentando entender como funcionam os 5% do universo que conhecemos. Já aprendemos muita coisa, mas ainda não alcançamos um entendimento completo do porquê as coisas são como são. Temos uma lista de coisas que achamos que formam o universo, mas não temos 100% de certeza de que a lista está completa.

O mais empolgante é que temos uma base sólida para explorar essa pergunta. A tabela das partículas fundamentais (os físicos a chamam de Modelo Padrão) pode exibir todos esses padrões sem explicação e ter partículas "inúteis", mas é baseada em observações reais e podemos usá-la como um mapa para descobrir os mecanismos internos de funcionamento do universo. Seria extremamente empolgante se descobríssemos partículas novas (ainda que não sejam usadas na matéria do dia a dia), porque isso significaria que poderíamos estender nosso mapa do universo.

Imagine, por exemplo, que a matéria escura seja feita de partículas, as que ainda não descobrimos. Abriria o nosso entendimento do universo por um gritante 27%. De fato, descobrir que a matéria escura é composta de apenas um único tipo de partícula (que interage fracamente com o nosso tipo de matéria) é provavelmente o cenário mais entediante para a matéria escura. Não seria mais excitante se a matéria escura fosse composta por várias partículas malucas ou mesmo algum tipo diferente de matéria não feita de partículas?

A questão é que, para responder às perguntas básicas do universo, precisamos perfurar o mais fundo o possível nas camadas da matéria do dia a dia. E, ao longo do caminho, podemos desencavar partículas ou fenômenos que ainda não têm um papel claro nessa matéria. Também sabemos que essas coisas inexplicáveis são parte do universo e, então, devem conter dicas do porquê as coisas serem como são. Responder a essas perguntas vai mudar fundamentalmente a maneira como vemos a nós mesmos. Em outras palavras, poderemos assobiar e chupar cana.

5.
Os mistérios da massa

Aqui pegamos leve com algumas questões pesadas

Você provavelmente já ouviu — de cientistas vestindo jalecos ou, no caso de serem físicos, shorts e camisetas — que é basicamente espaço vazio. Não leve para o lado pessoal. O que eles quiseram dizer com isso é que os átomos, dos quais todos somos compostos, têm a sua maior parte concentrada em um núcleo minúsculo rodeado por um bocado de espaço vazio, fazendo parecer que você é capaz de atravessar paredes.

Isso só é verdade em parte. A história completa é muito mais estranha e envolve muitos dos mistérios da "massa". Veja só, nem todos os grandes mistérios do universo estão entre as estrelas e galáxias ou em partículas estranhas. Alguns deles estão ao seu redor, até mesmo dentro de você.

Temos várias descrições para a massa, mas muito pouco entendimento real do que ela é e do motivo de sua existência. Todos *sentimos* a massa. Enquanto bebês, você desenvolve o sentido de que algumas coisas são mais fáceis de serem empurradas do que outras. Porém, por mais familiar que esse sentimento seja, a maioria dos físicos iria penar para explicar os detalhes técnicos envolvidos. Como você verá neste capítulo, a maior parte da sua massa não é composta das massas de todas as partículas dentro de você. Não sabemos sequer por que algumas coisas têm massa e outras não. A massa é misteriosa e você não pode colocar toda a culpa na sobremesa que comeu ontem à noite.

Então, continue lendo para entender todas as questões ainda sem respostas sobre massa. Pode acreditar que não será nada maçante.

A coisa das coisas

Quando pensa sobre a massa das coisas, você provavelmente imagina o quanto de *coisa* há nelas. Essa forma de raciocínio funciona, na maioria das vezes, porque você consegue pensar na massa de algo típico, digamos, uma lhama normal do dia a dia, como sendo o resultado da soma das massas de todas as partículas que o compõe. Ou seja, se você cortasse a lhama ao meio,[29] a massa da lhama seria igual à soma das massas das duas metades. Se você cortasse a lhama em quatro pedaços, sua massa seria a soma das massas dos quatro pedaços. E assim por diante. Se você cortar a lhama em *n* pedaços, pode medir sua massa pela soma das massas dos *n* pedaços. Certo?

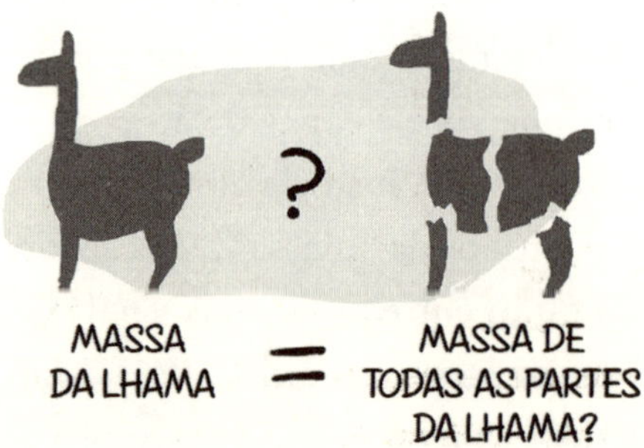

Errado! Ok, em grande parte está certo. Para $n = 2, 4, 8...$ até $n = 10$ mais ou menos, funciona. Mas, depois, não funciona mais. A razão vai soar esquisita: a massa total da lhama não é somente a massa das coisas dentro dela. *Também inclui a energia que mantém estas coisas juntas.* Essa é uma ideia bastante estranha; tire um minuto para assimilar.

29. Experimento imaginário com lhamas. Não tentem isso em casa.

Se você nunca ouviu falar deste conceito, provavelmente está esperando que seja apenas uma manobra semântica, que estejamos utilizando a palavra "massa" de alguma forma técnica só para que signifique algo diferente do entendimento comum do que é massa. A resposta é: não. Nós estamos dizendo exatamente o que você entendeu, mas a massa não é exatamente o que você achava.

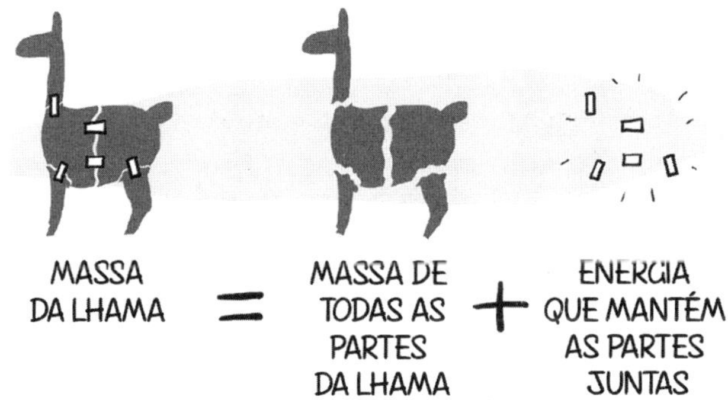

A resposta mais longa exige que sejamos bastante específicos com o que queremos dizer por massa. Massa é uma propriedade dos objetos que os fazem resistir às variações de velocidade. Em termos simples, se você empurrar algo, essa coisa vai acelerar (sua velocidade varia). Mas, se você empurrar coisas diferentes usando a mesma força, vai perceber que algumas coisas aceleram bastante e outras quase nada. Tente isso dando tiros de Nerf nas coisas que você tem pela casa, como lenços e elefantes adormecidos. Cada bala de Nerf exerce, aproximadamente, uma quantidade igual de força, mas o efeito no lenço é muito maior do que no elefante adormecido.[30] Isso é o que chamamos de massa.

Essa também é a sua percepção de massa no mundo cotidiano. Não tem truque. Um elefante tem mais massa que um lenço; não é *por isso* que ele é mais difícil de se mover; mas é o que *significa* ter mais massa: ser menos acelerado sob a mesma força. Isso é também chamado de "massa inercial", porque essa propriedade de resistir à aceleração também é co-

30. Isso vai depender de qual parte do elefante você acertar. Pensando bem, não tente este experimento em casa.

nhecida como inércia. Podemos medir a massa inercial muito facilmente aplicando uma força conhecida e medindo sua aceleração. (Note que há uma segunda definição de massa, a "massa gravitacional", que vamos discutir adiante.)

Agora que já definimos cuidadosamente o que estamos chamando de massa, podemos usar tal definição para medir a massa da lhama a qualquer hora com um conjunto de pistolas Nerf fornecidas pelo governo e calibradas pelos engenheiros da NASA. Com isso em mãos, podemos voltar à nossa lhama imaginária, que foi atomizada para o avanço da ciência.

Quando você quebra as ligações que mantém os átomos da lhama juntos, você libera a energia dessas ligações e a massa total da lhama fatiada diminui. Para $n = 2$ pedaços de lhama, isso é imperceptível. Mas se você atomizar completamente a lhama, a diminuição é considerável. A energia que está armazenada nas ligações entre os pedacinhos de lhama dá, na verdade, mais massa à lhama. Essa não é uma conjectura teórica, mas uma observação experimental.[31]

No caso de uma lhama, o efeito não é tão grande. Por exemplo, se você quebrar todas as ligações químicas que mantêm os átomos da lhama juntos, não haverá uma grande diferença entre a massa da lhama e a soma das

31. Ninguém atomizou uma lhama com sucesso, mas experimentos similares foram feitos. (Em todo caso, não apoiamos a atomização de lhamas. A não ser que você decida batizar o seu grupo de punk-rock com o nome A Atomização de Lhamas. Nesse caso, adoramos você.)

massas de todos os seus átomos. E mesmo que você quebre todos os átomos individuais em seus prótons, nêutrons e elétrons constituintes, ainda assim não haveria uma grande diferença de massa (seria em torno de 0,005%).

Com partículas menores a história é diferente. Se fôssemos separar todos os prótons e nêutrons individuais da lhama em seus quarks constituintes (lembre-se de que cada próton e cada nêutron é composto por três quarks), veríamos uma diferença *enorme* em massa. Na verdade, *a maior parte* da massa de um próton ou de um nêutron vem da energia que mantém os três quarks juntos.

Em outras palavras, se fosse somar as massas de três quarks (determinadas acertando cada um deles com uma Nerf) e comparar com a massa desses mesmos três quarks ligados no interior de um próton ou nêutron (determinada acertando um próton ou nêutron com uma Nerf), você iria ver uma grande diferença na massa. As massas dos quarks individuais representam apenas 1% da massa do próton ou nêutron. O resto está na energia que está mantendo os quarks juntos.

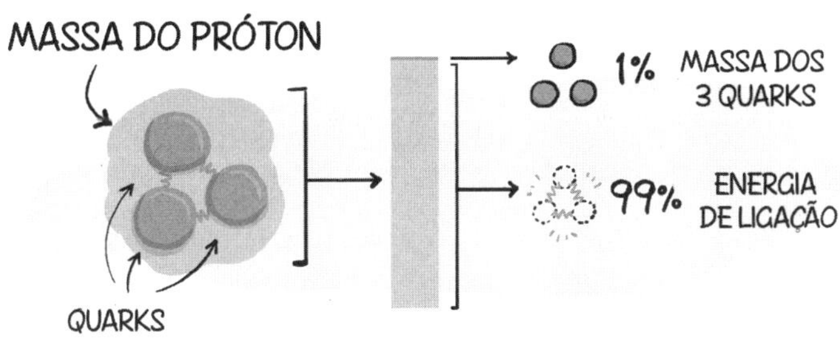

Esses exemplos mostram o que acontece quando há energia armazenada nas ligações entre partículas: torna o objeto combinado mais massivo que a soma de suas partes.

Para ter uma ideia de como isso é estranho à nossa intuição, imagine-se pegando três feijões e medindo a massa de cada um. Qual é a massa dos três feijões? É a soma das três massas. Até aqui está fácil. Agora imagine-se colocando os três feijões em uma pequena sacola que os mantenha bem presos uns aos outros com bastante energia. Você iria perceber que, de repente, a sacola ia parecer muito mais massiva que apenas a massa dos três feijões nela. Pesaria mais e seria muito mais difícil de movê-la de um ponto a outro. O que acontece é que a maior parte da massa da sacola não está vindo da soma das massas dos feijões, mas da energia necessária para mantê-los juntos.

JOÃO E O PÉ DE FEIJÃO: UMA METÁFORA ELABORADA SOBRE A FÍSICA DA MASSA.

O mais bizarro é que a maior parte do nosso corpo é formada dessas sacolas de feijões (prótons e nêutrons), o que significa que a maior parte da sua massa não vem das "coisas" das quais você é feito (quarks, elétrons) mas sim da energia que é necessária para manter as suas "coisas" juntas. No nosso universo, a massa de qualquer coisa inclui a energia necessária para manter as coisas juntas.

E a parte surpreendente é que não sabemos ao certo por quê.

Queremos dizer que não sabemos ao certo por que a energia que mantém os feijões unidos afeta quão rápido ou quão lentamente algo acelera em resposta a uma força. Se você empurrar sua pequena sacola de feijões, não há nenhuma razão específica para você ser capaz de sentir a energia lá de dentro. Não deveria fazer diferença se os feijões estão presos uns aos outros com cuspe ou supercola. E, mesmo assim, faz. Esse é um dos grandes mistérios da massa. Mesmo que possamos medi-la, não sabemos ao certo o que a inércia é ou por que está conectada tanto à massa das partículas quanto à energia que as liga. Você poderia dizer que nosso conhecimento sobre esse assunto se resume a uma montanha de feijões.

NOSSO CONHECIMENTO SOBRE MASSA INERCIAL

Massas de partículas particularmente confusas

Se você ainda não se surpreendeu ao descobrir que a física não consegue explicar algo tão básico quanto a inércia, prepare-se para outra revelação massiva: até mesmo as massas que atribuímos às partículas básicas como o quark e o elétron não são realmente "coisa". De fato, "coisas" não existem. Não aparecem na formulação da física.

Partículas — em nossa teoria atual — são, na verdade, pontos indivisíveis no espaço. Isso quer dizer que, em teoria, têm volume *zero* e estão localizadas exatamente em uma posição infinitesimal do espaço tridimensional. Elas, na verdade, não têm tamanho algum.[32] Como você é feito de partículas, não significa que você, em grande parte, seja espaço vazio; você é *inteiramente* espaço vazio!

Pense por um segundo sobre isso *não* fazer sentido no que diz respeito ao conceito

32. Há algumas definições de tamanho de partícula que incorporam as partículas virtuais ao seu redor, mas vamos adotar uma abordagem mais rigorosa.

de massa. Lembre-se de que algumas partículas têm massas minúsculas, quase nulas, enquanto outras têm massas enormes. Por exemplo, aqui vai uma pergunta que faz pouco sentido: qual é a densidade do elétron? Um elétron tem massa não nula e volume zero, de modo que sua densidade (massa dividida pelo volume) é, na verdade... não definida? Não faz sentido.

Ou considere duas partículas que sejam idênticas em quase tudo exceto a massa, como o quark top e o quark up. O quark top é como um primo supergordo do quark up; ele tem a mesma carga elétrica, o mesmo spin e as mesmas interações. Supõem-se que ambos sejam partículas puntiforme, mas o quark top é *75.000 vezes* mais massivo. Ainda assim, eles ocupam a mesma quantidade de espaço (nenhum) e agem praticamente da mesma forma. Então, como um deles tem muito mais massa do que o outro sem conter nenhuma "coisa" a mais?

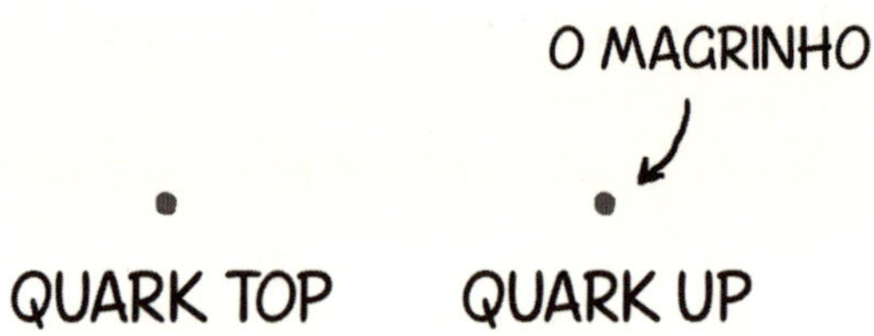

Se isso não faz sentido algum é porque partículas são diferentes de tudo mais com que você já tenha tido contato em seu cotidiano. É perfeitamente natural que, ao tentarmos entender coisas novas, façamos uso de modelos que são baseados em coisas que sabemos.[33] O que mais poderíamos fazer? É como explicar para uma criança de três anos de idade o que é um tigre. Você pode dizer "é um enorme gatinho", mas isso só vai funcionar até o dia em que a criança for ao zoológico e tentar enfiar o braço na jaula para acariciar o tigre, e o seu cônjuge brigar com você por ser irresponsável e usar analogias teóricas incompletas. Esses modelos idealizados são úteis, mas você precisa sempre ter em mente suas limitações.

33. Descrever o desconhecido em termos do conhecido é uma tarefa central da física. Isso e também fazer alguém parecer inteligente em festas sociais.

Nós gostamos de pensar que as partículas são como bolinhas minúsculas de coisas. Isso funciona para uma gama de experimentos imaginários, mesmo que as partículas não sejam bolinhas. Nem mesmo um pouquinho. De acordo com a mecânica quântica, elas são pequenas flutuações de campo superbizarras que permeiam todo o universo. Isso significa que obedecem a regras que fazem muito pouco sentido no modelo das bolinhas minúsculas. Por exemplo, elas podem estar de um lado de uma parede impenetrável em um determinado momento e, em seguida, aparecer do outro — sem passarem pela barreira.[34] As partículas quânticas conseguem fazer coisas que parecem sem sentido se você as imaginar como coisas que você conhece, porque elas são diferentes de tudo com o qual você já teve contato.

Os modelos da nossa cabeça podem ser úteis para nos dar intuição ou nos ajudar a visualizar, mas é importante lembrar que são apenas modelos e que podem falhar. Isso é o que acontece com o seu cérebro quando você pensa na massa de partículas pontuais.

O MODELO DE PARTÍCULAS É FALHO

Tome o outro extremo: qual o sentido de uma partícula ter massa zero? Por exemplo, o fóton tem massa exatamente zero. Se não tem massa, é partícula de *quê*? Se você exigir que a massa seja alguma coisa, terá que concluir que uma partícula sem massa não contém literalmente nada.

34. Tunelamento quântico. Um fenômeno tão bem estabelecido que é usado corriqueiramente em alguns supermicroscópios. Acontece mesmo.

Em vez de pensar na massa de uma partícula como a quantidade de coisas que está recheando uma bolinha superminúscula, apenas pense na massa como um *rótulo* que estamos atribuindo a um objeto quântico infinitesimal.

Você talvez não perceba, mas já pensa assim em relação à carga elétrica de uma partícula. Todos sabemos que elétrons têm carga negativa, mas, quando você pensa nisso, pode se perguntar: *onde* está a carga dentro do elétron? Qual é a coisa que lhe dá carga? Há espaço no elétron para esta quantidade de carga? Essas perguntas parecem bobas porque pensamos na carga como algo que uma partícula simplesmente tem. É um rótulo e pode admitir diversos valores: 0; - 1; $\frac{2}{3}$ etc. Tente pensar na massa da mesma forma, e ela fará um pouco mais de sentido.

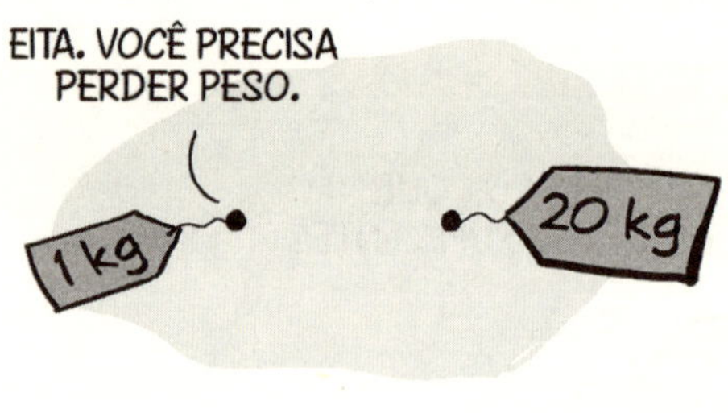

Se carga elétrica implica em uma partícula sentir forças elétricas (como ser repelido por outros elétrons), o que a massa representa para uma partícula? A massa é aquilo que dá às partículas inércia (resistência ao movimento). Mas o que ainda não compreendemos é: por que as coisas têm inércia? De onde vem? O que significa? Quem vai nos ajudar nessas horas difíceis? A resposta é: o bóson de Higgs.

O bóson De Higgs

Em 2012, os físicos de partículas anunciaram, com uma fanfarra internacional maravilhosa, a descoberta do bóson de Higgs. Quase ninguém entendia o que era o bóson de Higgs, mas muitas pessoas ficaram animadas. O *The New York Times* escreveu que ele "representa o melhor que o processo de ciência tem a oferecer para a civilização moderna". É isso aí, aparentemente o bóson de Higgs é muito melhor que computadores, vasos sanitários e reality shows.[35]

Então, o que é o bóson de Higgs? Aqui vai um teste para avaliar seu conhecimento. Faça o teste agora e novamente após ter lido este capítulo. Esperamos que, pelo menos, sua pontuação não diminua.

O TESTE DO HIGGS, i.e., "O TESTIGGS"

1. Antes de ser reutilizado como nome de uma partícula, o "bóson de Higgs" era famoso por ser:
   a. Um amado palhaço de televisão infantil;
   b. O codinome do espião mais perigoso da CIA;
   c. O amigo de infância do Luke Skywalker em *Star Wars*;
   d. O personagem de seu amigo em *Dungeons & Dragons*.

2. Verdadeiro ou falso: se consumido diretamente, o bóson de Higgs é mais viciante que Cheetos apimentado.

3. Verdadeiro ou falso: o bóson de Higgs é uma partícula prevista por dois teóricos chamados Higgs e Bóson.

Verifique suas respostas no rodapé e veja o quanto você sabe.[36]

---

35. Concordamos que o Higgs seja mais importante que pelo menos *um* desses.
36. Se você realmente respondeu a qualquer uma dessas perguntas, então é muito bom que você esteja lendo este capítulo.

Falando seriamente, a descoberta do bóson de Higgs *foi* um triunfo da ciência. Foi a demonstração de que analisar padrões é um bom caminho para a compreensão do universo.

A ideia de que o bóson de Higgs pudesse existir veio do estudo dos padrões das partículas que transmitem força — o fóton, o bóson W e o bóson Z — e das perguntas sobre suas massas. Os físicos perguntaram: por que uma delas não tem massa (o fóton) e as outras (os bósons W e Z) são bastante massivas? Nesse caso em particular, não fazia sentido que esse rótulo estranho, que chamamos de massa, fosse nulo para uma partícula de força e ao mesmo tempo não nulo para as outras.

Peter Higgs e vários outros físicos de partículas encararam este problema por um tempo até que encontraram a resposta: inventar alguma coisa. Literalmente. Eles postularam que, ao adicionar mais uma partícula (o bóson de Higgs) e o seu campo (o campo de Higgs) às equações, então a massa, como um rótulo de partícula — e o porquê de umas terem mais que as outras — começa a fazer sentido.

A teoria é mais ou menos assim: imagine um campo que permeia todo o universo. Esse campo faz algo que nenhum outro campo faz: em vez de atrair ou repelir coisas, ele dificulta a aceleração ou a desaceleração das partículas. O efeito deste campo é *idêntico ao efeito de ter uma massa inercial.*

Quanto mais o campo interagir com uma partícula, mais a partícula parecerá ter inércia — ou massa. Vá um passo além e imagine que a inércia gerada por uma partícula interagindo com este campo *seja* a massa da partícula. Isso é o que significa ter massa. Algumas partículas sentem esse campo de modo mais intenso, significando que elas requerem muita força para que sejam aceleradas ou freadas; essas partículas têm bastante massa. Outras partículas quase não sentem esse campo e, por isso, requerem muito pouca força para aumentar ou diminuir suas velocidades; essas partículas quase não têm massa. De acordo com a teoria de Higgs, é isso que é massa.

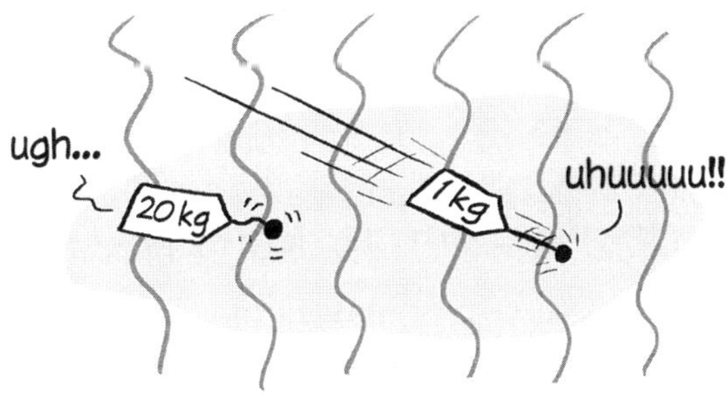

Pare um segundo para apreciar isso. É ao mesmo tempo um insight que modifica paradigmas e uma *afirmação completamente trivial.*

Modifica paradigmas porque dá uma ideia diferente do que seja massa. Isso é bem importante.

Também é trivial porque, uma vez que você aceita que a massa é um rótulo quântico misterioso para uma partícula, e não a quantidade de coisas dentro dela, aprender que o valor desse rótulo de massa vem de um campo misterioso que permeia todo o universo não ajuda a entender o que é a massa.

Na verdade, não ajuda a responder à pergunta mais importante: por que as partículas de matéria têm massas diferentes? A teoria de Higgs diz que é por que elas sentem o campo de Higgs de maneiras diferentes. Então tudo o que a teoria faz é transformar uma pergunta em outra: por que todas as partículas de matéria sentem o campo de Higgs de maneira diferente?

De acordo com a teoria, as massas das partículas de matéria não seguem qualquer princípio ou lógica. É como se elas tivessem sido escolhidas aleatoriamente e pudessem ter valores totalmente diferentes. Nada em nossa teoria deixaria de funcionar se você mudasse as massas. As leis da física que temos hoje funcionariam da mesma maneira. É claro que tornar algumas partículas mais ou menos massivas teria enormes consequências sobre outras coisas, como os prótons, nêutrons e elétrons, com os quais contamos para fazermos nossos cafés da moda e absurdamente caros (além da química e da biologia, de um modo geral). Mas, de acordo com a teoria atual, as massas das partículas de matéria são parâmetros arbitrários, livres para adquirirem qualquer valor.

A teoria de Higgs *explica* por que as partículas de força (fóton, W e Z) têm as massas que têm, mas não explica, de uma maneira geral, por que as partículas de matéria têm massas diferentes (por que algumas interagem bastante com o campo de Higgs e outras não). Provavelmente existe algum padrão para as massas, mas que, até então, nos passou despercebido. Nosso nível de sofisticação está como os de Ook e Groog, que explicaram as coisas fazendo uma lista. Da mesma maneira, nossa melhor teoria do universo apenas lista as massas das partículas de matéria como números arbitrários.

Talvez alguma cientista no futuro vai olhar nossa lista e revirar os olhos para a nossa ignorância enquanto formula uma teoria mais simples em que os valores das massas não são parâmetros arbitrários, mas o resultado de alguma descrição mais bonita e profunda da natureza. Ainda não temos ideia.

Massa Gravitacional

Isso nos traz a última peça do quebra-cabeças.

Anteriormente, quando pensamos sobre como medir a massa de algo, você pode ter tido uma ideia diferente da nossa abordagem via pistola Nerf de alta precisão: basta usar uma balança! Uma balança mede o peso de um objeto, ou seja, a atração gravitacional da Terra exercida sobre o objeto. Isso está intimamente relacionado à massa, porque quanto mais massa algo tem, maior será a atração gravitacional pela Terra. A força da Terra sobre um elefante é maior do que a força da Terra sobre um lenço.

No caso de uma partícula, você também pode pensar na massa gravitacional como sendo uma *carga* gravitacional. Quando duas partículas têm carga elétrica, elas sentem a força elétrica uma sobre a outra, e essa força é proporcional às cargas. Da mesma forma que quando duas partículas têm massa elas sentem uma atração gravitacional proporcional às suas massas.

A GRAVIDADE SÓ ATRAI

Curiosamente, não podemos ter uma massa negativa, de modo que nunca há repulsão gravitacional, apenas atração gravitacional.[37] A gravidade é, nesse sentido, diferente das outras forças, que vamos explorar em maiores detalhes no próximo capítulo.

Os dois tipos de massa são iguais?

A massa gravitacional é a mesma que a massa inercial que estivemos discutindo algumas páginas atrás? Sim... e não.

37. *Quase* nunca. A energia escura e a inflação podem ser devidas a uma repulsão gravitacional.

Não, porque essa massa que chamamos de "massa gravitacional" parece determinar a força da gravidade em um objeto, e a medimos usando uma técnica diferente (uma balança) da usada para a massa inercial.[38]

PROTESTOS EM MASSA

Sim, porque podemos medir a massa das duas maneiras e, até o momento, jamais observamos *a menor diferença* entre as massas gravitacional e inercial de um objeto.

Pense em como isso é esquisito. Não há qualquer razão intuitiva para que elas sejam iguais. Uma delas (a massa inercial) mede o quanto algo resiste a uma mudança de movimento, enquanto a outra (a gravitacional) mede o quanto algo *quer* ser puxado pela gravidade.

Você pode fazer um simples experimento para confirmar isso. Deixe cair dois objetos de massas diferentes (como um gato e uma lhama) no vácuo (de modo que não haja resistência do ar) e verá que eles caem com a mesma velocidade. Por que isso acontece? Se a massa gravitacional da lhama é maior, ela é puxada por uma força maior pela Terra, mas como a lhama também tem uma massa inercial maior, é necessária uma força maior para movê-la. Os dois efeitos se cancelam perfeitamente e o gato e a lhama caem com a mesma velocidade.

De acordo com a nossa formulação atual da física, não sabemos o porquê disso. Apenas admitimos que são iguais. Essa suposta equivalência está no coração da teoria geral da relatividade de Einstein, que enxerga

38. Essa é a versão Newtoneana das forças gravitacionais. Mais tarde, chegaremos à versão da relatividade geral, na qual não há forças gravitacionais e faz mais sentido imaginar a massa como uma distorção do espaço.

a gravidade de um modo completamente diferente. Em vez de considerá-la uma força que age em objetos com carga arbitrária e como a energia que os ligam, ele descreve a gravidade como a curvatura ou distorção do espaço ao redor tanto da massa quanto da energia. Então, na teoria de Einstein, a conexão é muito mais natural, mas ainda não nos diz *por que* ela existe. Há mesmo dois parâmetros arbitrários (as massas inercial e gravitacional) ou eles estão conectados? Poderiam os dois serem diferentes sem invalidar as leis da física?

Além da relatividade, as teorias dos físicos de partículas tratam as massas inercial e gravitacional como conceitos diferentes, mas, experimentalmente, as enxergamos como a mesma coisa. Há aqui uma indicação bastante forte de que elas estejam profundamente conectadas.

Questões Pesadas

Para recapitular, aqui vão as maneiras em que a massa é esquisita:

É esquisita porque a massa de algo não é apenas a massa das coisas que estão lá dentro. A massa também inclui a energia que liga as coisas. E não sabemos o porquê disso.

É esquisita porque a massa é, na verdade, como um rótulo ou uma carga (não é de fato uma "coisa") e não sabemos por que algumas partículas têm (ou sentem) o campo de Higgs e outras não.

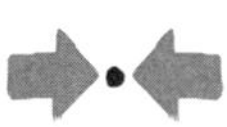

E é esquisita porque a massa é exatamente a mesma, seja medindo através da inércia ou da gravidade. E também não sabemos por que isso acontece!

O que é interessante é que, com todos os mistérios da massa, ela, na verdade, nos ajudou a fazer progresso na compreensão do resto do universo. Lembre-se de que foi a rotação das galáxias e o problema da falta de massa que nos deu a dica de que havia um novo tipo de massa invisível no universo: a matéria escura. De fato, a única coisa que sabemos sobre a matéria escura é que ela tem massa: massa gravitacional, para ser mais preciso.

É surpreendente pensar que algo tão fundamental para a nossa existência ainda seja um mistério. Para que estamos pagando todos os físicos, senão para nos ajudar a dormir melhor à noite sabendo que alguém está cuidando desse tipo de coisa? Mas, não, quanto mais você investiga e faz perguntas, mais percebe que ainda há coisas sobre a massa que são intrigantes.

O que é claro (e empolgante) é que a massa é uma propriedade fundamental do universo e que claramente conecta um monte de suas peças móveis (energia, inércia e gravidade, por exemplo). Descobrir exatamente quais são essas conexões nos traria um passo adiante na compreensão do universo enorme e maravilhoso em que vivemos. E isso seria (ok, última vez) muito *massa*.

6
Por que a gravidade é tão diferente das outras forças?

É uma pergunta importantíssima, mas de pouca gravidade

Você *sabe* o que é gravidade. É o que controla o movimento das estrelas, cria buracos negros e derruba maçãs de árvores na cabeça de físicos famosos, porém sem noção.

Mas você realmente *entende* a gravidade?

Você a vê agindo ao seu redor, mas quando comparamos o modo como ela funciona com os padrões impostos pelas outras forças básicas, percebemos imediatamente que ela não se encaixa. Ela é estranhamente fraca, praticamente sempre atrai, ao invés de repelir, e não reage bem com uma visão quântica do mundo.

Essa recusa a se encaixar é muito misteriosa e frustrante, porque encontrar padrões é como entendemos o universo. Olhe à sua volta e você ficará sobrecarregado com a variedade e complexidade do nosso belo universo, mas encontre padrões e começará a entendê-lo. Por exemplo, pense em como pode aprender sobre uma pessoa através da análise de seu histórico de navegação na internet. Pensando bem, talvez essa seja uma parte do universo que você não vai querer entender.

O desejo de encaixar as coisas em padrões, de modo a compreendê-las, é a razão pela qual os físicos ficam com água na boca com a ideia da unificação de todas as físicas em uma única teoria.[39] A recusa da gravidade em se encaixar no padrão de todas as outras forças é um enorme obstáculo para a unificação. Nesse capítulo, vamos explorar por que exatamente a gravidade é tão peculiar e por que está atraindo mais coisas para a Terra do que somente seu mamão papaia matinal ou lhamas. Há mistérios profundos sobre a gravidade, então vamos começar logo, direto de encontro a eles. Talvez até gravitemos em direção a algumas respostas.

A fraqueza da gravidade

Todo mundo, em algum momento, se pergunta, *Por que estou aqui na Terra?* Temos a resposta: gravidade. Sem a gravidade, iríamos todos vagar pelo espaço e o universo seria uma enorme nuvem de gás e poeira, escura e amorfa. Não haveria planetas, estrelas, frutas tropicais ridículas, galáxias ou pessoas bonitas que compram livros muito engraçados sobre física. A gravidade é gigantesca. Mas também é muito *fraca*.

39. Sejamos francos, os físicos ficam com água na boca facilmente.

Quão fraca é a gravidade? Bem, grosso modo, a gravidade é aproximadamente 10^{36} vezes mais fraca que as outras três forças fundamentais. É uma fração de 1/1.000.000.000.000.000.000.000.000.000.000.000.000.

Como podemos entender um número assim? Vamos pegar emprestado uma técnica que nos ajudou a entender frações no primeiro ano. Se você pegasse um mamão e o cortasse em quatro pedaços, cada pedaço seria um quarto de mamão. Fácil. Se você cortasse um mamão papaia em 10^{36} pedaços, cada pedaço seria... menor que uma única molécula de mamão.[40] Na verdade, você teria que cortar cerca de *dois milhões* pedaços de mamões para ter uma fração de aproximadamente uma molécula de mamão.

Uma boa maneira de enxergarmos a fraqueza da gravidade é fazer um pequeno experimento que a faça competir com as outras forças. Você não precisa de um acelerador de partículas no seu porão para isso. Basta pegar um ímã de geladeira e usá-lo para levantar um pequeno prego de metal. Nesse experimento, o prego está sendo puxado para baixo pela força gravitacional de um planeta inteiro (a Terra) e, ainda assim, a força magnética de um pequenino ímã é suficiente para impedir que o prego caia. Um pequeno ímã supera um planeta inteiro porque o magnetismo é muito mais poderoso do que a gravidade.

40. As moléculas do mamão são chamadas papaions e elas são minúsculas e doces.

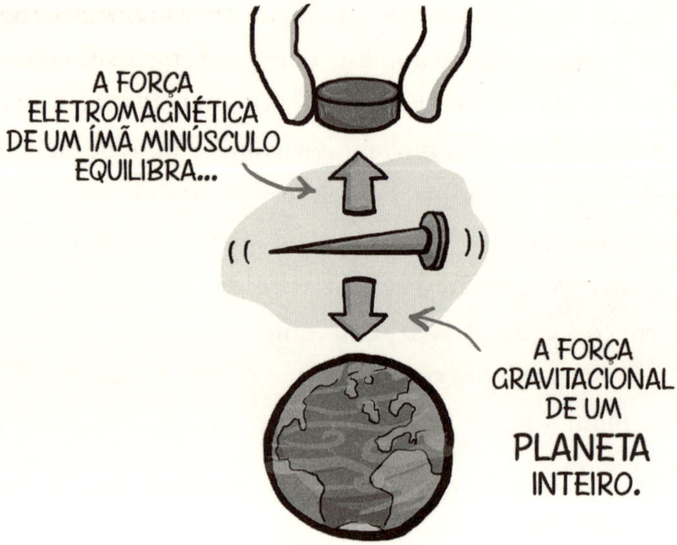

A essa altura você deve estar se perguntando: se a força da gravidade é 36 *ordens de magnitude* mais fraca que todas as outras forças, como pode ter tantas consequências para o universo? Não será ela derrotada pelas forças mais poderosas ao seu redor, como um espirro em um tornado?[41] Como ela está mantendo todos os planetas e estrelas juntos e como está evitando que todos saiamos voando por aí como o Super-homem? Se as outras forças são tão fortes, não iriam se sobrepor à gravidade e apagar seus efeitos no universo?

A resposta é que a gravidade é muito importante em escalas gigantescas e ao lidar com massas enormes.[42] As forças fraca e forte são de curto alcance, de modo que praticamente só são sentidas em nível subatômico. Se as forças do eletromagnetismo não desempenham nenhum papel importante no movimento das estrelas e dos planetas, mesmo que essas forças sejam enormes quando comparadas à gravidade, é devido a um fato interessante sobre a gravidade: praticamente só funciona em uma direção.

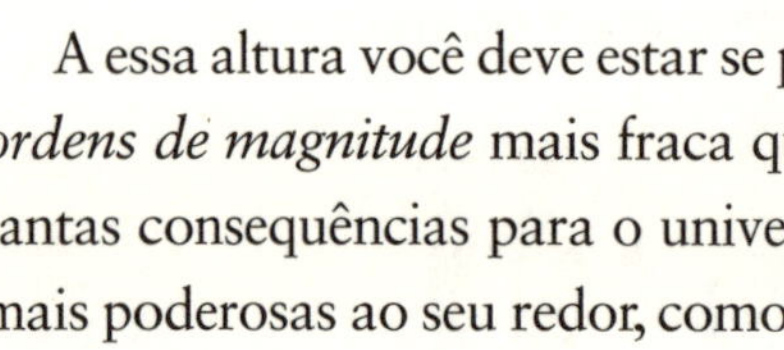

41. Também válido para um peido em um furacão.
42. A gravidade gosta de massas grandes e não pode negar, as outras forças não podem negar. [N. do.T.: Há um um trocadilho com a letra de hip-hop de MC Hammer: "I like big butts and I cannot lie..."]

A gravidade age apenas no sentido de atrair as coisas umas às outras e não de afastá-las.[43] A razão é muito simples: a força da gravidade é proporcional às massas dos objetos envolvidos e só há um tipo de massa que você pode ter: positiva. Em contraste, as forças eletromagnéticas têm dois tipos de carga elétrica (positiva e negativa), e as forças fraca e forte têm propriedades bem parecidas com as cargas elétricas, chamadas hipercarga e cor, que também podem admitir valores múltiplos.[44]

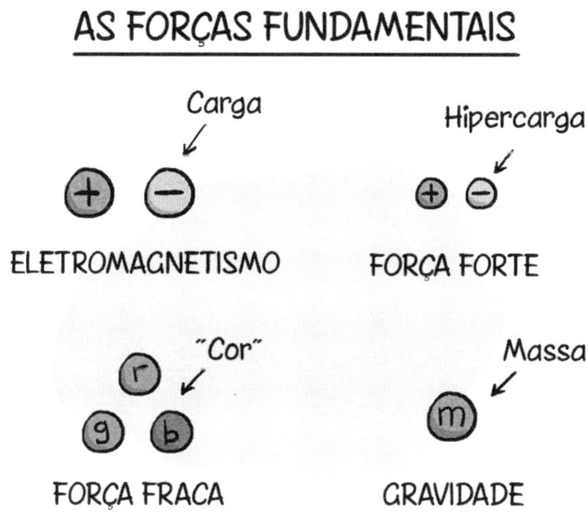

A gravidade é mais ou menos análoga, mas nem tanto. Você pode pensar na massa como a "carga gravitacional" de uma partícula que determina o quanto de gravidade ela sente. Mas não há massa "negativa". A gravidade não repele partículas com massa.

Isso é importante porque significa que a gravidade não pode ser cancelada. É o que acontece às forças eletromagnéticas em grandes escalas. Se o Sol fosse feito basicamente de cargas positivas, e a Terra, basicamente

43. Quase sempre verdade: veja o Capítulo 14 para uma discussão sobre gravidade repulsiva durante o Big Bang.

44. A força forte tem mais de dois tipos de carga. Tem três! Elas são denominadas de "cores" e chamadas de "vermelha", "azul" e "verde". Para cancelar uma carga vermelha, você pode adicionar uma carga azul e uma verde para criar um objeto neutro, ou "branco", ou pode encontrar uma antipartícula que tenha cor antivermelha.

de cargas negativas, a atração seria *enorme* e o nosso planeta já teria sido sugado em direção ao Sol há muito tempo.

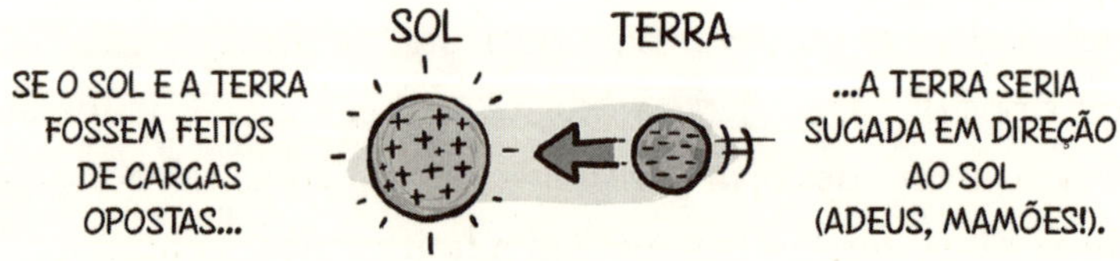

Como a Terra é feita de quantidades praticamente iguais de cargas positivas e negativas, e o Sol também é feito de quantidades praticamente iguais de cargas positivas e negativas, eles ignoram um ao outro eletromagneticamente. Cada partícula positiva e negativa na Terra é tanto atraída quanto repelida pelas cargas positivas e negativas do Sol (e vice-versa), de modo que todas as forças eletromagnéticas se cancelam.

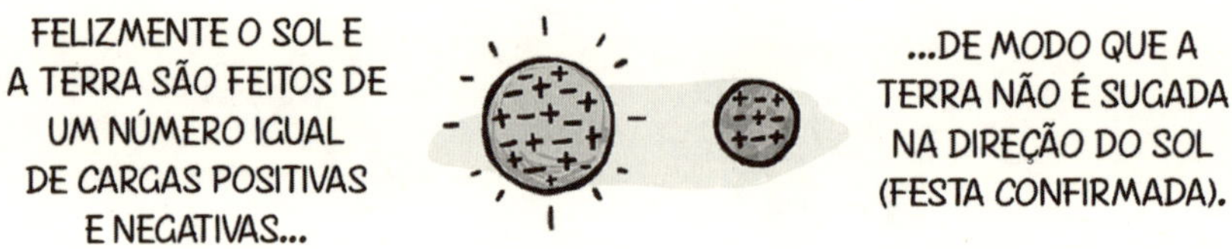

Isso não é um acidente. A força eletromagnética é tão forte que ela vai mover cargas de um lado para outro até que o desequilíbrio residual de cargas desapareça. Foi bem início da vida do universo (quando ele tinha 400.000 anos de idade, no período pré-mamão) que quase toda a matéria se acomodou em átomos neutros e as forças eletromagnéticas encontraram equilíbrio.

Como não há uma força eletromagnética líquida entre a Terra e o Sol e as forças fraca e forte não funcionam nessa escala de distâncias, a única força restante é a gravidade. Por isso a gravidade domina na escala de planetas e galáxias: porque todas as outras forças estão em equilíbrio. Apesar de ser tão atrativa, a gravidade é como aquela última pessoa restante na festa segurando um mamão enquanto todos os outros

já encontraram companhias para irem para casa. E como a gravidade só atrai, ela nunca cancela a si mesma.

Há então duas propriedades da gravidade que são curiosas e até agora não explicadas: primeiro, ela é muito, muito fraca comparada às outras forças fundamentais. Imagine que todos tivessem trazido seus sabres de luz para uma luta e a gravidade trouxe apenas um palito de dentes. A outra propriedade curiosa sobre a gravidade é que ela apenas atrai. Todas as outras forças atraem ou repelem dependendo das cargas das partículas envolvidas. Por que a gravidade é tão diferente nesse sentido? Não temos ideia.

A charada quântica

A gravidade quase se encaixa no padrão imposto pelas outras três forças fundamentais, mas nem tanto. Podemos pensá-la como uma força como todas as outras e podemos pensar na massa da mesma forma que pensamos nas outras cargas. Mas a gravidade é muito mais fraca e funciona apenas em uma direção. Essa inconsistência aparente nas forças significa que ou o padrão que temos não é válido ou não estamos percebendo alguma coisa grande.

Acontece que a gravidade também é estranha de outras formas mais profundas. Temos uma maneira de entender todas as partículas de matéria e três das forças fundamentais em uma estrutura matemática chamada mecânica quântica. Em mecânica quântica, tudo é descrito em termos de partículas, até mesmo essas três forças. Quando um elétron empurra algum outro átomo, ele não usa a Força, ou alguma forma invisível de telecinese para causar movimento em outro elétron. Os físicos pensam nessa interação como um elétron atirando uma partícula no outro elétron para transferir um pouco do seu momento. No caso de elétrons, as partículas que carregam força, os portadores, são chamadas fótons. No caso da força fraca, as partículas trocam os bósons W e Z. As partículas que sentem a força forte trocam glúons.[45]

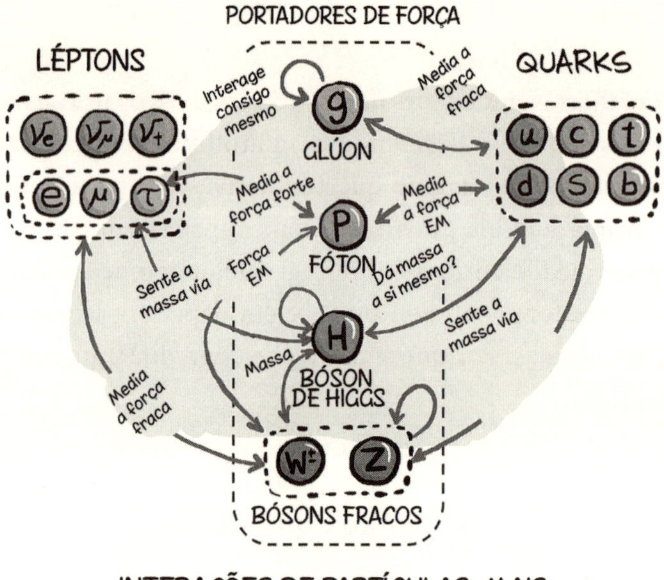

INTERAÇÕES DE PARTÍCULAS: MAIS COMPLICADAS QUE NOVELA MEXICANA

A estrutura da mecânica quântica, o Modelo Padrao da física de partículas do Capítulo 4, tem sido incrivelmente bem-sucedida na descrição da maior parte do mundo natural (por "maior parte" nos referimos aos enormes 5% do universo, lembram?). Olhar o mundo em termos de partículas quânticas pode explicar muitas coisas que vemos nos experimentos e nos tem permitido predizer coisas que jamais tínhamos visto antes, como outras partículas de matéria ou o bóson de Higgs. Explica até por que a força fraca tem um alcance tão curto: as suas partículas de força

45. Você provavelmente não está acreditando na gente, porque inventamos os "papaions", mas os glúons existem!

têm massa muito grande, o que limita quão longe elas podem viajar. Mas o Modelo Padrão tem um grande problema: a mesma abordagem não funciona direito para descrever a gravidade.

O gráviton: partícula elementar ou supervilão de revista em quadrinhos?

A mecânica quântica falha ao descrever a gravidade por dois motivos. Primeiro, encaixar a gravidade no Modelo Padrão exige uma partícula que transmita a força da gravidade. Os físicos criativamente chamam essa partícula hipotética de "gráviton". Se ela existir, significa que, enquanto você está aí sentado (ou em pé) sendo puxado para baixo pela gravidade, todas as partículas no seu corpo estão constantemente arremessando e recebendo bolas quânticas minúsculas de todas as outras partículas da Terra abaixo de você. E conforme a Terra se move ao redor do Sol, há uma corrente constante de grávitons sendo trocados entre todas as partículas da Terra e todas as partículas do Sol. O problema é, ninguém jamais viu um gráviton, então essa teoria pode estar completamente errada.

Outro motivo pelo qual os físicos têm problemas em incorporar a gravidade à mecânica quântica é que já *temos* uma teoria ótima para a gravidade, uma que Einstein criou em 1915. É chamada de relatividade geral e funciona muito bem sozinha. Ela encara a gravidade de uma maneira completamente diferente: em vez de considerar a gravidade como uma força entre dois objetos, Einstein encarou a gravidade como uma distorção do espaço. O que isso significa? Einstein percebeu que a gravidade se torna simples se você parar de pensar no espaço como um conceito abstrato, o pano de fundo invisível de toda a matéria, e, em vez disso, pensar nele como um fluido dinâmico ou uma folha flexível. A presença de matéria (ou energia) entorta o espaço ao seu redor, modificando a trajetória dos objetos. No cenário de Einstein, não existe força de gravidade, apenas uma distorção do espaço.

De acordo com a relatividade geral, se a Terra se move ao redor do Sol, em vez de sair voando pelo espaço afora, não é devido à existência de uma força que a puxa em uma órbita. A Terra se move ao redor do Sol porque o espaço ao redor do Sol está distorcido de tal modo que o que parece ser uma linha reta para a Terra é, na verdade, um círculo (ou uma elipse). Nesse cenário, a massa gravitacional não é uma carga que algumas partículas têm e outras não; mas sim uma medida do quanto um objeto é capaz de distorcer o espaço ao redor. Por mais bizarra que essa teoria possa parecer, tem sido muito bem-sucedida na descriçao da gravidade local, gravidade cósmica e diversas outras coisas estranhas que vemos espaço afora. Ela explica porque a luz entorta ao passar por objetos e porque o seu GPS funciona; e ela ainda prevê os buracos negros.

O problema é que a relatividade geral funciona muito bem, então concluímos que é provavelmente a descrição correta da natureza, mas não fomos capazes de uni-la àquela outra teoria fundamental, a mecânica quântica, que *também* parece ser uma descrição correta da natureza.

Parte do problema está no fato de elas olharem para o mundo de modos tão diferentes. A mecânica quântica olha para o espaço como um pano de fundo plano, mas a relatividade geral nos diz que o espaço é parte de uma coisa dinâmica e flexível: o espaço-tempo. Será então a gravidade uma distorção do espaço ou pequenas bolas quânticas voando por aí entre partículas? Tudo mais no universo é quântico, então faria sentido se a gravidade seguisse as mesmas regras, mas até o momento não há evidências que nos convençam de que os grávitons existem.

A GRAVIDADE PODE SER ESTRAGA-PRAZERES

Ainda mais problemático é não sermos sequer capazes de prever como uma teoria unificada da gravidade quântica iria *parecer*. Com frequência, os físicos são capazes de prever partículas que foram, posteriormente, descobertas na prática (como o quark top ou o bóson de Higgs), mas até o momento todas as teorias que tentaram unir a gravidade à mecânica quântica falharam; insistem em produzir resultados sem sentido, como “infinito”. Os teóricos são um grupo esperto (em teoria) e têm algumas boas ideias que poderão, um dia, nos levar a uma teoria unificada — como a teoria de cordas ou a gravitação quântica de laço — mas é justo dizer que, até agora, o progresso tem sido bastante lento. Veja o Capítulo 16 para mais discussões de teorias que unificam todo o conhecimento.

Colisores de buracos negros

Para resumir, a gravidade parece ser tão diferente do restante das suas irmãs de força que todos especulam que foi adotada ou é o resultado de alguma escapada do Sr. Universo. A gravidade é muito menor que as outras forças, só funciona de um jeito (atrai, não repele), parece não se encaixar na mesma estrutura teórica que as outras forças e não temos ideia do porquê. Esses são alguns dos maiores mistérios do universo. O que estamos fazendo para responder esses enigmas?

Uma abordagem para entender como o mundo funciona é testá-lo através de experimentos e, então, propor algumas ideias inteligentes que expliquem o que foi observado. Idealmente, gostaríamos de testar a relatividade geral (gravidade clássica) e a mecânica quântica ao mesmo tempo para ver qual está correta (se alguma delas) e qual não funciona. Por exemplo, observar duas massas trocando um gráviton demonstraria conclusivamente que a gravidade é um fenômeno quântico.

Isso seria fantástico, mas pense em quão difícil deve ser esse experimento. Lembre-se de que a gravidade é realmente fraca. Nem mesmo a gravidade da Terra inteira é suficiente para superar a força eletromagnética de um minúsculo ímã. Se você fosse colocar duas partículas juntas, a força gravitacional entre elas seria praticamente zero, e ela seria dominada pelas forças mais poderosas, fraca, forte e eletromagnética.

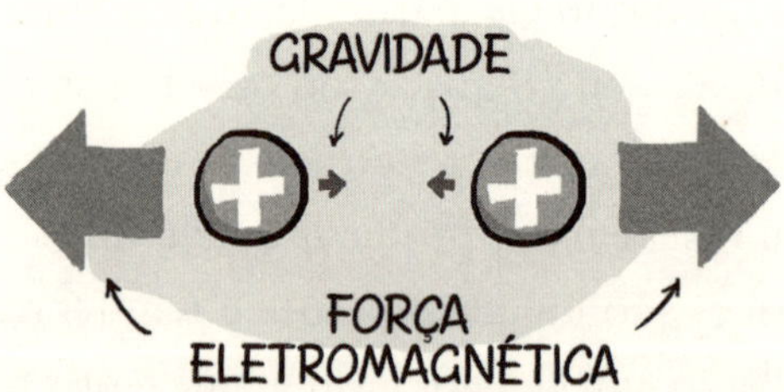

Para observar grávitons precisamos de muita massa. Precisamos de uma situação experimental na qual faremos colidir entre si massas cósmicas enormes, que estão em equilíbrio com todas as outras forças. Não, não estamos querendo colidir um milhão de mamões.[46] Amplie a sua imaginação ao máximo e tente imaginar em sua cabeça o conceito incrível de um *colisor de buracos negros*.

Dois objetos cosmicamente massivos esmagando-se um contra o outro — isso é o que você precisaria para testar a gravidade ao nível quântico. Claramente, não é algo que se possa construir ou operar (estimativas razoáveis da verba necessária fariam a Estrela da Morte parecer barata). Entretanto, temos sorte de o universo ser um lugar bem grande e cheio de coisas bastante esquisitas. Se você olhar em volta por tempo suficiente, encontrará praticamente tudo que está procurando, inclusive buracos negros em colisão.

Esses eventos não acontecem com hora marcada e não se repetem, mas, de vez em quando, buracos negros chegam tão próximos uns dos outros que tentam se engolir. Isso é exatamente o que os cientistas estão procurando. Há lugares no cosmos onde buracos negros estão engatados em uma espiral da morte e a colisão pode estar gerando grávitons, que estão sendo ejetados em todas as direções. Tudo o que precisamos fazer é vê-los! Acontece que isso não é fácil. Mesmo os grávitons produzidos por um colisor de buracos negros vão ser muito difíceis de serem detectados. A fraqueza da gravidade sugere que, mesmo que um gráviton passasse através de você, seria muito difícil senti-lo. Lembra dos neutrinos, as partículas-fantasma que conseguem atravessar anos-luz de chumbo? Os grávitons fazem os neutrinos parecerem aquelas pessoas muito sociáveis que gostam de falar com todo mundo em uma festa. De fato, cálculos sugerem que um detector do tamanho de Júpiter veria um gráviton apenas a cada dez anos, mesmo que estivesse próximo à uma fonte intensa de grávitons.

---

46. Ok, agora nós estamos pensando nisso.

Sejamos realistas e visitemos um buraco negro

Se observar um gráviton isolado é impossível, como poderemos saber se a gravidade é uma teoria quântica ou não? Outra maneira é encontrar alguma situação física na qual as duas teorias discordem nas suas predições. Por exemplo, um cenário ligeiramente menos irrealista seria explorar o *interior* de um buraco negro.

A relatividade geral nos diz que no coração de um buraco negro há uma singularidade, um ponto no qual a matéria é tão densa que o campo gravitacional se torna infinito. Isso seria (literalmente) uma experiência de entortar a mente, porque o espaço-tempo iria distorcê-lo além de qualquer compreensão intuitiva. A relatividade geral não tem qualquer problema com a existência dessa coisa, mas a mecânica quântica discorda. De acordo com os princípios da mecânica quântica, é impossível reduzir qualquer coisa a exatamente um ponto (como uma singularidade) porque há sempre alguma incerteza. Então, uma das duas teorias tem que falhar nessa situação. Se soubéssemos o que realmente acontece no interior de um buraco negro, teríamos algumas dicas extremamente importantes sobre como a mecânica quântica e a gravidade brincam juntas. Infelizmente, as perspectivas de se visitar um buraco negro, sobreviver a ele, fazer experimentos, escapar de um campo gravitacional inescapável e retornar à Terra com os resultados parecem desanimadoras, hoje em dia.

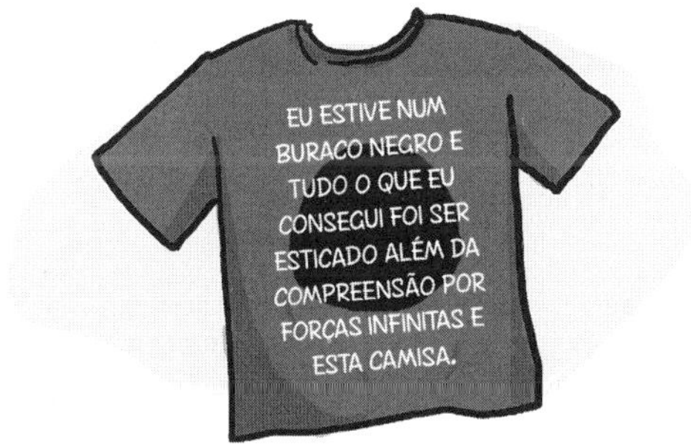

BURACOS NEGROS SÃO OS PIORES DESTINOS DE FÉRIAS

Fim de papo

Mas, mesmo que não possamos usar os buracos negros para descobrir os grávitons, podemos, ainda assim, aprender com uma espiral da morte de buracos negros, pois ela pode produzir *ondas gravitacionais*.

Ondas gravitacionais são ondulações no espaço causadas por massas aceleradas. É parecido com o que acontece quando você coloca a sua mão em uma banheira cheia de água e a move para a frente e para trás. Sua mão vai emitir ondulações na água até o outro lado da banheira. O mesmo acontece quando objetos massivos se movem no espaço. A massa em movimento entorta o espaço, criando um distúrbio que pode se propagar como uma onda.

O mais legal é que, quando uma onda gravitacional passa, tudo em seu caminho é esticado e distorcido. Um círculo se torna, momentaneamente, uma elipse, e um quadrado se torna um retângulo. Parece legal, né? Antes de parar de ler para conferir se esse livro está mudando de forma, você pode querer saber que as ondas gravitacionais distorcem o espaço apenas por um fator de cerca de você 10^{-20}. Isso significa que se você tivesse um bastão com um comprimento de 10^{20} milímetros (10 anos-luz), uma onda gravitacional iria encolhê-lo até um milímetro. Esse é um efeito difícil de ser medido.

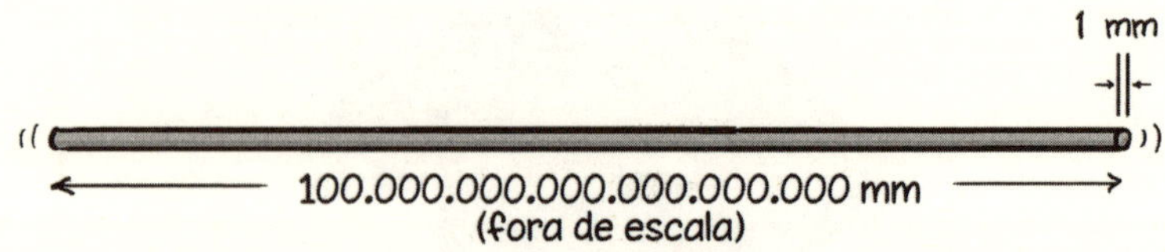

Mas os cientistas são inteligentes e pacientes. Eles construíram um experimento chamado Observatório de Ondas Gravitacionais por Interferometria à Laser, ou LIGO. Ele tem dois túneis perpendiculares, cada um com quatro quilômetros de comprimento, e usa um laser para medir mudanças nas distâncias entre as extremidades dos túneis. Quando uma onda gravitacional passa, ela estica o espaço em uma direção e a encolhe na outra. Através da medida de interferência dos lasers, quando eles são refletidos nas extremidades diferentes, os físicos podem medir precisamente se o espaço entre eles foi esticado ou comprimido.

Em 2016, após US$620 milhões e décadas de observação, os cientistas identificaram a primeira onda gravitacional. Isso confirmou, de modo elegante, a idealização de Einstein de que a gravidade entorta o espaço. Infelizmente, não nos dá nenhum insight para a visão quântica de como a gravidade funciona, porque ondas gravitacionais não são a mesma coisa que grávitons. É o mesmo que provar que a luz existe, mas não provar que é feita de fótons. Mesmo assim, foi uma descoberta "massa" e deve ser tratada com toda a "gravidade" (desculpe).

Talvez a gravidade seja especial

Quais são, então, algumas das explicações para os mistérios da gravidade? Por que ela é tão fraca e por que não se encaixa nos padrões e nas teorias das outras forças?

Talvez a gravidade seja especial. Não há nenhuma regra que diga que a gravidade *tem* que ser como as outras forças ou que haja uma única teoria que governe todas elas. Temos que manter sempre em mente a perspectiva maior de que ainda estamos no escuro no que diz respeito às verdades mais básicas sobre o universo. Em muitos casos, suposições que fizemos se revelarão falsas ou verdadeiras apenas sob certas condições especiais. Pode ser que a gravidade seja totalmente diferente de tudo que já vimos antes. Ou não. Lembre-se de que nosso objetivo é compreender o universo e devemos evitar fazer muitas suposições sobre como ele deve ser.

Se for verificado que a gravidade é especial e que *é* diferente das outras forças fundamentais, isso também será um indício do cenário mais geral. Pode significar que a gravidade é algo mais profundo que está arraigado na estrutura do cosmos. Às vezes aprendemos mais através das exceções do que das regras. E não faltam ideias empolgantes para explicar esses mistérios.

Uma explicação incrível para a fraqueza da gravidade é a ideia de *dimensões extras*. Não dimensões alternativas como do tipo que você vê em histórias em quadrinhos, mas, sim, mais dimensões no espaço do que as em que você, atualmente, pensa que vive. Alguns físicos estão propondo que a gravidade seja fraca porque é diluída nessas outras dimensões que formam laços que não conseguimos ver. Se você levar em conta essas dimensões extras, a gravidade se torna tão forte quanto as outras forças. Falaremos mais sobre essas ideias no Capítulo 9.

Apesar de termos mencionado algumas dificuldades na tentativa de unir a mecânica quântica à relatividade geral, e de detectar o gráviton, não significa que os físicos desistiram da ideia de encontrar uma teoria unificadora que consiga explicar todas as forças que conhecemos. Quão próximos estamos de ter uma única equação simples que preveja tudo? Vamos explorar isso no Capítulo 16.

O que isso pode significar

Entender os mistérios da gravidade teria um impacto enorme no entendimento do mundo ao nosso redor. Lembre-se de que a gravidade é basicamente a única força que funciona em grandes escalas, o que significa que é uma das forças principais que está determinando a forma e o destino do universo.

O fato de a gravidade dobrar e distorcer o espaço e o tempo pode também nos conduzir a possibilidades bastante excitantes. Nesse momento, é bem possível que jamais visitemos outro sistema de estrelas além do nosso próprio. As distâncias são simplesmente muito grandes. Mas se conseguirmos compreender os mistérios da gravidade, talvez seja possível compreender como o espaço pode ser entortado e controlado, ou como buracos de minhoca podem ser criados ou manipulados. Se isso acontecer, nosso sonho alucinante de viajar através do universo dobrando o espaço-tempo pode se tornar realidade. E a gravidade pode ser a chave para isso.

Quem disse que as forças gravitacionais sempre prendem seus pés no chão?

OS FÍSICOS SÃO SEVEROS CRÍTICOS DE CINEMA.

7.
O que é espaço?

E por que ele ocupa tanto espaço?

Os primeiros capítulos deste livro foram sobre os mistérios das *coisas*: quais são os menores pedacinhos e como colaboram para formar o universo? Mas, quanto mais buscamos respostas para as perguntas sobre coisas tangíveis ao nosso redor, mais vemos que ainda há um grande mistério no ar. Esse mistério é o próprio ar: o espaço.

Afinal, o que é o espaço?

Peça a um grupo de físicos e filósofos para definir "espaço" e você vai, muito provavelmente, ficar preso em uma longa discussão permeada por combinações de palavras tão profundas quanto sem sentido, como "a própria estrutura do espaço-tempo é uma manifestação física de conceitos de entropia quântica alinhavados entre si pela natureza universal da localização". Pensando bem, talvez seja prudente evitar essas conversas profundas entre filósofos e físicos.

Será o espaço apenas um vazio infinito que é a base de tudo? Ou será ele o vazio *entre* as coisas? E se o espaço não for nenhuma dessas coisas, mas algo físico que pode esparramar como uma banheira cheia d'água?

O caso é que a natureza do espaço propriamente dito é um dos maiores e mais estranhos mistérios no universo. Então, prepare-se, porque as coisas estão ficando... espaçosas.

Espaço, é uma coisa

Assim como muitas perguntas profundas, a pergunta "o que é o espaço", parece simples, a princípio. Mas se você desafiar a sua intuição e reexaminar a pergunta, vai descobrir que uma resposta clara é difícil de encontrar.

A maioria das pessoas imagina que o espaço seja apenas o vazio em que as coisas acontecem, como um armazém enorme e vazio ou um palco de teatro onde os eventos do universo ocorrem. Nessa perspectiva, o espaço é literalmente a *ausência de coisa*. É um vazio que fica lá esperando ser preenchido, uma espécia de "Guardei lugar para a sobremesa" ou "Encontrei um estacionamento com bastante vaga".

EVIDÊNCIA A: ESPAÇO

Se você seguir esse ponto de vista, o espaço é algo que existe por si só, sem qualquer matéria para preenchê-lo. Por exemplo, se você imaginar que o universo contém uma quantidade finita de matéria, pode considerar viajar tão longe que alcançará o limite das coisas, onde toda a matéria no universo estará atrás de você.[47] Você estaria diante do espaço puramente vazio e, além disso, o espaço pode se estender até o infinito. Nessa perspectiva, o espaço é o vazio que se alonga para sempre.

Tal coisa poderia existir?

Essa descrição do espaço é razoável e parece condizer com a nossa experiência. Mas a história nos ensina que, sempre que pensamos que algo é obviamente verdadeiro (ex., a Terra é plana ou comer muito biscoito amanteigado faz bem para a saúde), precisamos ser céticos e dar um passo atrás para examinar cuidadosamente. Mais do que isso, devemos considerar explicações radicalmente diferentes que também descrevam a mesma experiência. Talvez haja teorias que ainda não tenhamos considerado. Ou talvez haja teorias relacionadas nas quais nossa experiência com o universo seja apenas um estranho exemplo. Muitas vezes a parte mais difícil é identificar nossas suposições, principalmente quando nos parecem tão naturais e diretas.

Nesse caso, há outras ideias igualmente razoáveis que oferecem uma possível definição do espaço. E se o espaço não puder existir sem matéria — e se não for nada mais do que a *relação* de matéria? Nessa perspecti-

47. Isso levaria muito tempo. Melhor comprar dois exemplares deste livro para levar com você.

va, não há puramente "espaço vazio", porque a ideia de nenhum espaço além do último pedaço de matéria não faz muito sentido. Por exemplo, não dá para medir a distância entre duas partículas sem ter as partículas. O conceito de "espaço" terminaria exatamente onde não houvesse mais partículas de matéria restantes para defini-lo. O que estaria além disso? Não seria o espaço vazio.

EVIDÊNCIA B: ESPAÇO

Esse é um modo bastante estranho e contra-intuitivo de se pensar sobre o espaço, principalmente pelo fato de jamais termos experimentado o conceito de não espaço. Mas estranheza jamais ficou no caminho dos físicos, então mantenha sua mente aberta.

Qual é o lugar do espaço?

Qual dessas ideias sobre o espaço está correta? Será o espaço como um vazio infinito aguardando ser preenchido? Ou só existe no contexto da matéria?

Acontece que estamos praticamente convencidos de que o espaço não é nem uma coisa nem outra. O espaço, definitivamente, *não* é um vazio e, definitivamente, *não* é apenas uma relação da matéria. Sabemos disso porque já vimos o espaço fazer coisas que não se encaixam em nenhuma dessas ideias. Já vimos o espaço *dobrar*, *ondular* e *expandir*.

Essa é a parte em que o seu cérebro diz "O quêêêêê...?".

Se você estiver prestando atenção, deve ter ficado um pouco confuso ao ler as frases "dobra do espaço" e "expansão do espaço". O que isso poderia significar? Faz algum sentido? Se o espaço é uma ideia, não pode ser dobrado ou expandido, assim como não pode ser cortado em cubos e dourado com coentro.[48] Se o espaço é a nossa régua para medir a localização das coisas, como medir a dobra e a expansão do universo?

Ótimas perguntas! A ideia do espaço dobrando ser tão confusa se deve ao fato de que a maioria de nós cresce com uma imagem mental do espaço como um pano de fundo invisível onde as coisas acontecem. Talvez você imagine o espaço como o palco de teatro que mencionamos anteriormente, com tábuas de madeira no chão e paredes rígidas em todos os lados. E talvez você imagine que nada no universo possa dobrar esse palco porque essa armação abstrata não é parte do universo, se sim algo que *contém* o universo.

Infelizmente, é aí que a sua imagem mental está errada. Para entender a relatividade geral e pensar em ideias modernas sobre o espaço, você precisa abandonar essa ideia de espaço como um palco abstrato e aceitar que ele é *físico*. É preciso imaginar que o espaço tem propriedades e com portamentos e reage à matéria no universo. Você pode beliscar o espaço, apertá-lo e, sim, até mesmo preenchê-lo com coentro.[49]

Nesse ponto, o seu cérebro deve estar gritando, indignado, "que #@#$?!?! é essa?!?!". Talvez você até tenha jogado este livro na parede, rindo da nossa cara. Isso é perfeitamente compreensível. Quando você pegá-lo novamente, esteja preparado para nos aguentar, porque as loucuras de verdade ainda estão por vir. Seu radar de maluquice terá pifado quando chegarmos ao fim. Mas precisamos desembrulhar esses conceitos cuidadosamente para compreender essas ideias e apreciar os mistérios verdadeiramente estranhos e básicos sobre o espaço, que ainda estão sem resposta.

---

48. Com exceção da Califórnia. Lá eles fazem qualquer coisa com coentro.
49. Fique ligado no nosso próximo livro, *Cozinhando com físicos*.

Gosma espacial, você está nadando nela

Como pode o espaço ser algo físico que ondula e dobra, e o que isso significa?

Significa que, em vez de ser como uma sala vazia (uma sala bem grande), o espaço está mais para uma bolha enorme de gosma grossa. Normalmente, as coisas conseguem se mover tranquilamente na gosma, assim como podemos andar por aí em uma sala cheia de ar sem notarmos as partículas de ar. Sob certas circunstâncias, essa gosma pode dobrar, modificando o movimento das coisas através dela. Também pode esmagar e fazer ondas, mudando o formato das coisas dentro dela.

EVIDÊNCIA C: ESPAÇO

Essa gosma (que chamaremos de "gosma espacial") não é uma analogia perfeita para a natureza do espaço, mas ajuda a imaginar que o espaço em que você se encontra, nesse exato momento, não é necessariamente fixo e abstrato.[50] Na verdade, você está no meio de *algo* concreto e essa coisa pode ser esticada, sacudida ou distorcida de formas que você pode não estar percebendo.

Talvez uma ondulação do espaço tenha acabado de passar por você. Ou talvez estejamos sendo esticados numa direção estranha neste exato momento e nem sabemos. Na verdade, não tínhamos reparado, até pouco tempo atrás, que essa gosma fazia alguma coisa além de ficar parada, gosmindo a lugar algum, e talvez, por isso, a tenhamos confundido com o nada.

50. Gosma não é uma analogia perfeita porque gosma é algo que existe dentro do espaço, ao passo que o espaço tem propriedades de gosma, mas não sabemos se existe dentro de alguma outra coisa.

O quê, então, essa gosma espacial consegue fazer? Bom, um monte de coisas estranhas.

Primeiro, o espaço consegue expandir. Vamos pensar cuidadosamente por um instante sobre o que significa o espaço expandir. Significa que as coisas estão ficando mais distantes umas das outras *sem que de fato se movam através da gosma*. Em nossa analogia, imagine que você esteja sentado na gosma e que, de repente, a gosma comece a crescer e a expandir. Se você estiver sentado de frente para outra pessoa, essa pessoa estará mais distante de você sem que você ou ela tenham se movido em relação à gosma.

EXPANSÃO DO ESPAÇO

Como sabemos que a gosma se expandiu? A régua que usamos para medir a gosma não teria *também* se expandido? É verdade que o espaço entre todos os átomos na régua iria se expandir, afastando-os. Se a régua fosse feita de bala de marshmallow, também iria se expandir. Mas se você usasse uma régua rígida, todos os seus átomos iriam se agarrar uns aos outros firmemente (com forças eletromagnéticas) e a régua permaneceria com o mesmo comprimento, permitindo que você percebesse que mais espaço foi criado.

Sabemos que o espaço pode se expandir porque já *vimos* isso — foi assim que a energia escura foi descoberta. Sabemos que no universo primordial o espaço se expandiu e se esticou a taxas impressionantes, e que uma expansão similar ainda está acontecendo hoje. Veja o Capítulo 14 para uma discussão sobre o Big Bang (que fez explodir o universo primordial) e o Capítulo 3 para uma discussão sobre energia escura, que está atualmente trabalhando no sentido de nos empurrar para longe de tudo mais no universo.

Também sabemos que o espaço pode *dobrar*. Nossa gosma pode ser esmagada e deformada como um marshmallow. Sabemos disso porque, na teoria de Einstein da relatividade geral, isso é o que *é* a gravidade: a dobra do espaço.[51] Quando algo tem massa, há uma distorção e mudança do espaço ao redor.

51. Einstein notoriamente não disse "A gosma não joga dados".

Quando o espaço muda de forma, as coisas não se movem mais através dele como se imaginaria inicialmente. Em vez de se mover em linha reta, uma bola de beisebol, ao atravessar uma bolha de gosma dobrada, fará uma curva, acompanhando a dobra. Se a gosma estiver severamente distorcida por algo pesado, como uma bola de boliche, a bola de beisebol pode até ficar dando voltas ao seu redor — da mesma forma que a Lua orbita a Terra ou a Terra orbita o Sol.

Isso é algo que podemos de fato verificar com os nossos próprios olhos! A luz, por exemplo, curva seu caminho ao passar próximo de objetos massivos como o Sol ou bolhas gigantes de matéria escura. Se a gravidade fosse apenas uma força entre objetos com massa — e não uma curvatura do espaço —, não deveria ser capaz de afetar os fótons, que não têm massa. A única maneira de se explicar como a trajetória da luz pode ser dobrada é se o espaço propriamente dito estiver dobrado.

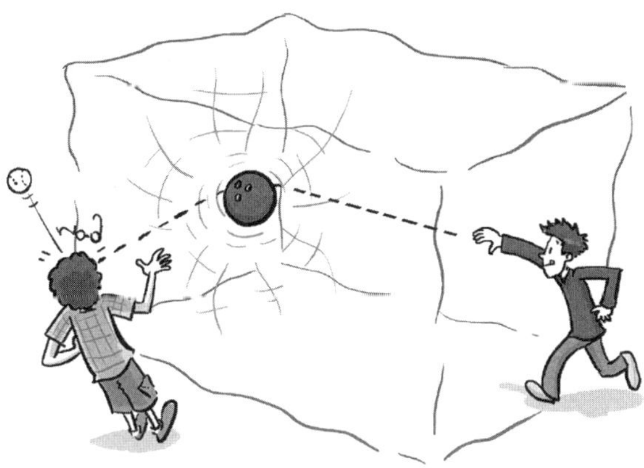

O ARREMESSO IMPOSSÍVEL DE EINSTEIN.

Por fim, sabemos que o espaço pode *ondular*. Isso não é assim tão inverossímil, já que sabemos que o espaço pode esticar e dobrar. Porém, o mais interessante é que os alongamentos e dobras podem se *propagar* através da nossa gosma espacial; isso é chamado de onda gravitacional. Se você causar uma distorção repentina no espaço, essa distorção vai irradiar para fora como uma onda sonora ou uma ondulação dentro de um líquido. Esse tipo de comportamento só poderia acontecer se o espaço tivesse uma certa natureza física e não apenas um conceito abstrato ou puramente vazio.

Sabemos que esse comportamento ondulatório é real porque (a) a relatividade geral prevê tais ondulações, e (b) conseguimos de fato sentir estas ondulações. Em algum lugar no universo, dois buracos negros massivos estavam travados em uma rotação frenética um ao redor do outro e, à medida que giravam, provocavam distorções enormes no espaço, que irradiaram espaço afora. Utilizando equipamentos bastante sensíveis, nós detectamos estas ondulações espaciais aqui na Terra.

Você pode pensar nessas ondulações como ondas do espaço esticando e comprimindo. Na verdade, quando uma ondulação espacial se propaga, o espaço se encolhe em uma direção e expande em outra.

Isso parece ri-gosm-idículo. Você tem certeza?

Por mais louco que possa parecer o espaço ser uma coisa e não apenas um vazio puro, é o que as nossas observações do universo nos dizem. Tais observações experimentais deixam bem claro que a distância entre objetos no espaço não é medida em um pano de fundo abstrato e invisível, mas depende das propriedades da gosma espacial em que vivemos, comemos biscoitos e picamos coentro.

Mas pensar no espaço como algo dinâmico, com propriedades e comportamentos físicos que podem explicar fenômenos estranhos, como o espaço dobrando e esticando, apenas nos leva a mais perguntas.

Por exemplo, você pode se ver tentado a dizer que o que costumávamos chamar de espaço deve, agora, ser chamado de gosma física ("gosmísica"), mas que essa gosma deve estar *em* alguma coisa, que poderíamos novamente chamar de espaço. Isso seria inteligente, mas até onde sabemos (que até o momento não é muito), a gosma não precisa estar em nada. Quando ela se dobra e se curva, estamos falando de uma *dobra intrínseca* que modifica as relações entre partes do espaço, não que a dobra da gosma seja relativa a alguma outra sala maior que ela preencha.

Mas só porque a gosma espacial não *precisa* estar dentro de alguma outra coisa, não quer dizer que ela *não* esteja. Pode ser que o que chamamos de espaço esteja, na verdade, dentro de algum "super-espaço" maior.[52] E pode ser que esse super-espaço seja como um vazio infinito, mas não temos ideia.

É possível que haja pedaços do universo sem espaço? Em outras palavras, se o espaço é uma gosma, é possível que haja não gosma ou ausência de gosma? O sentido desses conceitos não está muito claro porque todas as leis físicas pressupõem a existência do espaço, então quais leis poderiam operar fora do espaço? Não temos ideia.

Fato é que essa nova compreensão do espaço como uma coisa é algo recente e estamos ainda bem no início do processo de entender o que é o espaço. Em muitos aspectos, ainda temos nossas noções intuitivas bastante enraizadas. Essas noções foram bastante convenientes quando os primeiros homens e mulheres estavam caçando esportivamente à procura de coentro pré-histórico, mas precisamos nos desapegar desses conceitos e perceber que o espaço é muito diferente do que havíamos imaginado.

52. Que curioso! O super-espaço jamais foi visto no mesmo lugar que aquele espaço--jornalista educado.

Pensando direito sobre o espaço curvo

Se o seu cérebro ainda não está dolorido depois de todos esses conceitos gosmentos de dobra-espacial, aqui vai mais um mistério sobre o espaço: o espaço é plano ou curvo (e, se for curvo, por que ele se curva)?

Essas são perguntas insanas, mas se tornam viáveis se você aceitar a noção de que o espaço é maleável. Se o espaço pode se dobrar ao redor de objetos com massa, será que pode ter uma curvatura total? É como perguntar se a gosma é plana: você sabe que ela pode sacudir e deformar se você pressionar algum ponto, mas será que ela afunda como um todo? Ou fica perfeitamente reta? Você pode fazer estas perguntas sobre o espaço também.

Responder a essas perguntas sobre o espaço teria um enorme impacto no nosso conceito de universo. Por exemplo, se o espaço for plano, significa que você pode viajar sempre em uma direção, ininterruptamente, talvez até o infinito.

Mas se o espaço for curvo, outras coisas interessantes podem acontecer. Se o espaço tiver uma curvatura total positiva, partir em uma direção pode, na verdade, fazê-lo circular de volta e retornar ao mesmo lugar, vindo da direção oposta! Essa é uma informação útil se, por exemplo, você não gostar da ideia de pessoas se aproximando sorrateiramente pelas suas costas.

A PEGADINHA MAIS LONGA NO UNIVERSO

Explicar a ideia de um espaço curvo é muito difícil porque nossos cérebros simplesmente não estão equipados para visualizar conceitos como esse. Por que estariam? A maior parte das nossas experiências cotidianas (como escapar de predadores ou achar nossas chaves) lida com um mundo tridimensional que parece bem inabalável (se bem que, se algum dia formos atacados por alienígenas avançados que conseguem manipular a curvatura do espaço, esperamos, também, conseguir aprender isso rapidamente).

O que significa o espaço ter curvatura? Uma maneira de visualizar isso é fingir, por um segundo, que vivemos em um mundo bidimensional, como que aprisionados a uma folha de papel. Isso significa que podemos nos mover apenas em duas direções. Agora, se essa folha em que vivemos estiver perfeitamente reta, dizemos que o espaço é plano.

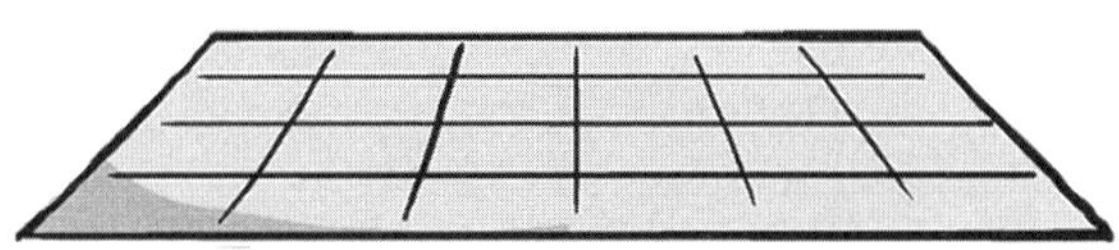

Mas se, por alguma razão, esta folha for dobrada, dizemos que o espaço é curvo.

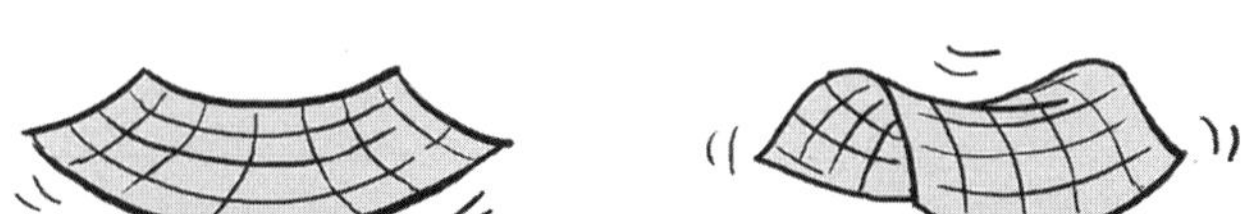

CURVATURA POSITIVA CURVATURA NEGATIVA

Há duas maneiras através das quais esse papel pode ser dobrado. Pode ser curvado completamente em uma direção (chamada "curvatura positiva") ou pode ser dobrado em direções diferentes, como uma sela de cavalo ou uma batata Pringles (isso é chamado de "curvatura negativa" ou "saindo da dieta").

Aqui vai a parte legal: se descobrirmos que o espaço é inteiramente plano, isso significa que a folha de papel (o espaço) tem o potencial de se estender para sempre. Mas, e se descobrirmos que o espaço tem curvatura positiva em todos os pontos? Bom, há apenas uma forma que tem curvatura positiva em todos os pontos: a esfera. Ou, para ser mais específico, um esferoide (por exemplo, uma batata). Nessa situação, o universo poderia se conectar consigo mesmo. Podemos todos estar vivendo no equivalente tridimensional de uma batata, o que significa que, independente da direção que você seguir, vai acabar retornando ao mesmo ponto.

Então, qual é o nosso caso? O espaço é plano ou tem uma curvatura total positiva? Se você tem planos de morar em um apartamento, esse plano é ter um apartamento plano e pleno?

Bom, temos sim uma resposta: o espaço parece ser "bastante plano", estando a 0,4% de ser perfeitamente plano. Os cientistas, através de dois métodos diferentes, calcularam que a curvatura do espaço (pelo menos do espaço visível) é praticamente zero.

MUNDO BATATA HIPOTÉTICO

Quais são esses dois métodos? Um deles é através da medição de triângulos. Uma coisa interessante acerca da curvatura é que triângulos em um espaço curvo não obedecem às mesmas regras dos triângulos no espaço plano. Volte a pensar na analogia com a folha de papel. Um triângulo desenhado em uma folha de papel plana é diferente de um triângulo desenhado em uma superfície curva.

Os cientistas fizeram o equivalente a medir triângulos desenhados no universo tridimensional através da análise de uma imagem do universo primordial (lembra a radiação cósmica de fundo do Capítulo 3?) e do estudo da relação espacial entre pontos diferentes nessa imagem. E o que eles encontraram foi que os triângulos medidos correspondem aos de um espaço plano.

Outro método para saber se o espaço é basicamente plano é olhar para aquilo que faz o espaço curvar, para começo de conversa: a energia do universo. De acordo com a relatividade geral, há uma quantidade específica de energia no universo (densidade de energia, na verdade) que faz o espaço curvar em uma direção ou na outra. Acontece que a quantidade de densidade de energia que conseguimos medir no universo é exatamente a quantidade necessária para que o espaço que podemos ver não se curve nem um pouco (dentro de uma margem de erro de 0,4%).

Alguns de vocês podem estar decepcionados por saber que não vivemos em uma batata cósmica tridimensional irada que dá a volta em si mesma se seguirmos a mesma direção eternamente. Claro, quem nunca sonhou dar voltas ao redor de todo o universo em motocicletas-foguete à la Evel Knievel? Mas em vez de ficar decepcionado por vivermos em um universo plano e sem graça, talvez você fique um pouco intrigado. Por quê? Porque até onde sabemos, se vivemos em um universo plano, trata-se de uma coincidência gigante, de proporções cósmicas.

Pense um pouco. Toda a massa e energia do universo é o que dá ao espaço a sua curvatura (lembre-se de que a massa e a energia distorcem o espaço), e se tivéssemos só um pouco mais de massa e energia do que temos atualmente o espaço iria se curvar de um jeito. Se tivéssemos só um pouco menos do que temos hoje, o espaço iria se curvar de outro. Parece que temos *exatamente* a quantidade para fazer o espaço perfeitamente plano, até onde podemos dizer. Na verdade, a quantidade exata é cerca de cinco átomos de hidrogênio por metro cúbico de espaço. Se tivéssemos *seis* átomos de hidrogênio por metro cúbico de espaço, ou *quatro*, o universo inteiro seria bastante diferente (com mais curvas e mais sexy, mas diferente).

E fica ainda mais estranho. Como a curvatura do espaço afeta o movimento da matéria, e a matéria afeta a curvatura do espaço, há um efeito de feedback. Isso significa que se tivéssemos tido apenas um pouco mais de matéria, ou matéria insuficiente, na infância do universo, de modo que não estivéssemos exatamente nessa densidade crítica que torna o espaço plano, estaríamos ainda mais distantes da situação plana. Para o espaço estar razoavelmente plano agora, ele deveria ter estado *extremamente* plano no universo primordial, *ou* deve haver alguma outra coisa mantendo-o plano.

Esse é um dos maiores mistérios do espaço. Não apenas somos ignorantes sobre o que é o espaço, mas também não sabemos por que ele é do jeito que é. Nosso conhecimento sobre esse assunto parece ser... plano.

A forma do espaço

A curvatura do universo não é a única coisa sobre a qual temos perguntas profundas, no que diz respeito à natureza do espaço. Uma vez que você aceita que o espaço não é um vazio infinito, mas, ao contrário, algo físico com propriedades, e talvez infinito, você pode fazer todo tipo de perguntas estranhas sobre ele. Por exemplo, qual é o tamanho e o formato do universo?

O tamanho e formato do universo nos diz quanto espaço há e como ele está conectado consigo mesmo. Você pode pensar que, como o espaço é plano, e não tem a forma de uma batata ou de uma sela de cavalo (ou de uma batata montada numa sela de cavalo), pensar em seu tamanho e forma não faz sentido. Afinal de contas, se o espaço é plano, significa que não tem fim, certo? Não necessariamente!

DEFINITIVAMENTE NÃO É A FORMA DO ESPAÇO.

O espaço pode ser plano e infinito. Ou pode ser plano e ter uma borda. Ou, mais estranho ainda, pode ser plano e, *ainda assim,* dar a volta em si mesmo.

Como pode o espaço ter uma borda? Na verdade, não há razão alguma para a ausência de uma fronteira no espaço, ainda que seja plano. Por exemplo, um disco é uma superfície plana bidimensional com uma borda suave e contínua. Talvez o espaço tridimensional também tenha uma fronteira em algum ponto, graças a algumas propriedades geométricas em suas bordas.

Ainda mais intrigante é a possibilidade de o espaço ser plano e ainda dar a volta sobre si mesmo. Seria como jogar um videogame (como *Asteroids* ou *Pac-Man*): caso você se mova além da borda da tela, vai simplesmente aparecer do outro lado. O espaço pode ser capaz de se conectar consigo mesmo de algum jeito que ainda não entendemos completamente. Por exemplo, buracos de minhoca são predições teóricas da relatividade geral. Em um buraco de minhoca, dois pontos diferentes no espaço, que estejam distantes, podem ser conectados um ao outro. E se as bordas do espaço estiverem conectadas de uma maneira semelhante? Não temos ideia.

O espaço quântico

Finalmente, você pode perguntar se o espaço é, na verdade, feito de pedacinhos discretos, como os pixels em uma tela de TV, ou infinitamente suave, de modo que haja um número infinito de lugares onde você possa estar entre dois pontos do espaço?

Os cientistas da antiguidade talvez não tivessem imaginado que o ar fosse feito de minúsculas moléculas discretas. Afinal, o ar aparenta ser contínuo. Ele atua no sentido de preencher qualquer volume e tem propriedades dinâmicas interessantes (como o vento e a água). Ainda assim, sabemos que todas as coisas que amamos a respeito do ar (como toca levemente nossos rostos numa brisa refrescante de verão ou como evita asfixia) são, na verdade, o comportamento coletivo de bilhões de moléculas de ar individuais e não as propriedades fundamentais das moléculas individuais propriamente ditas.

O cenário de um espaço suave pareceria fazer muito mais sentido para nós. Afinal de contas, a nossa experiência nos diz que mover-se pelo espaço é como deslizar, de modo fácil e contínuo. Não saltamos de pixel em pixel de maneira brusca como os personagens de vídeo game fazem ao se moverem pela tela.

Ou será que saltamos?

Dada a nossa compreensão atual do universo, seria, na verdade, *mais* surpreendente se o espaço fosse mesmo infinitamente suave. Isso porque sabemos que tudo mais é quantizado. A matéria é quantizada, a energia é quantizada, as forças são quantizadas, os biscoitos amanteigados são quantizados. Além do mais, a física quântica sugere que haja uma distância mínima que até mesmo faz sentido, cerca de 10^{-35} metros.[53] Então, do ponto de vista da mecânica quântica, faria sentido o espaço ser quantizado. Mas, é aquilo, não temos ideia.

Mas não ter ideia nunca impediu os físicos de imaginar possibilidades malucas! Se o espaço *for* quantizado, significa que quando nos movemos através do espaço estamos, na verdade, saltando de pequeninas posições para outras pequeninas posições. Nessa perspectiva, o espaço é uma rede de nós conectados, como as estações de metrô. Cada nó representa uma posição e as conexoes entre os nós representam as relações entre estas posições (exemplo, qual vem depois de qual). Isso é diferente da ideia de que o espaço seja simplesmente uma relação entre matéria, porque esses nós de espaço podem estar vazios e, ainda assim, existir.

Curiosamente, esses nós *não precisariam estar situados dentro de um espaço maior*, ou de uma estrutura. Eles poderiam simplesmente... existir. Nesse cenário, o que chamamos de espaço seria apenas as relações entre os nós, e todas as partículas no universo seriam apenas propriedades deste espaço, em vez de elementos nele. Por exemplo, elas poderiam ser modos vibracionais desses nós.

53. Esse comprimento não é um número inventado, mesmo que seja difícil imaginá-lo. É o comprimento de Planck, a melhor estimativa atual para a menor unidade de distância significativa. Veja o Capítulo 16 para uma discussão detalhada.

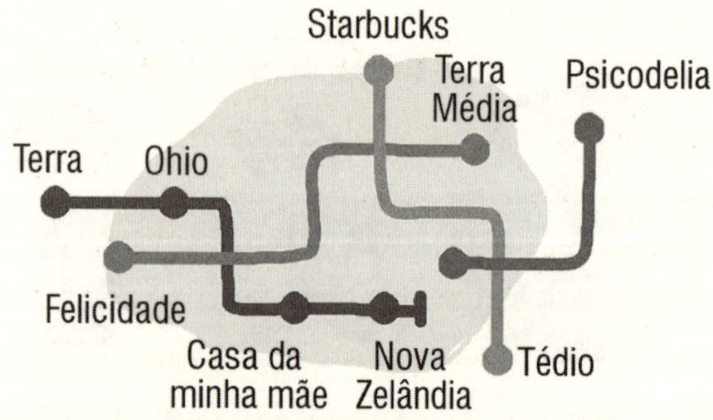

Isso não é tão inverossímil quanto parece. A teoria atual de partículas é baseada em campos quânticos que preenchem todo o espaço. Um campo apenas significa que há algum número, ou valor, associado a cada ponto naquele espaço. Nessa perspectiva, as partículas são apenas estados animados desses campos. Assim, nós já não estamos *tão* longe assim desse tipo de teoria.

A propósito, os físicos amam esse tipo de ideia, na qual algo que nos parece fundamental (como o espaço) resulta, acidentalmente, de algo mais profundo. Dá a eles a impressão de termos espiado atrás da cortina para descobrir uma camada mais profunda da realidade. Alguns até suspeitam que as relações entre os nós do espaço são formadas a partir do emaranhamento quântico de partículas, mas isso é especulação matemática feita por um bando de teóricos regados de cafeína.

Os mistérios do espaço

Para resumir, aqui estão os principais mistérios não resolvidos sobre o espaço até agora:

- O espaço é uma coisa, mas o que é essa coisa?
- O espaço que conhecemos é tudo que há ou está dentro de um meta-espaço maior?
- Há partes do universo onde não haja espaço?
- Por que o espaço é plano?

- O espaço é quantizado?
- Por que a Anna da contabilidade não respeita o espaço pessoal das outras pessoas?

Se você leu até aqui, compreendeu tudo profundamente ou apenas desligou seu radar de maluquice, não devemos hesitar em explorar o conceito mais louco sobre o espaço (sim, fica ainda mais louco).

Se o espaço é uma coisa física — não um pano de fundo ou uma moldura — com propriedades dinâmicas como torções e ondulações, talvez até mesmo feito de pedacinhos quantizados de espaço, precisamos nos perguntar: O que *mais* o espaço consegue fazer?

Como o ar, talvez ele tenha diferentes estados e fases. Sob condições extremas, talvez possa se rearranjar de maneiras inesperadas ou ter propriedades esquisitas e inesperadas, da mesma forma que o ar se comporta de maneiras diferentes na forma líquida, gasosa ou sólida. Talvez o espaço que conhecemos, amamos e ocupamos (muitas vezes mais do que gostaríamos) seja apenas um tipo raro de espaço e que haja outros tipos de espaço por aí no universo apenas esperando que descubramos como criá-los e manipulá-los.

A ferramenta mais intrigante que temos para responder a essa pergunta é a distorção que o espaço sofre pela massa e a energia. Para compreendermos o que é o espaço e o que ele consegue fazer, nossa melhor aposta é levá-lo aos extremos, examinando cuidadosamente os lugares onde ele está sendo empremido e tensionado por gigantescas massas cósmicas: os buracos negros. Se pudéssemos ficar perto de buracos negros, poderíamos ver o espaço rasgado e cortado em maneiras que causariam o nosso alarme de coisas sem sentido explodir.

A melhor parte é que estamos mais perto do que nunca de sermos capazes de investigar as deformações extremas do espaço. Considerando que estávamos surdos e não ouvíamos os movimentos das ondulações das ondas gravitacionais pelo universo, agora temos a habilidade de escutar os eventos cósmicos que estão agitando e perturbando a gosma espacial. Talvez, num futuro próximo, entendamos mais sobre a natureza exata do espaço e expliquemos essas questões profundas que estão ao nosso redor.

Então, não saia divagando pelo espaço. E guarde algum espaço no seu cérebro para as respostas.

8.
O que é tempo?

Aqui aprendemos que o tempo é (secretamente) essencial

Já vimos que conceitos básicos como espaço, massa e matéria acabam se mostrando muito mais misteriosos do que você provavelmente imaginava. Quais outros elementos básicos do nosso mundo podem estar escondendo sua estranheza em plena vista? Está na hora de fazermos aquela perguntinha bem oportuna:

O que é tempo?

Se você fosse um visitante alienígena na Terra, prestando atenção em conversas em cafés e lojas de conveniência para aprender nossa língua, você teria muita dificuldade em responder à essa pergunta. Os humanos passam muito tempo falando sobre o tempo, e quase tempo nenhum falando sobre o que o tempo realmente é!

Olhamos a hora o tempo todo. Falamos sobre tempos ruins, bons tempos, velhos tempos, tempos loucos. Economizamos tempo, marcamos o tempo, ganhamos tempo, perdemos tempo, reduzimos o tempo, passamos tempo. O tempo pode acabar, ser interrompido, prorrogado e mesmo reduzido. O tempo não espera nenhum homem nem mulher! Algumas vezes voa, outras vezes rasteja e às vezes passa. Na maior parte do tempo, ficamos sem tempo.

O que ele é, então? Será físico (como a matéria ou o espaço) ou um conceito abstrato que sobrepomos à nossa percepção do universo?

Se você estava esperando que os físicos tivessem uma resposta para essa pergunta complexa e, de certa forma, confusa sobre o tempo, este não é o momento certo. O tempo ainda é um dos grandes mistérios da física, que nos faz questionar a própria definição de física. Vamos, então, utilizar bem nosso tempo e examinar cuidadosamente este tópico atemporal.

Uma definição de tempo

De todas as perguntas que você pode se fazer sobre o universo, as *mais* divertidas são aquelas que parecem simples mas que, na verdade, são muito difíceis de serem respondidas. São do tipo que faz a gente coçar a cabeça e perceber que há coisas básicas, bem debaixo do nosso nariz, para as quais ainda não temos uma explicação clara.

Esse tipo de pergunta levanta a hipótese de estarmos olhando as coisas de um jeito completamente errado, como já fizemos no passado (ex., "A Terra é plana" ou "Ei, deixa eu colocar umas sanguessugas em você para curar sua doença!"), e que obter uma resposta consistente e concreta poderia mudar a maneira de pensarmos sobre o universo e o nosso lugar nele. As apostas estão bastante altas!

A primeira coisa que devemos fazer é tentar definir o que é tempo. Afinal, é assim que a física aborda as perguntas difíceis. Primeiro, criamos uma definição cuidadosa daquilo que estamos querendo compreender e, então, prosseguimos usando uma descrição matemática que nos permitirá aplicar uma lógica poderosa e realizar experimentos que nos conduzam pelo resto do caminho.

Então, o que *é* o tempo? Se você abordasse estranhos aleatoriamente nas ruas e pedisse a eles que definissem o tempo, você receberia respostas do tipo:

"Tempo é a diferença entre o *antes* e o *agora*."

"Tempo é aquilo que nos diz quando as coisas acontecem."

"Tempo é aquilo que os relógios marcam."

"Tempo é dinheiro, então me deixe em paz!"

Essas são definições plausíveis de tempo, mas trazem ainda mais perguntas. Por exemplo, você pode perguntar "Por que existe um 'antes' e um 'agora', para início de conversa?", ou "O que 'quando' significa mesmo?", ou "Os relógios também não estão sujeitos ao tempo?", ou "Quem tem tempo pra tudo isso?".

Parece difícil progredir se não conseguimos nem sequer descrever o tempo, mas não há motivos para se precipitar. Embora a pergunta "O que é o tempo?" pareça digna de uma criança de cinco anos, não seria a primeira vez que teríamos dificuldades em definir ou descrever precisamente algo com o qual temos familiaridade.[54] Acontece em outras áreas

54. Físicos: crianças de cinco anos que nunca cresceram.

também; os biólogos discutem há décadas sobre a definição de "vida" (os ativistas dos direitos zumbis são um grupo poderoso e influente), os neurocientistas brigam pela definição de "consciência" e os Godzillólogos[55] não conseguem entrar em um consenso quanto à definição de "monstro".

A dificuldade de se definir tempo se deve em parte ao fato de ele ser tão enraizado na nossa vida e modo de pensar. O tempo é como nós relacionamos o "agora" que temos agora com o "agora" que tínhamos antes. O que quer que estejamos sentindo agora é o que chamamos de presente, mas o presente é fugaz e efêmero: não há como saboreá-lo ou prolongá-lo como se fosse uma garfada deliciosa de bolo de chocolate. Cada momento desliza, imediatamente, da intensa experiência do presente para uma memória desbotada do passado.

A INSUSTENTÁVEL LEVEZA DO AGORA

Mas o tempo também envolve futuro. Ser capaz de conectar o futuro ao passado e ao presente é muito importante. Se você é uma pessoa das cavernas esperando sobreviver ao próximo inverno, ou uma pessoa moderna que precisa de um lugar para carregar o smartphone, pensar no futuro e extrapolar a partir do passado é uma questão de vida ou morte. Então, é difícil imaginar a experiência humana sem o conceito de tempo.

O mesmo vale para a maneira com a qual os físicos pensam sobre o tempo. Na verdade, o tempo está embebido na própria definição de física! Física, segundo autoridades (Wikipédia) nada mais é do que "o estudo da matéria e seu movimento através do espaço e do tempo". Até mesmo a palavra "movimento" pressupõe um conceito de tempo. A função principal da física é usar o passado para entender quais os futuros possíveis e como poderíamos interferir. A física não faz nenhum sentido sem o tempo.

55. Desculpe, crianças, essa profissão não existe.

A verdade é que qualquer definição de tempo feita por humanos será, provavelmente, distorcida pela natureza da nossa percepção. Pense um pouco: apenas o ato de pensar sobre o tempo *requer* tempo! Pode ser que físicos alienígenas não tenham o mesmo conceito de tempo que nós, por sua vivência e padrões de raciocínio serem diferentes, de um modo extremamente alienígena, que a nossa atual percepção subjetiva nos impede de captar.

Diz, então, de uma vez: o que é tempo?

Vamos falar de furões.

Para termos uma ideia melhor de como os físicos pensam o tempo, vamos considerar um cenário comum. Por exemplo, suponha que os seus furões de estimação estejam planejando jogar um balão de água na sua cabeça quando você chegar do trabalho. Acontece o tempo todo, certo?

Agora, em vez de imaginar o tempo como uma corrente fluída de experiência, corte-o em pedaços e imagine que ele funciona da mesma forma que um filme: agrupando várias imagens congeladas.

Para os físicos, cada uma dessas imagens congeladas descreve o estado das coisas em algum momento. Então você tem uma série de imagens:

1. Você chega, inocentemente, na porta da sua casa, assoviando sem pensar em nada.
2. Os furões preparam o balão de água.

3. Você coloca a chave na porta.
4. Os furões lançam a bomba.
5. Você está encharcado.
6. Os furões morrem de rir.

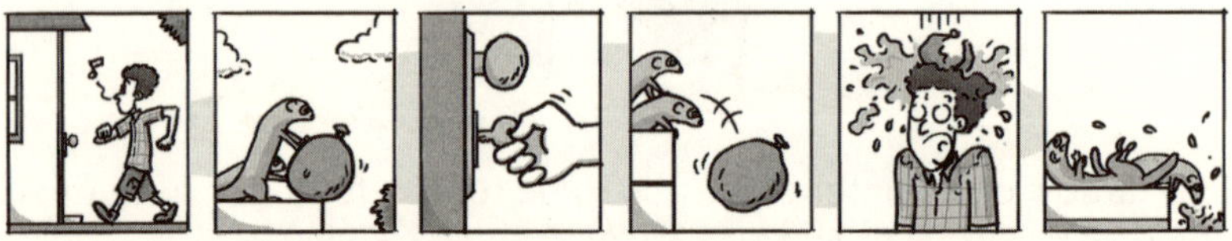

Cada imagem é uma descrição da situação local: onde e o que cada coisa está fazendo em determinado momento. Cada um deles está congelado, estático, sem mudanças. Se não tivéssemos o conceito de tempo, o universo seria uma dessas imagens congeladas, incapaz de mudar ou se mover.

Por sorte, o universo é mais interessante que isso. Essas imagens não existem sem relação umas com as outras. O tempo as conecta de duas formas importantes.

Primeiro, em uma cadeia, uma ordem específica. Por exemplo, essa sequência não nos pareceria correta caso estivesse ordenada de outra forma.

Segundo, é preciso que as imagens estejam, por acaso, conectadas umas às outras. Isso significa que cada momento no universo depende do que aconteceu imediatamente antes. Nada mais é do que causa e efeito. Por exemplo, você não conseguiria estar no seu sofá tomando um sorvete em um instante e no seguinte estar no meio de uma maratona.

Esta é, precisamente, a função das leis da física: nos dizer como o universo pode e não pode mudar. A partir de uma imagem específica, os físicos nos dizem quais imagens futuras são possíveis, quais são prováveis e quais não podem acontecer. O tempo é o fundamento desses requisitos. Sem o tempo, teríamos que imaginar um universo estático, porque qualquer tipo de mudança ou movimento requer tempo.

EM UM UNIVERSO ATEMPORAL VOCÊ JAMAIS SABERÁ O QUE ACONTECERÁ A SEGUIR.

Como, então, podemos relacionar esse fato com a nossa suave percepção de tempo? Bem, podemos costurar essas imagens para fazer um filme que seja fluido e contínuo como bem entedemos, tornando a separação entre as partes tão pequena quanto bem entedemos.[56]

O exato propósito do cálculo — a linguagem matemática que usamos na física — é converter vários pedacinhos em uma variação contínua. Quando está vendo um filme, você não percebe que se trata, na verdade, de uma sequência de imagens congeladas, porque a separação temporal entre elas é muito pequena. Assim como nossa descrição de um universo cheio de mudanças e movimentos é um conjunto ordenado de imagens estáticas relacionadas umas às outras pelas leis da física. O tempo é o ordenamento e o espaçamento dessas imagens.

TEMPO = FAZER UM LIVRO DE RECORTES

Ainda estou um pouco confuso!

Se a definição anterior de tempo lhe pareceu um tanto vaga e insatisfatória, entre na fila. Físicos, filósofos e crianças de cinco anos têm debatido por sé-

56. Quase. O princípio da incerteza também se aplica ao tempo, então há partes difusas.

culos exatamente o que é tempo. Até o momento, não há um consenso sobre um conjunto de palavras que defina o tempo.[57] Se você abrir qualquer livro de física, poucos vão tentar abordar esse assunto. Esse é um dos mistérios centrais do tempo: ele desafia uma definição exata. Está tão enraizado na forma em que vemos o mundo e em nossas ferramentas para a compreensão deste mundo, que o melhor que podemos fazer é falar em linhas gerais e tentar distraí-lo com palavras chiques como "cálculo" e "furões".

Toda a nossa aparelhagem para entender o nosso lugar no universo pressupõe essa percepção contínua de tempo e, na maior parte das vezes, funciona.[58] Porém, há, ainda assim, muitas perguntas que podemos fazer sobre esse vago conceito de tempo. Por exemplo, por que sequer existe? Por que parece se mover apenas para a frente? Será que, de fato, se move apenas para a frente? Alguns dizem que é parte do espaço-tempo, mas então por que é tão diferente do espaço? Podemos voltar no tempo e comprar ações do Google em 2001?

Está na hora de irmos fundo no tempo.

O tempo é a quarta dimensão (será mesmo?)

Você deve ter notado que a ideia de tempo como um extenso continuum por onde podemos viajar carrega uma enorme semelhança com outra peça fundamental do universo: o espaço.

---

57. Para sermos justos, não há, provavelmente, *nenhum* consenso universal sobre um conjunto de palavras que descreva qualquer coisa.

58. Pelo menos para os 5% do universo com os quais estamos familiarizados.

A mesma lógica de recortar nossa viagem através do tempo em imagens estáticas pode ser aplicada ao nosso movimento através do espaço. Isso nos leva a considerar a possibilidade de que o tempo e o espaço estejam intimamente relacionados.

De fato, a física moderna nos diz que o tempo e o espaço *são* muito semelhantes, e, em muitos aspectos, é perfeitamente correto pensar no tempo como outra direção na qual podemos nos mover. Reflita sobre essa ideia por um minuto. Como acontece muitas vezes, é mais fácil pensar nisso se você simplificar o universo. Imagine que existisse apenas uma direção para você se mover no espaço, em vez das três com as quais estamos familiarizados.

Agora imagine um dia na vida do seu furão de estimação unidimensional. Ele acorda de manhã e tem muito trabalho a fazer (aquelas pegadinhas com balões de água não se planejam sozinhas!). Vamos imaginar que ele faz diversas viagens de ida e volta até a loja de balões antes de você voltar.

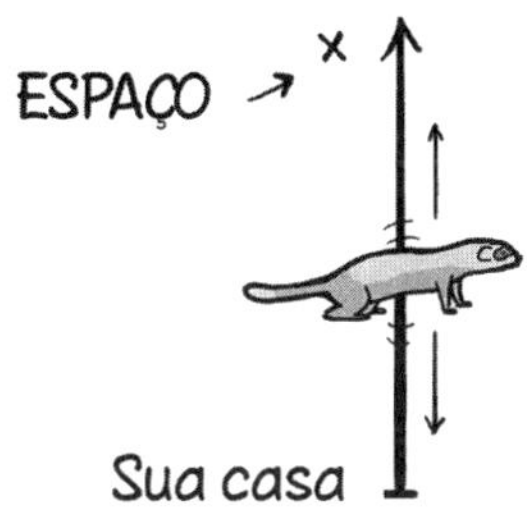

O esquema mostra o furão se movendo por uma dimensão ao longo do dia. Mas você também pode imaginar o furão caminhando em um plano bidimensional, chamado de espaço-tempo. Na verdade, em física, a matemática que descreve movimento é mais simples e elegante se você tratar o tempo como a quarta dimensão (supondo que temos apenas três dimensões espaciais. Veja o Capítulo 9 para outras possibilidades).

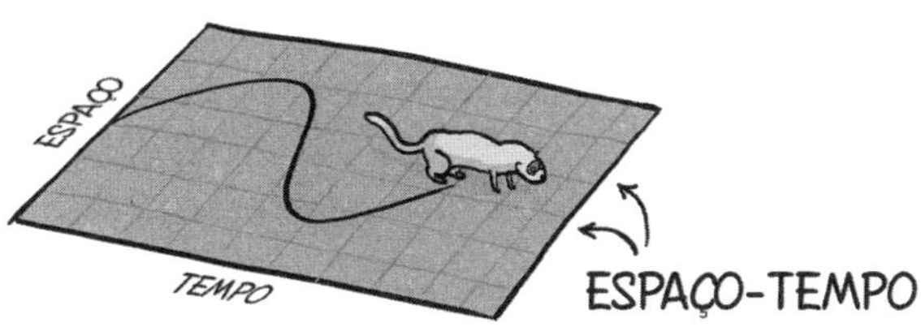

É sempre bastante recompensador conseguir conectar dois conceitos diferentes e perceber que eles fazem parte de uma estrutura maior. Esse é, frequentemente, o primeiro passo na aquisição de alguma compreensão profunda. Como quando você percebe que chocolate e manteiga de amendoim ficam deliciosos juntos, e que devem fazer parte de algum continuum chocolate-manteiga-de-amendoim universal e profundo.

Mas não fique tão entusiasmado. Essa conexão entre espaço e tempo não significa que você pode pensar no tempo como uma dimensão do espaço, juntamente com todas as implicações que vêm disso. O tempo é diferente do espaço de várias maneiras. Esses são alguns dos mistérios básicos que sobraram a respeito do tempo, e esperamos que nos levem a uma compreensão global do espaço-tempo. Até agora, mal sabemos como fazer as perguntas.

Pergunta #1: Qual a diferença entre o tempo e o espaço (e por quê)?

Conectar o tempo ao espaço é útil porque nos mostra o quanto são similares, mas também enfatiza suas diferenças. A relação que você tem com o tempo é bastante diferente daquela que tem com o espaço.

Para início de conversa, você é livre para se movimentar pelo espaço da maneira que quiser. Pode andar em círculos ou voltar a lugares por onde já esteve. Você também pode se mover pelo espaço com a velocidade que quiser, seja rápido ou devagar. Ou pode se sentar em algum lugar e nem se mover. Mas o tempo é diferente. Você não tem essa liberdade toda com o tempo.

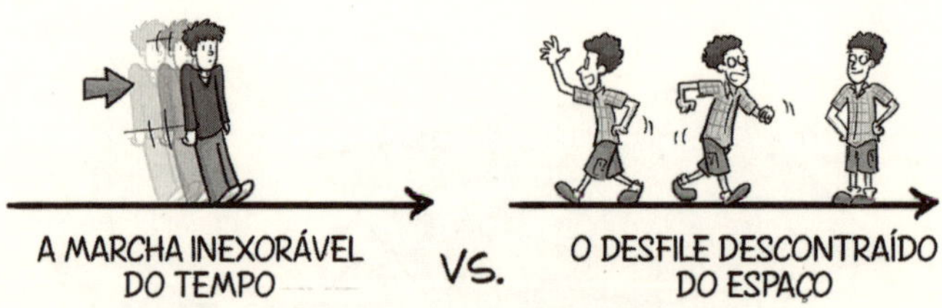

Você se move pelo tempo em um ritmo constante (um segundo por segundo, para ser exato).[59] Não consegue voltar nem andar em círculos no tempo. Não pode, repentinamente, escolher voltar atrás no tempo e estar em uma posição diferente, no espaço, da posição em que estava antes. Mesmo que você possa estar na mesma posição do espaço em tempos diferentes, não consegue estar em diferentes posições do espaço ao mesmo tempo.

Tão estranho quanto: é normal pensar que algo tem uma posição fixa (uma posição espacial), mas seria realmente bizarro termos tempo fixo. Isso porque o tempo marcha como a frente de uma onda. Um instante que se foi, se foi para sempre (como aqueles biscoitos amanteigados que estavam no balcão). Em contraste, a sua posição no espaço é variável e sem restrições. Há muitos lugares no espaço que você jamais visitará durante a sua vida e outros que você visitará múltiplas vezes. Mas entre os instantes do seu nascimento e da sua morte, você se moverá apenas em uma direção através do tempo. A não ser que a história da sua vida seja muito peculiar (como viver em uma nave de colonização fazendo uma viagem que dura gerações entre galáxias), sua viagem através do tempo será bastante diferente da sua viagem através do espaço.

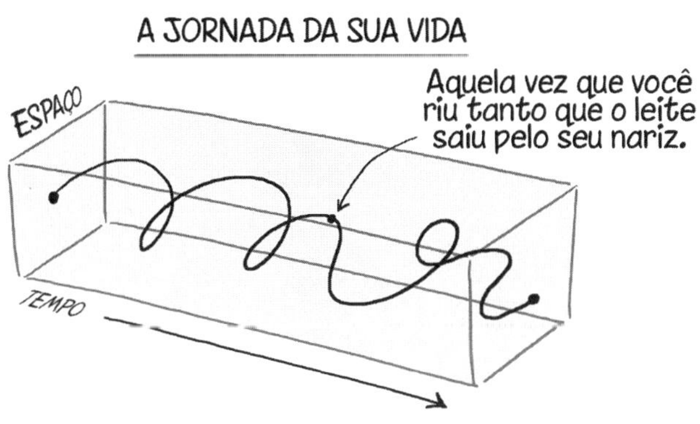

59. Se estiver próximo a um buraco negro ou se movendo a altas velocidades, seu ritmo temporal pode ficar mais lento ou mais rápido para outras pessoas, mas você continua seguindo um segundo por segundo.

Se, por um lado, pensar sobre o tempo como outra dimensão é matematicamente conveniente para nossas teorias, é preciso ter em mente que há diferenças significativas que tornam o tempo excepcional. O tempo funciona diferente do espaço porque o tempo não é um conjunto de posições interconectadas. Em vez disso, pensamos nele como uma união de imagens estáticas do universo, conectadas causalmente, e isso traz consequências enormes para o que podemos (e não podemos) fazer com o tempo.

Pergunta #2: Podemos voltar no tempo?

As lições deste livro deveriam deixá-lo bastante cético em relação à impossibilidade de alguma coisa. Afinal, talvez o que julgamos impossível agora deixará de ser depois que a gente adquirir uma melhor compreensão do universo. Muitas coisas que pareciam impossíveis se tornaram comuns, como ter acesso à praticamente todo o conhecimento humano e trivialidades fúteis usando um dispositivo telefônico de bolso.[60]

No caso da viagem no tempo, no entanto, a física moderna está tão certa quanto poderia estar de que não é possível. Qualquer cenário em que você possa voltar no tempo leva, rapidamente, a paradoxos que violam suposições profundas e básicas sobre o funcionamento do universo.

60. Ainda é impossível: conseguir um sinal decente quando você realmente precisa.

Em algumas histórias de ficção científica, alienígenas ou seres humanos avançados são capazes de enxergar o tempo como uma dimensão espacial e de viajar através dele para a frente e para trás; isso permite que eles movam através do tempo como você e eu andamos para lá e para cá num corredor. Embora seja bem divertido ler e apreciar essas histórias, elas têm sérios problemas do ponto de vista físico.[61]

Primeiro, voltar no tempo pode quebrar a causalidade. Se você quer que o universo faça sentido, isso é *um grande problema*. Se não se importa que os efeitos aconteçam antes das suas causas (a fatura do cartão chegar antes mesmo de você ter comprado este livro ou os furões comerem o seu café da manhã antes de você prepará-lo), você tem a mente mais aberta que a nossa.

Sem a causalidade, nada faz sentido, na verdade. Por exemplo, imagine que você tenha ficado desconfiado dos seus furões e acabou se prevenindo, e por conta disso eles acabaram enjoando de jogar balões de água na sua cabeça. Eles podem construir uma máquina do tempo, voltar para um dia anterior, em 2005, *antes* de você ter furões, quando você ainda era ingênuo e se assustava à toa. Caso eles consigam te dar um banho, isso poderá resultar em consequências indesejáveis. E se, para começar, você estivesse indeciso sobre ter ou não furões, e o banho tivesse ajudado na decisão? Caso você decidisse não ter furões, não haveria furões para ensopá-lo, posteriormente, até que eles tivessem ficado entediados a ponto de construir uma máquina do tempo! Isso, por sua vez, implicaria um 2005 sem banho, o que o levaria a querer os furões, etc. Você se vê preso em um ciclo eterno de inconsistências furônicas. A moral da história é que você deve pensar duas vezes antes de adotar furões. Esse é o famoso paradoxo furão.[62]

61. Física: estraga prazeres desde os tempos antigos.
62. Famoso, de acordo com a gente.

Mais importante, pense cuidadosamente no que acontece nessas divertidas histórias de ficção científica. Os alienígenas estão se *movendo* através de um espaço-tempo fictício; mas lembre-se de que *movimento* implica tempo. Esses alienígenas estão em alguma posição no espaço-tempo e, mais tarde, em outra. O que "mais tarde" significa? Esses autores bem-intencionados reinseriram o conceito de tempo linear sobre o universo espaço-temporal. A lição é que é difícil criar um universo consistente (mesmo fictício) no qual o tempo se comporte como espaço.

Pergunta #3: Por que o tempo se move para a frente?

Considerando que não podemos voltar no tempo, é razoável perguntar "Por que o tempo se move para a frente?".

O conceito de um tempo que *não* se mova para a frente nos parece bizarro. Você não esperaria que um forno transformasse alimentos cozidos em crus, ou que cubos de gelo se formassem na sua bebida em um dia quente, ou que aqueles biscoitos amanteigados, já devorados, voltassem por conta própria. Todas estas coisas são bastante naturais na direção para a frente, mas o fariam pensar em diminuir a dose do seu remédio se você as visse acontecerem na direção reversa.

Assim como você consegue se lembrar de coisas que acontecem no passado, mas não consegue se lembrar de coisas que acontecem no futuro.[63] O tempo parece ter um sentido preferencial, e *não temos ideia do motivo*.

A pergunta básica — por que o tempo se move para a frente? — tem intrigado os físicos por muito tempo. Na verdade, o que sequer significa "para a frente no tempo"? Em algum universo, no qual o tempo flua no outro sentido, os cientistas podem chamar *este* sentido de frente. Assim, a verdadeira pergunta deveria ser: por que o tempo se move no sentido em que se move?

63. Se você se lembra do futuro, dá uma ligada pra gente. Temos perguntas a fazer.

A primeira coisa a ser considerada é se o universo sequer funcionaria se o tempo andasse ao contrário. As leis da física exigem que o tempo siga apenas em um sentido? Imagine que você esteja vendo uma gravação de vídeo de algum universo. Você seria capaz de dizer, após um exame cuidadoso, se o vídeo está sendo reproduzido para a frente ou para trás? Por exemplo, digamos que você esteja assistindo a um vídeo de uma bola quicando para cima e para baixo. Se a bola estiver quicando perfeitamente (sem perder energia devido à fricção ou resistência do ar), as versões para a frente e para trás deste vídeo lhe parecerão *exatamente iguais*! O mesmo vale para partículas de um gás agitado dentro de um recipiente ou moléculas de água fluindo por um rio. Até mesmo a mecânica quântica funciona perfeitamente para trás no tempo.[64] Na verdade, quase todas as leis da física funcionam perfeitamente bem, estejamos indo para a frente ou para trás.

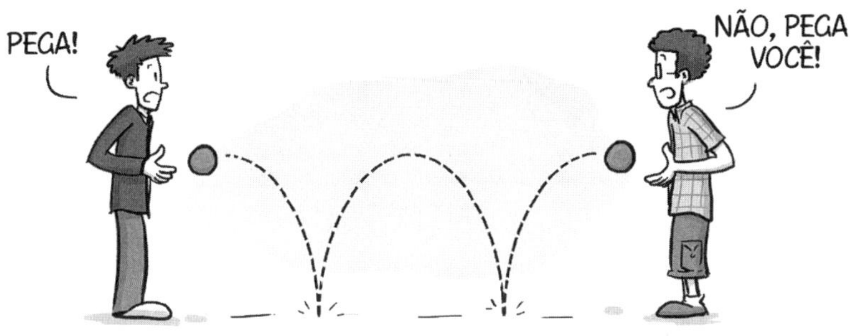

O exemplo de uma bola quicando perfeitamente não é realista porque ele ignora a fricção da bola no chão, a resistência do ar e muitas outras formas através das quais a energia da bola é dissipada em forma de calor. Após alguns quiques, até mesmo a superbola preferida do seu furão de estimação vai parando de quicar tão alto, até que finalmente estaciona no chão. Toda a sua energia terá sido transferida em forma de calor para as moléculas do ar, ou para as moléculas da bola, ou para as moléculas do chão.

64. Com exceção do colapso da função de onda, que alguns argumentam ser irreversível e outros argumentam ser uma perda de coerência. Outros apenas argumentam por argumentar.

Agora imagine quão bizarro o vídeo de uma bola quicando lhe pareceria no reverso: uma bola parada no chão que, repentinamente, começa a quicar cada vez mais alto. O fluxo de energia iria lhe parecer ainda mais estranho: o ar, a bola e o chão iriam resfriar ligeiramente e o calor perdido seria convertido para o movimento da bola.

Você pode, definitivamente, diferenciar o para a frente do para trás neste exemplo. O mesmo vale para os outros exemplos acima: cozinhar alimentos, derreter cubos de gelo e comer biscoitos. Porém, se a maioria das leis da física funciona perfeitamente no reverso — especialmente a física microscópica do calor e da difusão — por que esses processos macroscópicos parecem acontecer apenas em um sentido? A razão é a quantidade de desordem no sistema, chamada de entropia, que tem uma enorme preferência por um sentido no tempo.

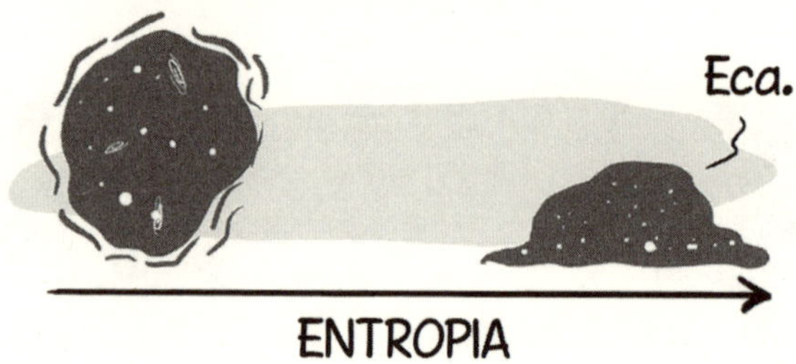

A entropia sempre aumenta com o tempo. Isso é conhecido como a segunda lei da termodinâmica. Pense na entropia como a quantidade de desordem de algo. Quando você se esquece de alimentar o seu furão e ele bagunça a sua sala, derrubando a pilha perfeita de cópias assinadas deste livro, ele terá aumentado a entropia da sala através do aumento da desordem.

Se você chegar em casa e arrumar tudo, terá diminuído a entropia da sala, mas, fazendo isso, vai gastar um pouco de energia, em forma de calor, frustração e grunhidos, repetindo que avisou várias vezes para seu companheiro de quarto que adotar um furão era uma péssima ideia. Essa energia que você libera enquanto arruma a sala é o que faz a entropia total aumentar. Toda vez que você cria qualquer tipo de ordem local — empilhando livros, fazendo marcas em uma folha de papel ou ligando seu ar-condicionado, você está, simultaneamente, criando desordem como um subproduto, normalmente na forma de calor. De acordo com a segunda lei, é impossível, *em geral*, diminuir a entropia total para a frente no tempo.

(Nota: essa é uma afirmação probabilística. Tecnicamente, é possível que uma máfia de furões furiosos se organize, por acaso, em uma força armada ordenada, diminuindo, assim, sua entropia, mas a probabilidade é mínima. Acidentes isolados são permitidos, mas, em geral, a entropia sempre aumenta.)

Isso tem consequências arrepiantes: como a entropia só aumenta, em algum momento, bem, bem, bem, bem, no futuro, o universo vai alcançar uma quantidade máxima de desordem, que é chamada carinhosamente de "a morte térmica do universo". Nesse estado, o universo inteiro estará com a mesma temperatura, o que significa que tudo estará completamente desordenado, sem quaisquer regiões interessantes de estruturas ordenadas (como os seres humanos). Enquanto isso, criar regiões locais com ordem, à custa da criação de regiões com desordem, para compensar, só é possível porque o universo ainda não alcançou sua desordem máxima, então ainda há escapatória.

Agora pense para trás no tempo. Em cada instante no passado, o universo tinha *menos* entropia (mais ordem) do que tem agora, até o momento do Big Bang. Pense no Big Bang como o instante anterior à chegada dos caminhões de mudança e das crianças pequenas na sua imaculada casa nova. Essa condição inicial do universo, quando a entropia era menor, determina quanto tempo há entre o nascimento e a morte térmica do universo. Se o universo tivesse começado com uma quantidade enorme de desordem, não haveria tempo suficiente antes da morte térmica. No nosso caso, parece que o universo começou altamente ordenado, nos dando bastante tempo antes de atingirmos a entropia máxima.

Por que o universo começou com essa configuração altamente organizada e pouco entrópica? Não temos ideia. Mas com certeza somos sortudos que assim tenha sido, uma vez que deixou bastante tempo entre o início e o fim para fazermos coisas bastante interessantes, como planetas, pessoas e picolés.

A entropia nos ajuda a entender o tempo?

A entropia é uma das poucas leis da física que se preocupa, de uma forma ou de outra, com o modo que o tempo flui.

A maioria dos processos que afetam a entropia, como as leis da cinemática que afetam como as moléculas de um gás colidem com as outras, poderia funcionar perfeitamente de trás para a frente. Mas em conjunto, eles seguem uma lei que exige que a quantidade de ordem diminua com o tempo. Assim, tempo e entropia estão conectados de alguma forma. Mas, até agora, temos apenas uma correlação: a entropia cresce com o tempo.

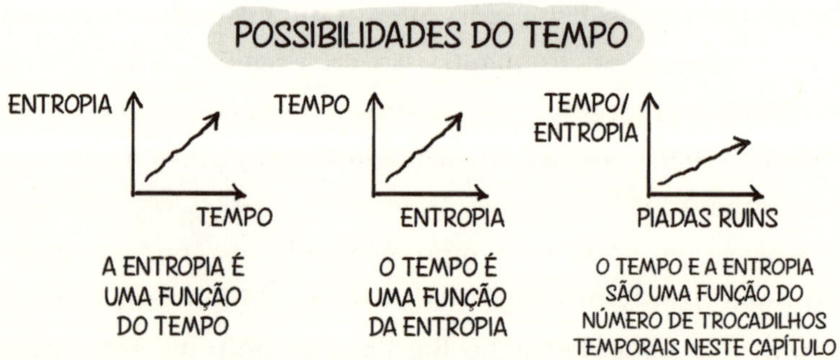

Isso significa que a entropia *faz* o tempo andar apenas para a frente, da mesma forma que uma montanha *faz* a água escorrer apenas para baixo? Ou será que a entropia *segue* a flecha do tempo como detritos em um tornado?

Mesmo que você aceite que a entropia aumente com o tempo, ainda não explica por que o tempo se move apenas para a frente. Por exemplo, você pode imaginar um universo no qual o tempo vá para trás e a entropia *diminua* com um tempo *negativo*, o que preservaria as relações *e* não violaria a segunda lei da termodinâmica!

Portanto, a entropia é mais uma pista do que um insight. É uma das poucas pistas que temos sobre como o tempo funciona, então merece atenção especial. Será a entropia a chave para a compreensão do sentido do tempo? Apesar de muitos especularem, ainda não sabemos. Mais ainda, temos pouquíssimas maneiras de descobrir isso.

O tempo e as partículas

No que diz respeito às pequenas partículas, elas parecem ser geralmente ambivalentes quanto ao sentido do tempo. Por exemplo, um elétron fica feliz ao emitir ou absorver um fóton. Dois quarks podem se fundir para produzir um bóson Z, ou um bóson Z pode decair em dois quarks. Na maior parte das vezes, não se consegue dizer em que sentido o tempo está fluindo no universo apenas através da observação da interação de partículas individuais. Mas nem sempre. Há um tipo de interação de partícula que funciona diferente de acordo com o sentido do tempo.

A força fraca, aquela responsável pelo decaimento nuclear e mediada pelos bósons W e Z, tem um componente que prefere um sentido. Os detalhes não são assim tão importantes para entender e o efeito é pequeno, mas real. Por exemplo, quando dois quarks são mantidos juntos pela força nuclear forte, há, algumas vezes, dois arranjos possíveis diferentes. Eles podem trocar alternadamente entre esses dois arranjos através da força fraca, mas fazer uma determinada troca leva mais tempo do que fazer a troca de volta. Dessa forma, esse processo, visto através de um vídeo reverso, vai parecer diferente do que através de um vídeo para a frente.

O que isso tem a ver com o tempo? Não sabemos exatamente, mas parece uma pista útil.

Pergunta #4: Todos sentimos o tempo da mesma forma?

Antes do século XX, a ciência considerava o tempo bem universal: todos e tudo no universo sentiam o tempo da mesma forma. Supunha-se que se você colocasse dois relógios idênticos em partes diferentes do universo eles marcariam a mesma hora para sempre. Afinal, é o que vivenciamos na nossa vida cotidiana. Imagine o caos que seria se o relógio de cada pessoa andasse com uma velocidade!

Mas aí a teoria da relatividade de Einstein mudou tudo, ao unir o espaço e o tempo em um único conceito: o espaço-tempo.[65] Einstein notoriamente previu que relógios em movimento andam mais lentamente. Se você viajar para uma estrela próxima a uma velocidade próxima à da luz, vai perceber *menos tempo* do que aqueles deixados para trás na Terra. Isso não significa que você vai sentir o tempo passando mais lentamente, como em *Matrix*. Significa que as pessoas e os relógios na Terra vão medir um tempo decorrido maior do que o registrado pelos relógios em sua espaçonave. Todos percebemos o tempo da mesma forma (à taxa usual um-segundo-por-segundo), mas os nossos relógios discordam se estivermos nos movendo a altas velocidades em relação uns aos outros.

Em algum lugar da Suíça, um relojoeiro acabou de ter um ataque cardíaco.

65. A genialidade de Einstein não era só dar nomes criativos às coisas.

Relógios idênticos andando a passos diferentes parecem desafiar a lógica e a razão, mas é isso mesmo que o universo faz. Sabemos que é verdade, porque observamos no nosso cotidiano. O GPS no seu telefone (ou no seu carro ou no avião) supõe que o tempo passa mais devagar nos satélites dos GPS orbitando a Terra (que estão viajando a milhares de quilômetros por hora em um espaço curvado pela massa gigantesca da Terra). Sem essa informação, o seu GPS não seria capaz de sincronizar e triangular a sua posição a partir dos sinais transmitidos pelos satélites. O ponto-chave é, se por um lado o universo segue regras lógicas, às vezes essas regras não são o que se espera. Nesse caso, o culpado é o limite de velocidade do universo: a velocidade da luz.

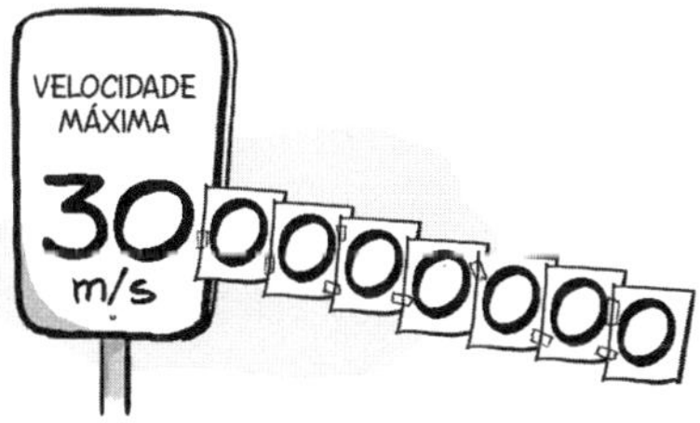

De acordo com a teoria da relatividade de Einstein, nada, nem mesmo informação ou pizza quentinha entregue em domicílio, consegue viajar mais rápido do que a velocidade da luz. Esse limite superior rígido na velocidade (distância viajada por tempo) resulta em consequências estranhas que desafiam a nossa noção de tempo.

Primeiro, vamos nos certificar de que entendemos como esse limite de velocidade funciona. A regra mais importante é que esse limite de velocidade tem que ser aplicado a qualquer um, medindo qualquer velocidade, de qualquer ponto de vista. Quando dizemos que não se consegue observar nada indo mais rápido do que a velocidade da luz, queremos dizer *nada*, independentemente da perspectiva.

Façamos, então, um experimento imaginário. Suponha que você esteja sentado no seu sofá e ligue uma lanterna. A luz da lanterna está se afastando de você na velocidade da luz.

Mas e se você prendesse seu sofá em cima de um foguete, e o foguete decolasse e começasse a se mover muito rápido? O que aconteceria se você ligasse sua lanterna nesse momento? Se você apontasse a lanterna para a parte da frente do foguete, será que a luz iria se mover na velocidade da luz *mais* a velocidade do foguete?

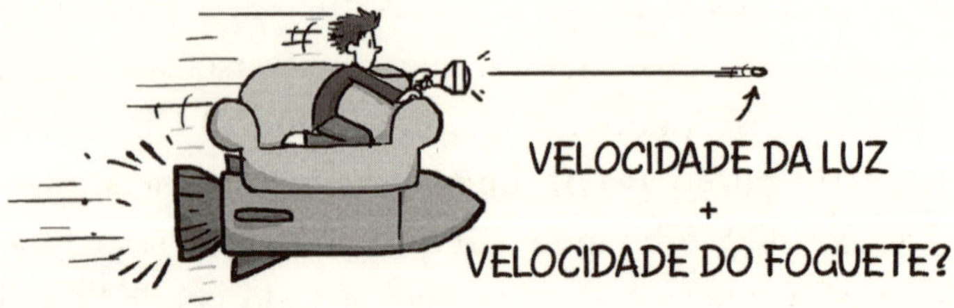

Dedicaremos mais tempo a essas ideias no Capítulo 10, mas a questão é que, para que a luz que saiu da lanterna pareça estar se movendo na velocidade da luz do ponto de vista de todos os observadores (você, no foguete, e o resto de nós na Terra), algo precisa ser diferente e este algo é o tempo.

Para entender isso, retomaremos ao nosso conceito do tempo como uma quarta dimensão do espaço-tempo. E imaginaremos que o limite de velocidade do universo se aplica à sua velocidade total através tanto do tempo quanto do espaço. Se você estiver sentado no seu sofá na Terra, você não tem nenhuma velocidade pelo espaço (relativo à Terra), de modo que a sua velocidade através do tempo pode ser alta.

Mas se você estiver em um foguete que se move, relativo à Terra, com velocidade próxima à da luz, a sua velocidade através do espaço é bem alta. Assim, para que a sua velocidade total através do espaço-tempo, relativa à Terra, permaneça dentro do limite de velocidade do universo, a sua velocidade através do tempo precisa diminuir — medida pelos relógios na Terra.

Ainda por aqui?

Pensar que pessoas diferentes podem relatar medidas diferentes da passagem do tempo pode entortar a sua mente, mas o universo é assim mesmo. Mais bizarro ainda, as pessoas podem discordar em alguns casos sobre a *ordem em que coisas aconteceram*, e todas elas podem estar relatando corretamente o que observaram. Por exemplo, dois observadores honestos podem discordar sobre quem ganhou um racha se os observadores estiverem se movendo a velocidades bem diferentes.

Se sua lhama e seu furão de estimação apostarem corrida, dependendo do quão rápido viaja e de onde esteja em relação à corrida, você poderá ver um ou outro bichinho de estimação vencer a corrida. Cada um dos seus bichos dará a sua versão dos eventos, e, caso sua avó seja capaz de viajar com velocidade próxima à da luz, ela vai discordar de todos eles. E *todos estariam certos!* (Perceba, no entanto, que todos discordariam também sobre os tempos das *largadas* de todos.)

É difícil engolir a ideia de que pessoas diferentes possam experimentar o tempo de formas diferentes, porque gostamos de pensar que há uma história verídica e absoluta do universo. Imaginamos que, a princípio, alguém pudesse escrever uma única história (muito, muito longa e, na maior parte, superchata) sobre tudo que aconteceu no universo até agora. Se isso existisse, todos poderiam compará-la à própria experiência, e, tirando alguns erros honestos e visão embaçada, a história iria estar de acordo com o que as pessoas viram. Mas a relatividade de Einstein deixa claro que tudo é relativo e mesmo a descrição dos eventos do universo depende de quem está registrando essa descrição.

Em última análise, temos que abrir mão da ideia do tempo como um único relógio absoluto do universo. Às vezes isso nos leva a áreas que não fazem o menor sentido intuitivamente, mas a parte fantástica é que essa maneira de encarar o tempo já foi testada e se mostrou verdadeira. Assim como em várias das revoluções na física, somos forçados a nos divorciar da nossa intuição e seguir um caminho matemático que é menos influenciado pela nossa experiência subjetiva de tempo.

Pergunta #5: O tempo vai parar algum dia?

É tentadora a vontade de descartar, logo de cara, a noção de o tempo parar. Até hoje só vimos o tempo se mover para a frente, então como ele poderia fazer qualquer outra coisa? Considerando que, para começar, temos tão pouca ideia do motivo do tempo estar se movendo exclusivamente para a frente, é difícil afirmar, com certeza, que isso será sempre verdade.

Alguns físicos estão convencidos que a "flecha" do tempo é determinada pela regra de que a entropia deve crescer ou que a direção do tempo é a direção do aumento da entropia. Mas se isso é verdade, o que acontecerá quando o universo alcançar a entropia máxima? Nesse universo, tudo estará em equilíbrio e nenhuma ordem poderá ser criada. O tempo vai parar neste instante ou ficará sem sentido? Alguns filósofos especulam que neste momento a flecha do tempo e a lei do aumento da entropia poderão ser revertidas, conduzindo o universo a um encolhimento de volta à uma singularidade minúscula. Mas isso está mais na categoria de especulações noturnas e inspiradas por ervas do que na das predições científicas.

Outras teorias sugerem que, no momento do Big Bang, *dois* universos foram criados, um no qual o tempo flui para a frente e um no qual o tempo flui para trás. Ainda mais loucas são as teorias que propõem mais de uma direção de tempo. Por que não? Temos três (ou mais) direções através das quais podemos nos mover no espaço — por que não ter duas ou mais direções no tempo? A verdade é que, para variar, não temos ideia.

Tempo de concluir

Essas perguntas sobre a natureza do tempo são bastante profundas e as respostas têm o potencial de chacoalhar até mesmo as fundações da física. Mas enquanto a magnitude dessas questões as tornam excitantes de se pensar e se ponderar, também as torna difíceis de se resolver.

Como abordar tal problema? Ao contrário das outras perguntas que fizemos neste livro, não há um experimento claro que se possa fazer para obtermos algumas respostas. Não podemos parar o tempo para estudá-lo e não podemos fazer medidas temporais repetidas de um mesmo evento. Esse tópico está tão em aberto que muito poucos cientistas estão trabalhando nele diretamente. É basicamente a província dos professores eméritos e alguns pesquisadores mais novos e dedicados dispostos a passear por um território tão perigoso.

Talvez façamos progresso ao atacar esses problemas de frente, talvez vamos tropeçar em algum insight crucial enquanto trabalhamos em um problema diferente. Só o tempo vai dizer.

9.
Quantas dimensões existem?

Aqui levamos a nossa falta de conhecimento em novas direções

Tentar compreender completamente a natureza do universo requer, algumas vezes, que questionemos suposições básicas e reexaminemos assuntos há tempos resolvidos. Por exemplo, você poderia perguntar:

John F. Kennedy foi assassinado por alienígenas?

Há mais de três dimensões espaciais?

O universo é movido a unicórnios?

Você consegue fazer uma dieta só de marshmallow e não ganhar peso?

Na maioria dos casos a resposta é "Não" ou "Por favor, procure um psiquiatra". Mas, algumas vezes, fazer tais perguntas permite a abertura de toda uma nova maneira de pensar, que pode conduzir a percepções surpreendentes com um enorme impacto na nossa vida cotidiana.

Se você estiver começando a se sentir confortável com a ideia de que o espaço é uma coisa física e gosmenta em vez de um pano de fundo vazio do universo, então segure firme e prepare-se para muito mais, pois investigaremos o *número de dimensões do espaço*.

Como pode uma palavra ter um significado na cultura popular e outro na ciência? Na maioria das vezes, a culpa é dos cientistas. Toda vez que os cientistas precisam de uma palavra para descrever alguma coisa nova e estranha que eles tenham descoberto ou imaginado, eles (a) inventam uma nova palavra (ex., "exoplaneta" para se referir aos planetas fora do nosso sistema solar), (b) tentam reutilizar uma palavra que tenha um significado similar (ex., "spin quântico" para descrever a física de partículas minúsculas que não giram, de fato, mas fazem algo que tem propriedades matemáticas similares às de um giro físico), ou (c) pegam emprestado uma palavra existente com um significado totalmente diferente (ex., "quark charm", que não é muito charmoso, ou "partículas coloridas," que não têm cor).

Ao aprender que o conceito de "dimensão", em ciência, não corresponde a um universo alternativo, no qual tudo é feito de chocolate e as dívidas são pagas com marshmallows, você pode ficar tentado a botar o dedo na cara dos cientistas irritantes por terem roubado essa palavra e dado um significado diferente a ela. Bem, guarde seu dedo antes que você se envergonhe porque, nesse caso, a culpa está inteiramente sobre os ombros dos escritores de ficção científica. Os matemáticos e cientistas têm usado essa palavra com nítida precisão por *séculos*.

Na ciência e na matemática, a palavra "dimensão" significa uma direção possível de movimento. Se você desenhar uma linha reta, o movimento ao longo dessa linha é um movimento em uma dimensão.

Num mundo com uma dimensão, tudo vive em uma corda infinitamente fina. Como não há outra direção para o movimento, os cientistas 1D jamais poderiam furar fila ou trocar de lugar uns com os outros. Eles são como contas em um colar ou marshmallows em espeto, amaldiçoados a ter sempre os mesmos vizinhos bonitos e doces.

COMO OS CIENTISTAS USAM AS DIMENSÕES

Desenhe, agora, uma segunda linha, formando um ângulo reto (noventa graus) com a primeira linha. Desenhamos a linha em ângulo reto para que o movimento ao longo desta linha seja completamente independente do movimento ao longo da primeira. Se o ângulo fosse menor que um ângulo reto, o movimento ao longo da segunda linha também produziria um movimento ao longo da primeira. Essas duas linhas criam um plano, que permite que você se mova em duas dimensões.

O movimento ao longo de uma única linha tem, então, uma dimensão e movimento sobre um plano, definido por duas linhas, e duas dimensões. Até o momento, descrevemos um mundo 1D (uma corda) e um mundo 2D (um plano). Para conseguir uma terceira dimensão, tudo o que você precisa fazer é desenhar uma terceira linha que seja perpendicular às duas primeiras. Nesse caso, seria na direção que aponta para cima e para baixo do plano.

Isso é o que é dimensão: cada uma é uma direção específica sobre a qual você pode se mover de modo que o movimento em uma direção seja independente do movimento nas outras direções.

COMO REPRESENTAR AS DIMENSÕES:

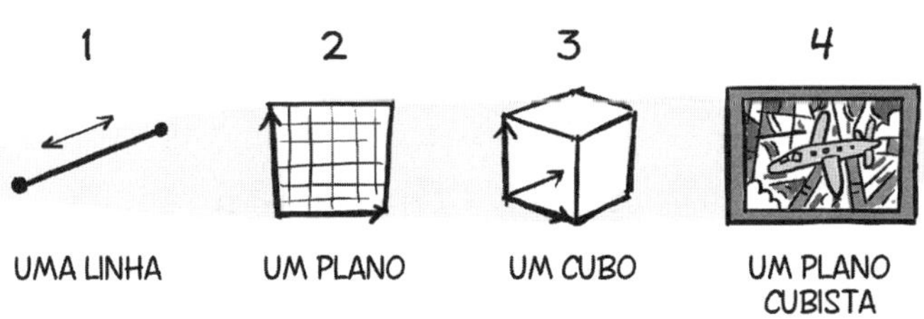

Podemos ter mais do que três dimensões?

Percorrer essas três dimensões cobre todos os movimentos com os quais estamos familiarizados: para cima-para baixo, para esquerda-para direita, para a frente-para trás. Em nosso mundo 3D, não há lugar para colocar uma quarta linha perpendicular, então ele parece ser solidamente tridimensional, certo? Mas os físicos ainda não propuseram uma razão pela qual nós *não* poderíamos ter mais do que três dimensões no espaço. Em matemática, quatro dimensões seriam tão boas quanto sete ou 2.035.

Neste instante, você deve estar pensando, *fala sério, se houvesse mais de três dimensões espaciais, eu obviamente as sentiria!*

Sentiria? Conseguiríamos dizer, se houvesse mais dimensões? Essa é uma pergunta que podemos fazer seriamente. Por exemplo, e se o mundo físico tiver mais dimensões, mas as nossas mentes não forem capazes de percebê-las? Mesmo que a sua mente esteja absolutamente convicta de que haja somente três dimensões do espaço, pode ser que não tenhamos percebido que há, na verdade, mais.

Imagine que você fosse um físico 2D vivendo em um plano, preso do mesmo modo que todas as palavras e desenhos desta página estão presos a uma folha plana de papel. Sua consciência e percepção estão limitadas ao que há apenas no plano (você não consegue "ver" fora da página), de modo que você não seria capaz de dizer se o seu mundo 2D estivesse, na verdade, flutuando no interior de um mundo 3D. Da mesma forma, o mundo 3D que conhecemos e amamos poderia estar, na verdade, flutuando no interior de um espaço com maior dimensionalidade. Todo esse tempo, físicos em 4D (ou 5D ou 6D) podem estar nos observando e rindo da nossa perspectiva limitada, do mesmo modo que riríamos de formigas presas em uma criação de formigas.

Mas por que não seríamos capazes de ver ou sentir estas outras dimensões? Isso parece superficialmente estranho (e injusto), mas pense por um instante sobre como sua percepção funciona. Nosso cérebro cria um modelo tridimensional do mundo dentro da nossa cabeça porque isso é útil para a sobrevivência na Terra. Não significa que sejamos capazes de perceber a natureza completa de nosso meio. Pelo contrário, é chocante como não enxergamos características do universo que podem ser irrelevantes à sobrevivência diária, mas que são cruciais para o entendimento da natureza fundamental da realidade.

Por exemplo, você reage bem à luz porque ela lhe mostra onde estão os predadores e os marshmallows. Mas não consegue sentir ou perceber a presença da matéria escura, que o rodeia e contém dicas importantes sobre como o universo funciona. Aqui vai mais um exemplo: você não consegue sentir os 10^{11} neutrinos que atravessam cada centímetro quadrado da sua pele por segundo, mas, se conseguir detectá-los, poderá aprender muitas coisas sobre a interação entre o Sol e as partículas.

Diariamente somos inundados por informações valiosas para os físicos modernos, mas que nossos corpos não conseguem perceber direta ou naturalmente. Isso porque tal conhecimento ou é muito difícil de acumular ou não foi útil para a sobrevivência na savana polvilhada por marshmallows do nosso passado evolutivo.

Portanto, a resposta da pergunta "Podemos ter mais do que três dimensões?" é sim. Matematicamente, não há razão para termos apenas três. É possível que alguma dimensão possa existir sem que a gente perceba, especialmente se for diferente das três dimensões que nos são familiares, mas falaremos mais sobre isso em instantes.

Como pensar em quatro dimensões?

Como *seria* mover-se através de uma dimensão extra, que seja similar às nossas três favoritas? É difícil para nós, pessoas 3D, imaginarmos o movimento em qualquer outra que não seja uma das três dimensões. Para nos ajudar a entender como seria tal possibilidade, vamos descer um degrau em dimensionalidade e fingir que somos, na verdade, pessoas 2D que, repentinamente, se movem em um espaço 3D.

Se você fosse uma pessoa 2D em um mundo 3D, ainda assim, seu corpo 2D só seria capaz de conceber e distinguir "fatias" ou planos bidimensionais do mundo 3D. Normalmente, esse seria o limite da sua experiência. Mas se você obtivesse o poder de se mover na outra dimensão, a terceira dimensão, você seria, agora, capaz de flutuar entre fatias diferentes nesse mundo 3D. Seus sentidos e visão global 2D não seriam capazes de perceber seu movimento nessa nova direção, mas, se as coisas fossem diferentes em cada fatia, você perceberia seu mundo-fatia 2D mudando ao seu redor. E se você conseguisse abrir sua mente 2D para um conceito espacial tridimensional (sem introduzir muitas enxaquecas 2D), você conseguiria alinhavar todas as fatias para formar uma visão 3D do mundo repentinamente maior.

Agora use essa ideia e extrapole para a nossa situação. Se o mundo realmente tem uma quarta dimensão espacial e se nós, de alguma forma, ganhássemos o poder de nos mover através dela, você poderia observar como o mundo se modifica ao longo dessa direção de movimento. Movendo-se ao longo dessa quarta dimensão pode fazê-lo ver seu mundo 3D mudando ao redor. Se você tiver poder mental e imaginação, poderá incorporar toda essa informação em um único modelo mental holístico 4D.

De certo modo, você já faz isso. Se considerar o tempo uma quarta dimensão de movimento, a situação é bastante parecida. O mundo 3D ao seu redor muda com o tempo e o seu cérebro alinhava muitas fatias de tempo diferentes para formar uma imagem quadridimensional do mundo (três dimensões espaciais + uma dimensão temporal). Você não consegue perceber todas as quatro dimensões simultaneamente, mas organiza fotos 3D instantâneas ao longo de uma linha do tempo.

Onde elas estão?

Você poderia perfeitamente perguntar: se *há* uma quarta dimensão espacial (que não seja o tempo), por que nunca a vemos?

Bem, sabemos que ela tem que ser praticamente irrelevante e inútil para a nossa sobrevivência, para explicarmos por que não conseguimos controlar ou perceber nosso movimento nessa dimensão. Sabemos ainda que, se ela fosse uma dimensão linear, como as outras dimensões (normais), já a teríamos percebido. Ainda que sejamos capazes de perceber apenas três dimensões, iríamos notar coisas aparecendo e desaparecendo, caso elas se movessem para a frente ou para trás nessa outra dimensão.

Estamos bastante confiantes de que não há uma quarta dimensão espacial que seja como as outras três. Se há uma quarta dimensão, ela tem que ser dissimulada de modo que seja difícil vermos. Uma possibilidade é que todas partículas de força e de matéria que conhecemos não consigam se mover através dessas dimensões extras do espaço. Isso evitaria que objetos deslizassem na quarta dimensão e evitaria que a energia (via partículas de força como os fótons) se dispersasse nessas dimensões extras. Essas dimensões impenetráveis podem existir? Sim, mas se são realmente impenetráveis para qualquer partícula conhecida, então temos pouca chance de descobri-las ou explorá-las.

Outra possibilidade é que essas outras dimensões sejam penetráveis apenas por poucas partículas selecionadas: algumas das mais raras e mais difíceis de se estudar, tornando-as ainda mais difíceis de se perceber. Além disso, essas dimensões podem se esconder em plena vista por serem um pouco diferentes.

Quão diferentes? Imagine que essas dimensões extras são, na verdade, curvas e que formam pequenos círculos ou laços. Isso significa que o movimento através dessas dimensões não o leva muito longe. Na verdade, em uma dimensão em laço, você acaba retornando ao mesmo lugar de onde partiu.

Se a ideia de uma dimensão curva, que forma um laço, é uma loucura sem sentido para você, bem-vindo ao clube — isso entorta até mesmo a cabeça dos mais espertos entre nós. Na verdade, pode ser até que *todas* as dimensões espaciais sejam em laço. No caso das nossas três dimensões familiares, os laços teriam que ser muito, mas muito grandes — maiores do que o tamanho do universo observável (nós discutimos essa possibilidade em detalhes quando falamos sobre espaço).

Se essas dimensões extras são pequenas e em laço, e apenas poucas partículas selecionadas podem se mover através delas, isso explicaria porque ainda não as tenhamos percebido. As coisas se movendo nessas pequenas dimensões em laço não mudariam muito nas três dimensões que *conseguimos* perceber, ainda que *haja* maneiras de procurar por elas, como vamos descrever adiante neste capítulo.

Essas dimensões extras existem? Estamos, de fato, em um universo que tem mais de três dimensões espaciais? A resposta rápida é não temos ideia. Mas há, na verdade, várias razões, baseadas em física, para o universo ter mais do que três dimensões espaciais. Mais animador ainda, é possível que haja maneiras de descobri-las. Continue lendo para descobrir como responderemos a esta pergunta e ainda surpreender os físicos 4D arrogantes que acham que jamais conseguiremos nada.

Será a solução para outros mistérios?

Uma das maiores razões para os físicos acreditarem na existência de outras dimensões é que isso ajudaria a responder outras perguntas profundas sobre o universo. Mais especificamente, dimensões extras poderiam explicar por que a gravidade é tão fraca.

Se compararmos o poder da gravidade com o das outras forças, vamos perceber que a gravidade é mais do que um pouco mais fraca; é *absurdamente* fraca. As outras forças (a força fraca, a força forte e o eletromagnetismo) têm algumas diferenças entre si, mas, comparadas à gravidade, são todas como super-heróis fisiculturistas e cheios de músculos, enquanto a gravidade é aquele macaquinho de estimação dos Supergêmeos. Os físicos realmente não gostam de ver esse tipo de divergência. Eles podem tranquilamente discordar uns dos outros sobre todo tipo de coisa, mas esperam uma harmonia entre as leis da física. Assim, uma das muitas perguntas sobre a gravidade é se essa fraqueza incomum é uma pista de que algo mais está acontecendo.

Por que a gravidade é tão mais fraca que o eletromagnetismo e todas as outras forças? Bem, as dimensões extras podem ser uma explicação.

A maioria das forças se tornam fracas em distâncias grandes. Mas quão rápido a intensidade da força decresce com a distância depende especificamente do número de dimensões espaciais que existem. Quanto mais dimensões existirem, mais uma força pode ficar *diluída* em todas as dimensões diferentes.

Pense no que acontece quando alguém solta um pum numa festa. Se você estiver bem próximo à fonte, o cheiro será forte. Mas conforme você se afasta do culpado, as moléculas fedorentas (ex., partículas de pum, ou "pumtículas") se espalham pelo ar e ficam diluídas.

Agora, se o pum ultrajante for solto em um corredor estreito, todos no corredor vão senti-lo intensamente.[66] Se for solto na interseção de vários corredores, o pum vai se espalhar em direções diferentes e o cheiro não será tão forte para as pessoas nesses corredores. A taxa de diluição depende do quão rapidamente o volume de ar cresce, que por sua vez fica maior se houver mais corredores.

66. Em um mundo unidimensional não há como escapar de puns.

Algo parecido acontece com as forças (sem o cheiro). Suponha que haja duas dimensões espaciais extras, além das nossas três existentes. A força que você sente de um objeto (seja a gravidade ou o eletromagnetismo) vai, então, se espalhar por estas outras dimensões *além* de se espalhar pelas três dimensões normais. Como resultado, a intensidade da força vai cair mais rapidamente, conforme você se move para longe da fonte, do que você esperaria se existissem apenas três dimensões.

Uma ressalva é que essas dimensões extras têm que ser em laço e pequenas, menores que um centímetro, para justificar não terem sido vistas até agora. E a gravidade tem que ser a única força a ser afetada por essas dimensões extras, ou seja, as outras forças não as sentem.

O que aconteceria então se houvesse duas dimensões extras em laço, com um centímetro de tamanho, e apenas a gravidade, e não as outras forças, pudessem se espalhar através dessas dimensões? Para objetos disputando menos de um centímetro entre si, a força da gravidade iria ser diluída nessas dimensões extras e sua intensidade iria cair bem rapidamente. Para objetos disputando mais de um centímetro entre si, as dimensões extras não iriam desempenhar nenhum papel. Isso explicaria por que a gravidade nos parece tão fraca: ela é, na verdade, tão forte quanto as outras forças a curtas distâncias, mas, à medida que você se afasta por mais de um centímetro, a maior parte dela já terá se dissipado por dentre as outras dimensões.

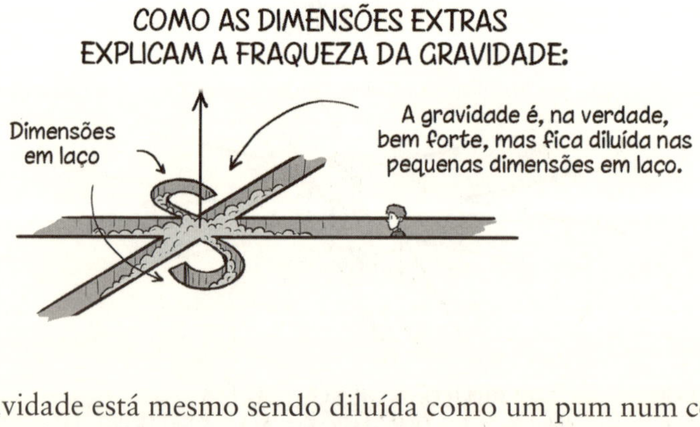

A gravidade está mesmo sendo diluída como um pum num corredor? Não temos certeza. A possibilidade de dimensões extras e o seu papel no enfraquecimento da gravidade ainda é muito teórica. Por incrível que pareça, temos maneiras de procurar por estas dimensões extras.

Procurando novas dimensões

A ideia de que possa haver dimensões extras parece ótima porque daria uma explicação simples e geométrica para a gravidade ser mais fraca que as outras forças. Mas, neste exato momento, você deve estar pensando que isso deve ser algo fácil de verificar: basta medir a gravidade em curtas distâncias e, caso a força da gravidade fique mais forte do que o esperado, certamente significará que as pequenas dimensões em laço existem.

Infelizmente isso não é tão simples. Medir a gravidade pode parecer fácil (afinal, você a mede toda vez que sobe numa balança para se pesar), mas só porque estamos acostumados a medi-la em distâncias enormes. Quando você sobe numa balança, está medindo a gravidade entre você e o planeta Terra *inteiro*, e um dos dois é enorme.

Testar a gravidade a curtas distâncias, entretanto, são outros quinhentos. Para testar o poder da gravidade entre dois objetos a um centímetro um do outro, a distância entre seus *centros* deve ser de um centímetro, o que significa que eles têm que ser muito pequenos, de modo que não podem ter uma massa muito grande. Com massas pequenas, a força gravitacional será tão minúscula que será praticamente impossível de se medir (lembre-se de que a gravidade é fraca). Por exemplo, se você colocar duas bilhas de rolamento, feitas de chumbo, separadas por um centímetro, a força da gravidade que elas sentirão uma em direção à outra será menor que o peso de um grão de poeira.

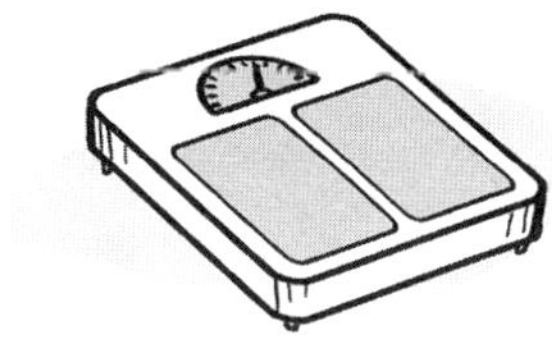

O GRAVITÔMETRO PREFERIDO DE TODOS

Mas, com os físicos, é assim que funciona: se você disser que alguma coisa é "praticamente impossível", isso vai apenas deixá-los irritados. Some a isso a possibilidade de que tal medida os permita demonstrar a existência de dimensões extras, e terá um bando, composto por pessoas bastante inteligentes, espumando pela boca e inventando dispositivos de medidas dos mais fantásticos.

Após muito trabalho ao longo dos últimos anos, os físicos foram capazes de medir como a força da gravidade muda com a distância na escala de um milímetro. Eles descobriram que, pelo menos até uma separação de um milímetro, a força da gravidade se comporta da mesma forma que em grandes escalas. Isso não significa que dimensões extras não existam. Só que, caso existam, são ainda menores que um milímetro.

Aqui vai outro fato sobre os físicos (há muitas peculiaridades sobre eles; estas são apenas duas delas): até que se faça realmente uma medida para se confirmar ou descartar um fenômeno, os teóricos se sentem livres para especular, sem compromisso, acerca de como as coisas podem funcionar. Os físicos podem dizer que as informações são verdadeiras somente até a menor precisão possível que se tem nos experimentos. Assim sendo, a única coisa que podemos dizer, com certeza, é que se as dimensões extras existirem, e tiverem alguma relevância, elas terão que ser menores que um milímetro.

Vamos explodir coisas

Medir a gravidade é uma forma de verificar dimensões extras, mas não é, de fato, a única maneira. Acontece que também podemos procurar dimensões extras usando o poder dos aceleradores de partículas. Sim, as máquinas de dez bilhões de dólares com sete quilômetros de extensão que servem para mais do que apenas encontrar bósons batizados em homenagem a Peter Higgs.

Como podemos usar os aceleradores de partículas para detectar dimensões extras? Bem, imagine que você tenha uma partícula minúscula, como um elétron, parada na sua frente. Talvez ela esteja descansando na palma da sua mão. Essa partícula não está somente parada no nosso espaço tridimensional de sempre, mas também pode estar, *ao mesmo tempo*, se movendo ao longo de dimensões extras. Lembre-se de que essas dimensões são em laço, de modo que a partícula não nos parecerá estar indo a lugar algum nas nossas dimensões, mas estaria se movendo. Qual efeito esse movimento extra teria na nossa percepção dessa partícula?

Bom, se a partícula está se movendo nas dimensões extras, isso quer dizer que ela tem momento nessas outras dimensões, o que significa que tem energia extra. Mas como a partícula não está se movendo nas *nossas* dimensões, perceberíamos essa energia extra como massa extra (lembre-se de que massa e energia são a mesma coisa, de acordo com Einstein). Em outras palavras, você perceberia se uma partícula estivesse se movendo em dimensões extras, porque ela seria mais pesada do que uma partícula que não estivesse.

É assim que podemos usar os aceleradores de partículas para detectar dimensões extras. Se esmagarmos uma partícula com outra e, algum dia, observarmos uma partícula que seja, por exemplo, *exatamente* como um elétron (mesma carga, mesmo spin, etc.), exceto o fato de ser mais pesada, poderemos suspeitar, de modo bastante razoável, que seja, na verdade, um elétron se movendo também em outras dimensões.

Na verdade, se dimensões extras de fato existem, podemos esperar, de modo bastante razoável, encontrar cópias precisas de todas as partículas conhecidas, mas mais pesadas, devido ao seu movimento nas dimensões extras. A teoria prevê que encontraríamos "torres" (chamadas de torres de Kaluza-Klein) de partículas idênticas com massas maiores e menores em intervalos regulares.[67] Se conseguíssemos encontrar tal sequência de partículas mais e menos pesadas, teríamos uma prova definitiva da confirmação da existência de dimensões extras.

67. Os múons e os táons não são versões extradimensionais dos elétrons, porque não têm um espaçamento de massa regular e não têm a mesma força fraca de interação que os elétrons.

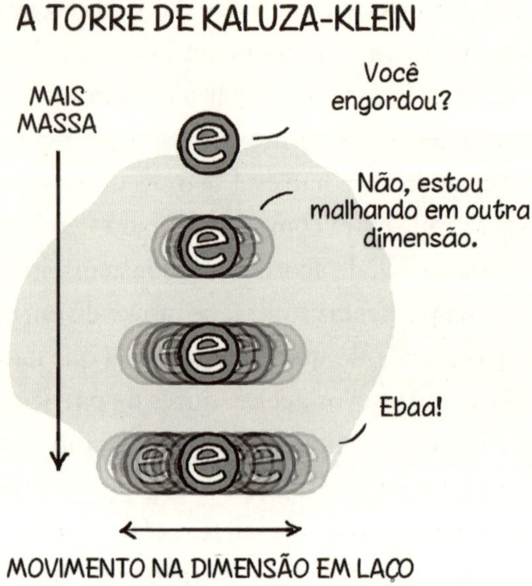

O que mais preveem as dimensões extras?

A existência de dimensões extras, mesmo aquelas pequenas e em laço, teria outras consequências interessantes. Se os físicos estiverem certos sobre a fraqueza da gravidade poder ser explicada pela sua diluição em outras dimensões, isso implicará na gravidade ser tão intensa quanto as outras forças em pequenas escalas. A gravidade pode não ser uma fracote, mas, pelo contrário, um super-herói superforte *disfarçado* de fracote.

Isso quer dizer que construir um buraco negro pode ser mais fácil do que pensávamos!

Normalmente, precisa-se de uma quantidade enorme de massa e energia em um espaço pequeno para se fazer um buraco negro. As partículas, em particular aquelas com mesma carga elétrica (como prótons), não gostam de ficar próximas umas das outras. Precisamos de um evento cataclísmico (como o colapso de uma estrela) para reunir uma quantidade suficiente até que a densidade crítica necessária para a formação de um buraco negro seja obtida. Mas se a gravidade for, na realidade, superforte a curtas distâncias, então essa força gravitacional extra pode ser forte o suficiente para ajudar prótons a formar buracos negros em situações mais simples como, por exemplo, quando você os esmaga uns contra os outros em um acelerador de partículas em Genebra.

Então, sim, o Grande Colisor de Hádrons (ou LHC), em Genebra, poderia criar buracos negros. Se a escala dessas dimensões extras for de cerca de um milímetro, é possível que o LHC produza um buraco negro por segundo.

Mas essa não é uma ideia terrível? Esses buracos negros não vão crescer, engolir a Terra e acabar com todos os marshmallows? Relaxe, a resposta é não. E, caso você tenha dúvidas, há um website de verdade no qual você pode verificar se o mundo foi destruído.[68] Seus criadores se comprometeram a deixá-lo sempre atualizado.

Felizmente, para a nossa existência, os pequenos buracos negros que o LHC pode, potencialmente, estar produzindo são diferentes dos buracos negros cósmicos e massivos feitos a partir de estrelas em colapso. Esses são pequenos buracos negros, muito fofos, que evaporam muito rapidamente, em vez de engolir a Suíça e o resto do planeta. Outra razão para relaxar é que partículas altamente energéticas têm colidido e bombardeado a Terra por eras, então se colisões de partículas fossem criar buracos negros engolidores de planetas, isso já deveria ter acontecido e não estaríamos por aqui.

ESTE LIVRO TAMBÉM É UM DETECTOR DE BURACOS NEGROS.

68. hasthelargehadroncolliderdestroyedtheworldyet.com

A teoria de cordas

Os físicos estão procurando maneiras de descrever todas as forças fundamentais (a gravidade, a força forte, a força fraca e o eletromagnetismo) como parte de uma única teoria compreensiva na qual tudo está em harmonia e nenhuma pergunta fica sem resposta. Possível ou não, esse é um objetivo nobre e os físicos já fizeram progressos consideráveis, ainda que a humanidade não esteja nem um pouco perto da resposta final.

Pelo caminho, entretanto, algumas candidatas divertidas apareceram. Uma delas é a teoria de cordas, que sugere que o universo não seja construído a partir de partículas puntiformes zero-dimensionais, mas sim a partir de cordas minúsculas unidimensionais — não tão minúsculas como um pequenino minimarshmallow, mas minúsculas tipo 10^{-35} metros. A teoria diz que essas cordas podem vibrar de várias maneiras e cada modo vibracional corresponde a uma partícula diferente. Quando você olha para as cordas de uma distância razoavelmente grande (uma resolução de apenas 10^{-20} metros) elas parecerão partículas puntiformes porque você não consegue ver sua natureza de corda.

Uma característica dessa teoria é que a matemática que a descreve se torna muito mais simples se você tiver dimensões espaciais adicionais. Há diferentes tipos de teorias de corda e cada uma prevê um número diferente de dimensões no nosso universo. A teoria de supercordas prefere trabalhar em um universo que tem dez dimensões espaciais. A teoria de cordas bosônicas gosta de um universo com 26 dimensões. Onde estão essas 23 dimensões extras e como não as vimos? É como pensar que a sua família tem apenas quatro pessoas e, de repente, descobrir 22 irmãos escondidos no armário.

Assim como a teoria que explica a fraqueza da gravidade, as teorias de cordas tentam ser consistentes com a nossa percepção fazendo com que as novas dimensões se fechem sobre si mesmas e formem círculos, em vez de serem infinitamente longas.

Embrulhando essas novas direções

Saber como a geometria fundamental do universo está organizada parece uma parte bastante básica da compreensão do mundo ao nosso redor. Há uma satisfação incomparável que vem da descoberta de uma verdade inesperada sobre o universo e do aprendizado de que o mundo em que vivemos é diferente do mundo em que pensávamos que vivíamos. Você não gostaria de saber se há mais espaço do que você vê e vivencia na sua vida cotidiana?

Mas encontrar dimensões extras também teria implicações práticas. Podemos descobrir que tais dimensões extras são úteis de alguma forma. Se puderem armazenar energia ou nos permitir acesso a regiões do espaço que não conseguimos normalmente acessar, quem sabe o que poderemos fazer com elas.

Além do mais, descobrir dimensões extras pode nos dar dicas que nos ajudem a resolver o enigma de como o universo funciona (ex., os outros 95% de todo o universo). Até mesmo descobrir que elas *não existem* seria significativo. Poderíamos, então, nos perguntar por que temos três dimensões (e não quatro ou 37 ou um milhão). O que as três dimensões têm de tão especial?

Até agora, os experimentos para medir a gravidade em curtas distâncias não viram nada de inesperado e o LHC não descobriu nenhum buraco negro nem partículas se movendo em outras dimensões. Em outras palavras, não temos qualquer evidência de que a visão da teoria de cordas sobre o mundo esteja correta ou que a

gravidade se mova em dimensões extras. Até agora, não temos mesmo nenhuma ideia de quantas dimensões espaciais há em nosso universo.

Ainda mais estranho, pode ser que o universo tenha dimensionalidades diferentes em regiões diferentes — talvez nossa pequena faixa de espaço seja 3D, mas outras partes do universo tenham quatro ou cinco direções espaciais.

No entanto, uma coisa é certa: o universo ainda tem um bocado de segredos esperando para serem descobertos. Precisamos apenas procurá--los na direção certa.

10.
Podemos viajar mais rápido do que a luz?

Não.

Ok, talvez seja melhor nos aprofundar no assunto.

Há muitas coisas sobre as quais não estamos seguros na física, mas há pouca dúvida de que nada no universo (luz, espaçonaves, hamsters) pode viajar através do espaço mais rápido do que a velocidade da luz no vácuo: 300 milhões de metros por segundo.[69]

Para colocar isso em perspectiva, os hamsters correm cerca de um metro por segundo (quando estão com pressa). O homem mais rápido do mundo corre de cerca de dez metros por segundo. A maior velocidade já atingida por uma pessoa usando um veículo em terra é de 340 metros por segundo e o ônibus espacial viajava a cerca de 8.000 metros por segundo, quando em órbita, alcançando cerca de 0,0025% da velocidade da luz. É bastante improvável que você atinja velocidades sequer próximas desse limite em seu cotidiano, mas, em todo caso, aqui está: uma regra inquebrável — um lembrete constante de que mesmo nesse universo estranho e maravilhoso, há limites.

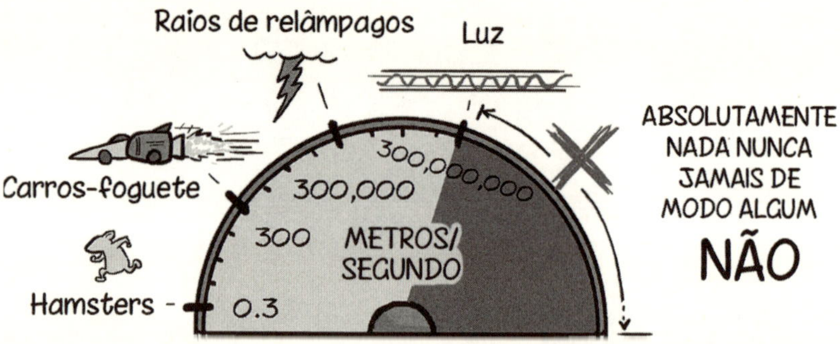

Há pouca dúvida de que esse limite de velocidade seja real. A fórmula que o descreve — a relatividade — já foi testada repetidamente com altíssima precisão. É um princípio básico enraizado na estrutura das teorias físicas modernas. Se esse limite de velocidade não fosse um fato da vida, quase certamente já o teríamos percebido. Não importa o que você faça, quem você conheça ou o que você seja, você não consegue ir mais rápido do que 300 milhões de metros por segundo.

69. "Através do espaço" é uma ressalva importante. Continue lendo.

Essa velocidade máxima é uma característica estranha do universo. Como veremos, ela leva a uma série de consequências esquisitas, desde evitar que partes diferentes do universo interajam umas com as outras até fazer pessoas honestas discordarem sobre a ordem em que as coisas acontecem.

E, ainda que esse limite de velocidade esteja amplamente consagrado na física moderna, ainda há mistérios básicos sobre ele que intrigam os físicos. Por exemplo: por que há, afinal, um limite de velocidade? Por que o limite é de 300 milhões e não 300 trilhões de metros por segundo, ou 3 metros por segundo? Esse limite pode mudar? É melhor você colocar o cinto, porque vamos investigar a toda velocidade um dos maiores mistérios do universo.

O limite de velocidade do universo

Quando Einstein introduziu a ideia de que há uma velocidade máxima no universo, não foi muito intuitivo. Afinal, por que *existiria* um limite de velocidade no universo? Por que você não seria capaz de pular num foguete, decolar, pisar no acelerador até o fundo e aumentar sua velocidade cada vez mais até que, quando visse, estaria passando por várias galáxias a uma velocidade absurda? Se o espaço é vazio, o que realmente o está impedindo de ir tão rápido quanto você queira?

Essa ideia de que o espaço é vazio e de que podemos acelerar cada vez mais é onde está o problema. Como você deve ter aprendido no Capítulo 7, o espaço não é um palco vazio onde você se fecha. Pelo contrário, sabemos que o espaço é algo físico, propenso a entortar, esticar e ondular, e que pode até ficar ofendido por você atravessá-lo a velocidades irresponsáveis. Na verdade, o estudo sobre o limite de velocidade do universo deu aos físicos a primeira dica de que o espaço seria algo mais do que apenas um vazio.

O que sabemos então sobre este limite de velocidade? Primeiro, não é uma parada brusca. Se você tentar ir mais rápido do que a velocidade da luz, não dá de cara com nenhum muro nem é abordado pela polícia galáctica. Seu motor não vai explodir repentinamente. Seu engenheiro escocês (a quem você chama rudemente de Escoça) não vai começar a berrar para você que ele não sabe se a nave consegue aguentar mais.

Se você entrasse numa nave espacial e pisasse fundo, aconteceria o seguinte: antes de mais nada, levaria *muito* tempo até que você alcançasse uma velocidade próxima à da luz. Mesmo que acelerasse a 10g (dez vezes a força da gravidade, ou cerca de $100m/s^2$), que é o máximo que até mesmo os melhores pilotos de caça conseguem suportar temporariamente, levaria *meses* até conseguir chegar próximo a 300 milhões de metros por segundo. E, durante todo esse tempo, você estaria sendo esmagado no seu assento — incapaz de coçar o próprio nariz ou até mesmo de ir ao banheiro. Não é um jeito muito agradável de viajar.

Após acelerar por bastante tempo, isto é o que aconteceria: você não iria ultrapassar a velocidade da luz. É basicamente isso. Nada dramático; você simplesmente jamais chegaria lá. Você iria mais e mais rápido, mas perceberia, em dado momento, que ganhar mais velocidade está cada vez mais difícil. Não importa quão forte, ou por quanto tempo você pise no acelerador, nem quão determinada sua expressão facial seja, você jamais alcançará ou excederá os 300 milhões de metros por segundo. A seguir há um gráfico para os fãs de matemática.

O que este gráfico que dizer é que não importa quanta energia você coloque no seu motor, sua velocidade aumentará mais devagar, de modo que você jamais alcançará a velocidade da luz. É como tentar voltar a ter o corpo esbelto que você tinha aos vinte anos: requer uma quantidade impossível de tempo e energia e você jamais vai chegar lá mesmo.

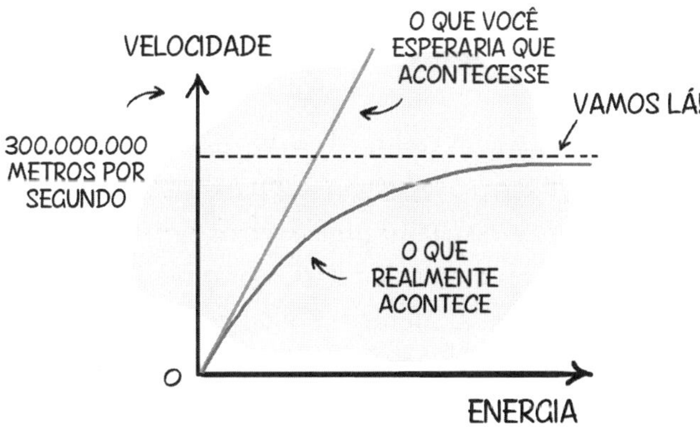

É *realmente* esquisito que o universo tenha um limite de velocidade. Pense um pouco: isso significa que quando você tenta ir mais rápido, algo o está impedindo de fazê-lo, mesmo que não haja qualquer outra força sendo aplicada a você. É um limite assintótico enraizado na estrutura do espaço e do tempo. Na verdade, está acontecendo neste exato instante enquanto você anda pelo corredor ou dirige seu carro (de preferência ouvindo o audiolivro e não lendo enquanto dirige). Como você pode ter percebido no gráfico, o efeito funciona mesmo a velocidades baixas. Pode não ser muito óbvio em velocidades baixas, até mesmo desprezível, mas existe. Isso significa que a relatividade não é algo que começa a funcionar só quando você está chegando perto da velocidade da luz. Está sempre lá, atrapalhando seu movimento, curvando-o quando, por ventura, você queira ir mais rápido do que a luz. Você acha que consegue converter esse ar-

remesso de três pontos? Melhor lançar a bola de basquete um pouco mais forte, porque o próprio espaço estará tentando fazê-lo errar.

O limite de velocidade do universo não é apenas um limite superior ou um teto rígido. É uma distorção entre o modo que as velocidades funcionam no espaço, comparada à nossa intuição de como elas deveriam funcionar. É parte do espaço e do tempo e age de modo a limitar todas as velocidades de uma forma estranha.

E qual é o problema?

Você deve, agora, estar pensando: *ok, muito bem, não podemos ir mais rápido que a luz. E qual é o problema? Eu não estava pretendendo ir mais que 100 (ok, mais provável, 140) quilômetros por hora mesmo.*

Isso é verdade. O limite de velocidade do universo, de 300 milhões de metros por segundo, não vai afetar sua vida cotidiana. Mas tem implicações profundas para a nossa perspectiva do universo. Mais especificamente, temos que abandonar a ideia de que o tempo, e até a ordem em que as coisas acontecem, é igual para todos em todo lugar.

Pessoas sensatas podem todas pensar que o que acontece acontece e que podemos, normalmente, dada alguma evidência óbvia, concordar que aconteceu. Mas esse não é o caso do universo no qual você nasceu. Sequências de eventos podem parecer completamente diferentes para pessoas diferentes e tudo isso é devido ao limite de velocidade do universo.

Para realmente compreender como um limite de velocidade no universo pode levar a tais coisas esquisitas acontecendo com o espaço e com o planejamento de eventos, vamos imaginar uma situação bastante comum: suponha que você dê ao seu hamster de estimação uma lanterna. Quer saber, vamos radicalizar. Dê ao seu hamster *duas* lanternas.

Agora suponha que o hamster aponte cada lanterna para um de seus lados e as ligue no mesmo instante. Vamos fazer uma pergunta simples: quão rápido estão indo os fótons das lanternas?

Fácil, certo? A resposta é: a velocidade da luz (a luz é feita de fótons, lembra?). Cada fóton está indo em cada direção na velocidade da luz. Isso é o que o seu hamster encontraria se ele medisse quão rápido esses fótons estão se movendo em relação ao chão (estamos supondo, obviamente, que ele tem uma formação avançada em física experimental).

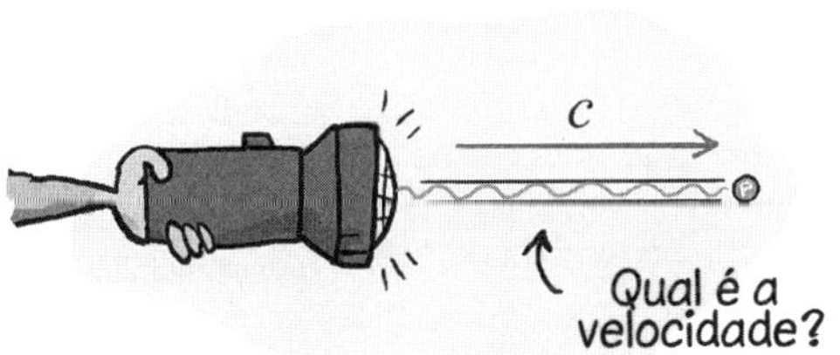

Isso faz sentido, certo? Sem controvérsias aqui. Podemos todos concordar que, se você ligar uma lanterna (que projeta luz), esta luz vai na velocidade da luz (daí o nome).

Agora dê um salto mental e lembre-se de que o seu hamster está, na verdade, de pé sobre uma enorme bola rochosa chamada Terra, que está girando violentamente pelo espaço. Dê um salto ainda maior e imagine que você esteja flutuando lá no espaço, vestindo um traje de astronauta e observando a Terra passar por você para a direita, levando seu amado hamster com seus dois lança-fótons (conhecidos como lanternas).

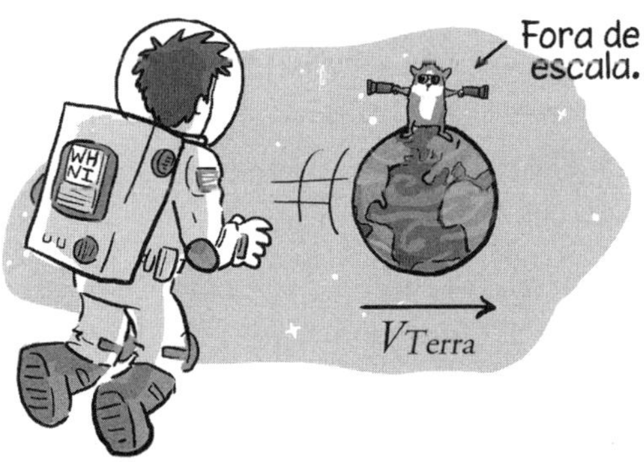

Você está, então, vendo a Terra se mover para a direita com velocidade. Agora façamos a pergunta: quão rápido você (o leitor astronauta) vê os dois fótons se movendo?

Se os fótons estiverem se movendo na velocidade da luz em relação ao Berto (a propósito, este é o nome do seu hamster) e você estiver observando o Berto passar por você, a sua intuição lhe dirá para somar as velocidades. Assim, você poderia pensar que o fóton da direita teria velocidade c + VTerra e o da esquerda, de co – VTerra. Mas se c é a velocidade da luz, não quer dizer que você veria um fóton se mover mais rápido do que a luz e o outro fóton se mover mais devagar que a luz?

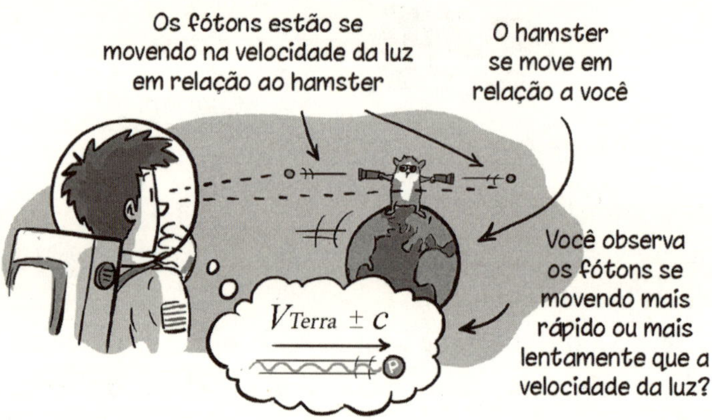

Não! Isso é impossível, certo? Nada, nem mesmo a luz, pode ir mais rápido do que a velocidade da luz (daí o nome)! Então, o que acontece de fato?

Primeiro, pense no fóton que está se movendo na mesma direção (para a direita) que a Terra. É o fóton que a sua intuição diria estar se movendo mais rápido que a velocidade da luz. Mas, por causa do limite de velocidade, você verá esse fóton viajando para longe *exatamente* na velocidade da luz (relativo a você). Mas isso é esquisito porque *também* é o que o Berto vê *relativo a ele*. Ainda que você e o hamster estejam com velocidades diferentes, ambos veem esse fóton se mover *na mesma* velocidade relativa a cada um de vocês.

Como isso não destrói toda a lógica e a razão? O que isso realmente destrói é a nossa expectativa de que todos têm que ver as coisas da mesma maneira. Não há como contornar o fato de que isso conduz a um universo esquisito com fenômenos contraintuitivos.

Igualmente esquisito é o que está acontecendo com o fóton que se move para a esquerda. Você poderia ingenuamente esperar que esse fóton se movesse mais lentamente que a velocidade da luz (co – VTerra), porque o fóton está vindo da Terra que, por sua vez, se move para a direita. Mas outra propriedade estranha de partículas sem massa (como os fótons) no vácuo é que elas *sempre viajam na velocidade máxima permitida no universo*. Elas nunca diminuem.[70]

Então, a luz sempre viaja na velocidade da luz independente de quem esteja medindo e quão rápido estejam indo. Isso significa que quando você está flutuando no espaço observando a Terra passar, você vai ver aqueles dois fótons se moverem exatamente na velocidade da luz em relação a você, e o professor Berto, na Terra, vai ver os dois fótons se movendo na velocidade da luz relativo a *ele*.

Isso é uma das coisas mais fantásticas a respeito do limite de velocidade do universo: se aplica a velocidades *relativas* entre objetos e não a velocidades *absolutas*.

70. O que mantém as partículas sem massa (como os fótons) se movendo na velocidade da luz? Por mais estranho que a luz pareça ser, seria ainda mais estranho se ela pudesse ir mais devagar. Se uma partícula sem massa pudesse se mover com velocidade abaixo da máxima, um objeto massivo poderia ir rápido o suficiente para alcançá-la. O que isso pareceria? Uma partícula sem massa é nada mais que energia de movimento (não tem massa). Mas se você pudesse alcançá-la de modo a não estar se movendo em relação a você, não teria movimento ou massa e, assim, não seria *nada*. Prova. Por mais estranho que seja, faz mais sentido a luz sempre viajar na velocidade máxima.

Isso porque não *existe* algo como uma velocidade absoluta nesse universo. Você pode se achar bastante especial por estar flutuando no espaço se achando uma autoridade na rapidez que as coisas se movem, mas, na verdade, você e a Terra também estão se movendo relativamente a alguma outra coisa (digamos, o Sol ou o centro da galáxia ou do aglomerado de galáxias em que estamos). Mesmo que *houvesse* um centro do universo (não há), quem saberia dizer qual seria a sua velocidade relativa a *ele*? Assim, velocidade absoluta não faz sentido.

O limite de velocidade do universo diz que nada pode ser *visto* se movendo mais rápido do que a luz. Essa é uma das coisas esquisitas sobre esse assunto e é a razão para as coisas começarem a ficar ainda mais bizarras.

As coisas ficam mais bizarras

Ok, então ambos você e seu hamster veem a luz das lanternas se movendo com a mesma velocidade, mesmo que seu hamster esteja se movendo para longe de você. Isso é bastante esquisito, mas vai ficar ainda pior.

Suponha que coloquemos um alvo de cada lado de seu hamster e façamos a pergunta: qual alvo será atingido primeiro pelos fótons da lanterna?

Fora de escala.

Se você perguntar ao Berto, que vê os fótons se moverem com a mesma velocidade em cada direção, ele dirá que os fótons vão atingir ambos os alvos ao mesmo tempo, porque ambos os alvos estão à mesma distância dele.

AMBOS OS FÓTONS ATINGEM SEUS ALVOS AO MESMO TEMPO

Mas isso é diferente do que VOCÊ vê.

Você vê dois fótons saírem das lanternas com a velocidade da luz (relativo a você), mas também vê o Berto (e também os alvos) se movendo. Assim, enquanto os fótons estão a caminho dos alvos, você verá um dos alvos se *aproximar* dos fótons enquanto o outro alvo vai se *afastar* dos fótons. Como resultado, você verá um dos fótons (o da esquerda) atingir o alvo *antes* que o outro fóton alcance o outro alvo.

Em outras palavras, vocês dois veem uma sequência de eventos total mente diferentes! O Berto vê a luz atingindo os alvos ao mesmo tempo, mas *você* vê a luz atingindo um dos alvos primeiro. Aqui vai a parte bizarra: ambos estão certos!

E fica ainda mais estranho se você incluir mais bichos de estimação.[71] Suponha que no exato momento em que você está descobrindo as

71. Essa afirmação é sempre verdadeira.

bizarrices do universo com seu hamster, sua gata de estimação (vamos chamá-la de Luna) está retornando para casa em sua espaçonave (a Erva--Gateira SS). Ela está retornando na mesma direção na qual a Terra está se movendo relativa a você (para a direita), mas está se movendo *mais rápido* do que a Terra. Assim, quando a Luna olhar pela janela de sua nave, verá o Berto e a Terra se movendo para a *esquerda* relativo à nave.

Luna também vê os fótons do Berto se moverem na velocidade da luz, como deve ser para que o limite de velocidade do universo seja respeitado, mas, como ela vê o Berto se movendo para a esquerda, vai registrar que o fóton à *direita* atinge seu algo primeiro!

Temos agora três depoimentos conflitantes: o Berto vê a luz atingir ambos os alvos ao mesmo tempo; você vê um dos alvos ser atingido primeiro; e a Luna, que provavelmente está surpresa de vê-lo no espaço fazendo experimentos de física, vê o outro alvo ser atingido primeiro. E todos estão certos!

Não apenas devemos aceitar que haja uma velocidade máxima no universo, mas temos que abrir mão da ideia de que eventos acontecem ao mesmo tempo para todos em todos os lugares. Não podemos mais supor a ideia bastante razoável de que haja uma única descrição, na qual todos concordem, do que acontece em nosso universo. Tudo depende de para qual bicho de estimação você pergunta!

RESUMO DO EXPERIMENTO DO HAMSTER COM DUAS LANTERNAS

OBSERVADOR	ATIVIDADE	OBSERVAÇÃO
VOCÊ	DE BOAS NO ESPAÇO.	O FÓTON DA ESQUERDA ATINGE O ALVO PRIMEIRO.
BERTO, O HAMSTER PH.D.	SE PERGUNTANDO SE A SUA FORMAÇÃO AVANÇADA EM FÍSICA ESTÁ SENDO ÚTIL	AMBOS OS FÓTONS ATINGEM SEUS ALVOS AO MESMO TEMPO.
LUNA, A GATA EXPLORADORA DO ESPAÇO.	VOLTANDO PARA CASA PARA REABASTECER SUAS BOLAS DE LÃ.	O FÓTON DA DIREITA ATINGE O ALVO PRIMEIRO.

História é história

Tudo isso deveria disparar seus censores de loucura imediatamente. Para começar, significa que não há uma ordem absoluta ou história de eventos no universo. Pessoas razoáveis (e seus bichos) podem, todas, prestar depoimentos diferentes do que aconteceu!

Pense nisso de outra forma: você pode modificar a ordem dos eventos ao observá-los em velocidades diferentes. Você, seu hamster e sua gata veem os eventos acontecendo em ordens diferentes porque vocês estão se movendo a velocidades diferentes. Isso é bastante contraintuitivo, pois gostaríamos de pensar que o universo tem uma única história comum: uma lista cronológica definitiva de quando as coisas aconteceram. Mas isso simplesmente não é possível em nosso universo. O conceito de um relógio universal ou simultaneidade universal já era — tudo como consequência de termos a luz viajando na mesma velocidade para todo mundo, o que resulta de termos uma velocidade máxima no universo.

Quebrando a causalidade

Até onde podemos ir com este reordenamento de eventos? O observador mais rápido que temos até o momento é a gata, e ela vê o fóton da direita atingir seu alvo primeiro. O que aconteceria se a gata estivesse em uma nave que, de fato, *conseguisse* quebrar o limite de velocidade do universo? Conforme a gata fosse mais e mais rápido ela começaria a ver o tempo entre a saída do fóton e sua chegada ao alvo mais e mais curto. Em algum momento, Luna estaria tão rápido que ela veria o fóton atingir o alvo *antes* mesmo de ter saído da lanterna!

Isso, no entanto, não faz o menor sentido, porque viola a causalidade (você sabe, a ideia de que efeitos vêm depois da causa e não ao contrário). Em um universo sem causalidade as coisas são malucas: água ferve antes de você ligar o fogão, bichos de estimação o prendem no armário por maus tratos dos quais você ainda não foi considerado culpado. Em tal universo bizarro, é difícil de se entender como as coisas acontecem e pode ser impossível construir leis físicas razoáveis.

A propósito, foi assim que soubemos que o limite de velocidade do universo é, bem, universal. Em 1887, dois cientistas, chamados Michelson e Morley, realizaram um experimento de certa forma parecido com a nossa situação-hamster hipotética (entretanto, sem hamsters). Eles lançaram um feixe de luz e o dividiram em duas direções perpendiculares. Então determinaram o tempo necessário para ambos os feixes serem refletidos por espelhos e retornarem ao ponto de partida. Assim como o Berto, o hamster, eles descobriram que a luz levou a mesma quantidade de tempo para viajar em qualquer das direções. E como a Terra está se movendo a uma velocidade desconhecida em relação ao resto do universo, eles concluíram que a velocidade da luz deve ser sempre a mesma independente de quão rápido ou devagar o movimento relativo seja.

A partir disso, podemos concluir que *nada* consegue ir mais rápido do que a luz, porque isso resultaria em situações nas quais a causalidade é violada (como a Luna ver um fóton atingir o alvo antes de ter saído da lanterna). E violar a causalidade não é pouca coisa, mesmo para réus primários. O universo tende a levar muito a sério.

O EXPERIMENTO DE MICHELSON-MORLEY

Causas locais

Por que há, então, uma velocidade máxima? Por que o universo deveria se importar com a velocidade de nossos gatos e hamsters? Qual o propósito disso?

Será que conseguimos obter esse limite de velocidade a partir de princípios primários ou dar sentido a ele de algum modo? A resposta curta é que não temos uma razão absoluta e determinante para o universo ter um limite de velocidade, mas há *sim* uma boa desculpa para tê-lo. Um limite de velocidade é útil para que tenhamos um universo que seja *local* e *causal*.

Falamos sobre causalidade, e ela parece ser uma condição razoável em um universo. Por "localidade", queremos dar a ideia de que o número de coisas que podem afetá-lo é limitado pelo número de coisas que estão próximas a você. Se não houvesse um limite de velocidade no universo, coisas acontecendo em qualquer lugar produziriam efeitos instantâneos na Terra. Em tal universo, versões alienígenas da ABIN poderiam, em teoria, ler os textos (e até mesmo os snapchats) que você envia aos seus amigos em tempo real, ou cientistas alienígenas poderiam desenvolver ferramentas que pudessem matar todos na Terra instantaneamente. Em vez disso, temos uma regra que limita quão rápido qualquer coisa (luz, forças, gravidade, selfies, raios da morte alienígenas) pode viajar, o que significa que apenas as coisas em sua vizinhança conseguem ter conexões causais com você.

Se quisermos um universo no qual não estejamos suscetíveis a armas de destruição em massa instantâneas construídas por alienígenas distantes, e onde causa e efeito são respeitados, temos que aceitar algumas coisas que nos pareçam um tanto estranhas, como pessoas e bichos de estimação discordando sobre a ordem de eventos não causais.

Mas por que essa velocidade?

Nós argumentamos que ter *alguma* velocidade máxima faz sentido em um universo no qual causa, efeito e localidade sejam obedecidos.

Mas, como é de costume com os físicos, responder a uma pergunta leva a outras mais profundas e básicas: por que o universo respeita causa e efeito? Não podemos esperar que o universo tenha sido projetado para atender às necessidades da nossa percepção.[72] Por que temos esse limite de velocidade específico e não outro?

Por que o universo é causal é uma questão muito difícil até mesmo para ser discutida, imagine respondida de modo satisfatório. A causalidade está cimentada tão profundamente em nossos padrões de raciocínio que não conseguimos simplesmente ignorá-la e considerar um universo sem ela. Não conseguimos usar a lógica e argumentação para considerar um universo sem lógica e no qual a argumentação é impossível ou inapropriada. Esse é, certamente, um mistério profundo e, como a ciência pressupõe a causalidade e a lógica, é possível que ela não seja capaz de resolvê-lo. Pode ser que jamais respondamos, ou pode estar amarrado inextricavelmente às perguntas espinhosas da consciência.

A pergunta mais tratável é: por que esta velocidade máxima *em particular*? Nenhuma das teorias provê uma razão para escolhermos um valor em vez de outro. Um universo causal com uma velocidade da luz maior seria menos local que o nosso; um universo causal com uma velocidade

72. Ainda que você possa argumentar, razoavelmente, que em um universo com causa e efeito a vida inteligente vai descobri-lo e encaixá-lo aos seus sistemas lógicos, mesmo que não compreenda de onde ele veio.

da luz menor seria hiper-local. Mas cada um desses universos ainda funcionaria e qualquer escolha de velocidade da luz é permitida pela física. Simplesmente aconteceu de, ao medi-la em nosso universo, termos encontrado 300 milhões de metros por segundo: muito rápida se comparada à experiência humana, mas muito lenta comparada às distâncias que se tem que viajar entre estrelas e galáxias.

No presente momento, não temos ideia de por que a velocidade da luz tem o valor que tem. Mas podemos especular sobre diferentes possibilidades.

Pode ser que esse seja o único valor possível e que a velocidade da luz revele algo profundo acerca da natureza do universo e do espaço-tempo. Por exemplo, se o espaço-tempo for, de fato, quantizado, talvez essa velocidade seja a maneira com a qual a informação é transmitida entre nós adjacentes do espaço-tempo. Nas cordas de um violão, a velocidade das ondas ao longo da corda é determinada pela espessura do fio e da tensão na corda. Algo parecido com isso pode ser o que determina a velocidade da luz.

Ou talvez algum dia inventaremos uma teoria unificada do espaço-tempo que deixe óbvio por que a luz e a informação precisam se propagar a certa velocidade e todas as perguntas serão respondidas. Mas até agora isso parece tão provável quanto seus bichos de estimação prepararem seu jantar.

Por outro lado, o universo poderia ter qualquer valor para a velocidade da luz entre (mas sem incluir) zero e infinito. Zero corresponderia a um universo não interagente, e infinito a um universo não local. Se o universo pudesse ter tido qualquer valor para o limite de velocidade, como esse foi escolhido? Nós realmente não temos ideia, e qualquer um que diga que tem ou é um físico viajante no tempo vindo do futuro ou tem sérios delírios de grandeza. De qualquer maneira, não peça para que eles cuidem de seus bichos de estimação.

Pode ser que a velocidade da luz seja uma lei local da física e não uma universal, e válida em nossa parte do universo por causa da forma com que o espaço-tempo congelou após o Big Bang. Talvez em cada região do universo a velocidade da luz seja determinada por processos mecânico-quânticos aleatórios. Isso sugeriria a existência outras partes do universo com valores amplamente variados de velocidade da luz. Nada disso sequer alcança o padrão de uma ideia completa, muito menos uma hipótese científica testável. Mas é divertido pensar nisso.

Passado e futuro

Se não temos uma boa razão para a velocidade da luz ter o valor que tem, como sabemos que ela não mudará no futuro ou que não tenha sido diferente no passado?

Não podemos viajar para o passado para fazer experimentos, mas o universo nos deu uma bela galeria de eventos astronômicos antigos: o céu noturno.

Lembre-se de que ao olharmos para o céu não estamos olhando para o que está acontecendo lá fora exatamente agora, mas o que aconteceu no passado. Quanto mais distante um objeto está, sua luz demora mais para nos alcançar, e mais velha será a sua imagem agora. Conseguimos efetivamente espreitar o passado através da observação de objetos que estejam mais e mais afastados de nós. Os astrônomos têm aplicado as leis atuais da física — incluindo a velocidade da luz — às orbitas, colisões e explosões que vemos no céu noturno e não há nenhuma sugestão de qualquer violação do limite de velocidade universal.

No que diz respeito ao futuro, predições são difíceis. Podemos supor com base em 14 bilhões de anos de história; parece um bom ponto de partida, mas tudo é baseado na suposição de que o universo vai continuar a funcionar da mesma forma, no futuro, de como foi no passado. Isso é suposição pura — sabemos que o universo teve períodos múltiplos e radicalmente diferentes no passado (pré-Big Bang, inflação do Big Bang, era atual de expansão) e predizer que o universo não vai mudar no futuro cheira a presunção.

Mas talvez consigamos visitar outras estrelas

Viajar mais rápido que a luz é uma possibilidade intrigante não porque alguém queira vencer uma corrida contra os fótons, mas porque os humanos têm um desejo fundamental de explorar o universo que nos cerca. Pousar em planetas alienígenas, visitar sóis distantes e, talvez, encontrar alienígenas e seus bichos de estimação bobinhos — poucas pessoas recusariam a oportunidade de fazer qualquer uma dessas coisas.

Aqueles de vocês que estão ávidos para pular a bordo da primeira espaçonave para visitar outro sistema solar ou explorar uma galáxia vizinha ficarão tristes em ouvir que o mais rápido que conseguimos viajar em nosso universo é a meros 300 milhões de metros por segundo. Afinal, a estrela mais próxima do nosso sistema solar está a 40.000.000.000.000.000 metros de distância.

Mas pode ser que estejamos fazendo a pergunta errada. Em vez de perguntarmos "Eu consigo viajar mais rápido que a luz?", podemos perguntar "Conseguimos viajar para estrelas distantes em um intervalo de tempo razoável?". A resposta, nesse caso, é bastante intrigante: "Pode ser, mas é muito caro."

Lembre-se de que a velocidade da luz é a mais rápida que você (ou eu ou sua gata) pode viajar pelo espaço. Mas o espaço não é um pano de fundo abstrato de réguas amarelas brilhantes. É algo dinâmico com propriedades estranhas, incluindo a capacidade de expandir e contrair.

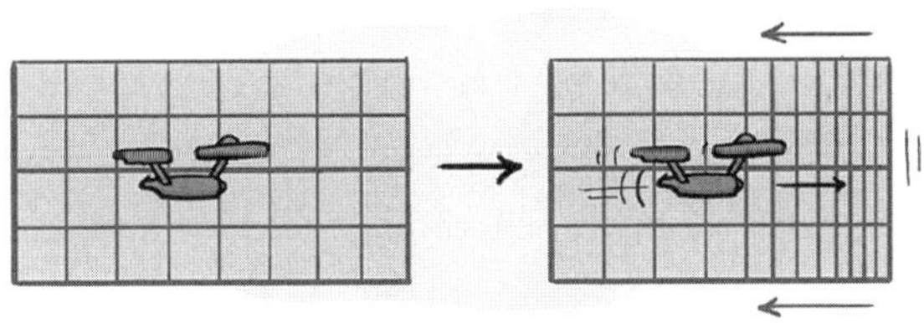

UMA IDEIA DEFORMADA

A última parte é crucial: e se pudéssemos *espremer* todo o espaço entre nós e alguma posição distante de modo a chegarmos lá em um intervalo de tempo razoável sem precisarmos ir muito rápido pelo espaço? Isso poderia ser feito? *Essa* ideia é um talvez sólido. Temos muito a compreender sobre a natureza do espaço-tempo, mas sabemos que ele pode ser distorcido e contraído. Infelizmente, fazer isso requer quantidades enormes de energia, o equivalente a um montilhão de rodinhas de hamsters girando tão rápido quanto os corpinhos roliços dos hamsters aguentarem. Os cientistas estimam que uma máquina de deformar, que conseguisse comprimir o espaço na frente de uma nave, iria devorar quantidades de energia impraticáveis para ir a qualquer lugar longe.

Ou talvez buracos de minhoca?

Outra maneira de encurtar nossas viagens sem que precisemos ir mais rápido do que a luz é usando buracos de minhoca. Não aqueles da sua linda pequena fazenda de minhocas, que você mantém para alimentar seus lagartos de estimação, mas aqueles que são previstos pela relatividade geral. Sob as circunstâncias adequadas, um buraco de minhoca no espaço poderia conectar dois lugares no universo que estejam bem distantes um do outro, permitindo que se viaje entre eles. Na ficção científica popular, atravessar um buraco de minhoca requer raios loucos de luz, barulhos metálicos muito altos e uma vergonhosa perda do controle da bexiga.[73] Na realidade, ninguém sabe como seria e pode ser que seja nada mais do que atravessar uma porta.

De fato, se o espaço tem mais do que três dimensões, é possível que lugares que pareçam distantes em um espaço 3D estejam, na verdade, próximos uns aos outros em outras dimensões. Imagine se o universo fosse como um rolo de papel higiênico, com o espaço enrolado sobre si mesmo em camadas. Coisas na mesma folha em que estamos são o que, comumente, pensamos ser adjacentes, mas pode haver outras folhas que possam ser atravessadas através de buracos de minhoca que cortem através das camadas.

73. Nós inventamos isso, mas todas as outras cenas sobre viagem por buracos de minhoca também são inventadas, então, por que não?

É UM UNIVERSO ENCANTADOR.

Os buracos de minhoca podem parecer fantasiosos, mas não são inconsistentes com nenhuma das leis físicas atuais. Infelizmente, todos os cálculos, até agora, sugerem que são muito instáveis, colapsando quase que instantaneamente, implicando que você quase não teria tempo para uma bebida a bordo antes que ele colapse à sua volta.

Além disso, não temos ideia de como fazer buracos de minhoca e, portanto, precisaríamos tropeçar neles para ver onde eles nos levariam. Isso é tão útil quanto cambalear por Manhattan vendado, entrando aleatoriamente em carros de desconhecidos esperando que eles estejam indo para Los Angeles.

Vamos manter o sonho vivo

Ponha de lado as considerações práticas — os requerimentos impossíveis de energia e a nossa falta de tecnologia para criar dobras espaciais e buracos de minhoca —, porque esses detalhes desagradáveis interferem com a fantasia grandiosa e fantástica de viagem interestrelar a que você, leitor diligente, está capacitado, após ler tantos parágrafos que dão um banho de água fria em viagens mais rápidas que a luz (VMRL).

Os obstáculos para comprimir o espaço e atravessar buracos de minhoca são imensamente difíceis, mas se anime com o fato de os físicos terem atualizado o problema da viagem interestrelar de "totalmente impossível" para "muito difícil e monstruosamente caro", que é melhor que nada.

Qualquer predição sobre o avanço da tecnologia no futuro estaria, provavelmente, acidentalmente correta ou vergonhosamente ingênua, assim nos abstemos de fazer alguma. Mas o registro da humanidade sugere que maravilhas tecnológicas nos esperam no futuro. E como não há nenhuma lei fundamental que impeça viagens interestrelares de se tornarem realidade, ainda há esperança. Quando isso vai acontecer? Não temos ideia.

Os múons fazem isso o tempo todo!

A física é bastante cuidadosa no que diz respeito às letras miúdas. Toda vez que aparece uma brecha em alguma lei da natureza, você pode apostar que há uma partícula em algum lugar ignorando-a com desprezo. Relendo as regras com olhos de advogados, você poderá notar que o limite máximo de velocidade é a velocidade da luz *no vácuo*. Por que se diz "no vácuo"? Porque a velocidade da luz depende do que ela esteja atravessando. A velocidade da luz no ar, no vidro, na água ou numa canja de galinha é menor que a velocidade da luz no vácuo. O motivo é que os fótons têm que gastar tempo interagindo com as partículas irritantes da canja de galinha (vamos chamá-las de "canjeons"), de modo que sua velocidade global será menor.

Assim, se você perguntar: "É possível viajar mais rápido que a velocidade da luz?" A resposta é "Sim... tecnicamente". A tecnicalidade é que é possível viajar mais rápido que a luz em alguns meios — embora jamais mais rápido do que a velocidade da luz no vácuo. Por exemplo, um múon altamente energético atravessa blocos de gelo mais rápido que a luz atravessa o gelo. Tecnicamente, isso é uma viagem "mais rápida do que a luz", ainda que pareça mais um legalismo e seja insatisfatório.

Pode não ajudar com os seus sonhos de começar uma colônia própria em um planeta distante e consagrar a si mesmo como deus do seu próprio sistema solar, mas ajuda a criar efeitos bem maneiros. Quando uma lancha se move na superfície de um lago mais rápido que as ondas que ela produz na água, essas ondas se somam e formam uma marola. Se um avião viajar mais rápido que a velocidade do som, ele criará uma onda de choque no ar, chamada de boom sônico. O que acontece quando um múon viaja mais rápido do que a luz através de um bloco de gelo? Ele cria um boom de luz! Isso também é conhecido como radiação de Cherenkov e os fracos anéis azuis de luz criados por esse boom são usados corriqueiramente pelos físicos para detectar tais partículas e medir suas velocidades.

Assim, se o universo inteiro for preenchido por uma canja de galinha cósmica (ou gelo), *tecnicamente* seria possível viajar através dela mais rápido do que a luz e emitir anéis azuis brilhantes por todo o caminho até a sua nova casa.

Resumo

Conseguimos viajar mais rápido que a velocidade da luz?

Resposta: sim, mas não, mas sim, mas não.

11.
Quem está atirando partículas super-rápidas na Terra?

Aqui você aprende que o espaço é cheio de projéteis minúsculos

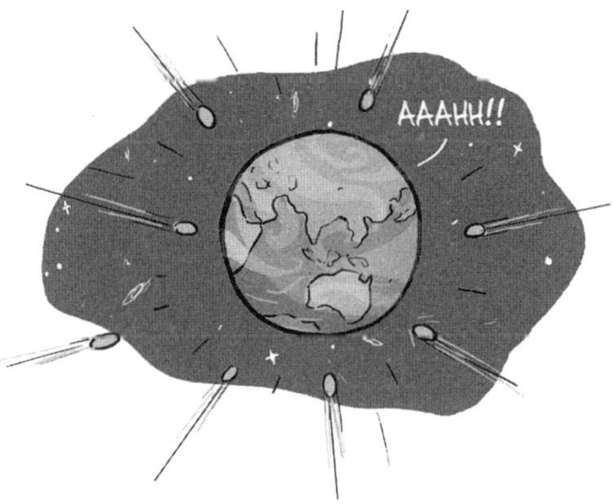

Se você acordasse um dia e encontrasse a sua casa sendo alvejada por balas, isso poderia se encaixar em uma situação emergencial. Você não simplesmente relaxaria, se arrumaria e iria fazer suas coisas esperando que cientistas com um orçamento limitado resolvessem, por fim, o problema.

Acontece que essa é exatamente a sua situação neste exato momento — se você pensar na Terra como a sua casa e os raios cósmicos como balas. Milhões dessas balas atingem nossa atmosfera todos os dias, carregando mais energia acumulada do que uma bomba nuclear explodindo.

E a coisa mais preocupante é que não temos *nenhuma ideia* do que (ou quem) está atirando em nós.

Não sabemos exatamente de onde estão vindo ou por que há tantos. E não sabemos qual processo na natureza poderia, possivelmente, estar produzindo tal munição energética. Podem ser os alienígenas ou pode ser algo novo jamais visto. A resposta nem os cientistas ultraimaginativos sonham em descobrir.

O que são, então, esses raios cósmicos enigmáticos, e por que estamos sendo atingidos por eles em energias enormes? Encontre um abrigo e continue lendo para aprender mais sobre esse mistério cósmico.

O que são raios cósmicos?

O nome "raio cósmico" pode ser um tanto desnecessariamente intrigante; significa, apenas, uma partícula do espaço. Estrelas e outros objetos estão constantemente disparando fótons, prótons, neutrinos e até mesmo alguns íons pesados.

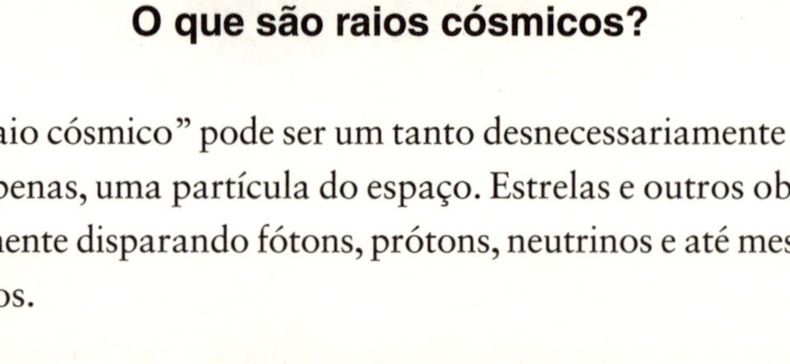

Nosso Sol, por exemplo, é um importante produtor de partículas espaciais. Além de obviamente gerar a luz visível que o tornou famoso, o Sol também produz fótons altamente energéticos (luz UV, raios gama) que conseguem penetrar o suficiente em nosso corpo para causar câncer. E isso não é nada se comparado aos neutrinos que vêm da fornalha de fusão do Sol: cerca de 100 bilhões de neutrinos provenientes do Sol atravessam suas unhas a cada segundo. Como os neutrinos raramente interagem com outros pedacinhos de matéria, isso não é nada que você vá sentir, nem requer cuidados. Desses 100 bilhões de neutrinos, apenas um deles, em média, notará a sua existência e acabará ricocheteando de alguma partícula do seu dedão. Um neutrino comum vai atravessar a Terra sem interagir, portanto a má notícia é que não há como se proteger dos zilhões de neutrinos, mas a boa é que os neutrinos não estão nem um pouco preocupados em ferir você.

Muito mais perigosos para a maquinaria delicada da vida humana são as partículas mais pesadas e carregadas, como os prótons ou os núcleos atômicos. Um próton altamente energético consegue rasgar o corpo humano e causar uma destruição significativa. Os astronautas precisam tomar cuidados especiais e se certificar de que estejam sempre protegidos, o que requer muito mais do que se besuntar de protetor solar. Além do mais, o Sol, como qualquer bola enorme de fogo, pode ser imprevisível. Na maioria das vezes ele cozinha em fogo brando a montilhões de graus, mas, em outras, ele tem uma indigestão que resulta em erupções solares. Essas erupções enviam filamentos de plasma bem longe no espaço e liberam doses extras de partículas perigosas. Qualquer um que esteja passando algum tempo no espaço precisa ter previsões acuradas sobre o comportamento do Sol e, quando uma dessas erupções é detectada, deve providenciar proteção extra bem rapidamente.

A questão é que há zilhões de partículas espaciais atingindo a Terra *todo* o tempo. E elas carregam *muita* energia.

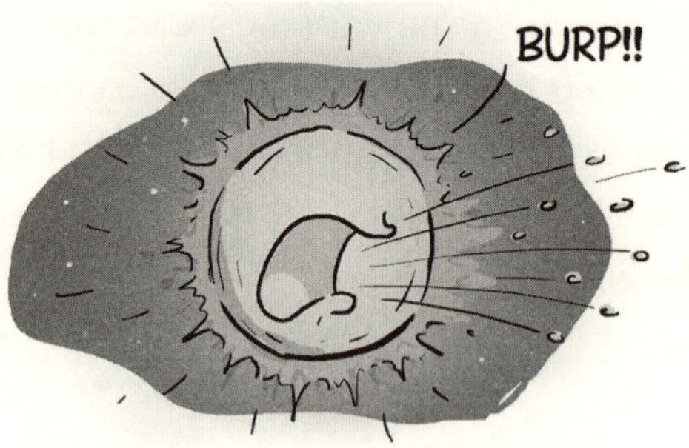

A sorte é que nós, na superfície,[74] estamos basicamente protegidos pela atmosfera terrestre. A maior parte das partículas altamente energéticas que atingem a Terra colidem com o ar e com as moléculas de gás que cobrem a superfície e se quebram, produzindo chuvas massivas de partículas menos energéticas. Se você alguma vez já se perguntou de onde vêm as auroras boreal e austral (ex., as luzes do norte e as luzes do sul), tratam-se do brilho da corrente de raios cósmicos que são desviados pelo campo magnético da Terra para os polos norte e sul.

Mas essa proteção só funciona quando se está na superfície. Se você passar algum intervalo de tempo significativo bem acima da superfície — como um comissário de bordo ou um passageiro clandestino — vai receber mais dessa radiação. Infelizmente, usar protetor solar em um avião não ajuda.

Quão rápido essas partículas estão indo? Aqui embaixo, na superfície da Terra, o recorde mundial de produção de partículas velozes pertence ao Grande Colisor de Hádrons, que as zune de um lado para outro a quase dez tera-elétron-volts (10^{13} eV). Qualquer coisa com o prefixo "tera" soa impressionante, mas, se comparada à energia das

74. Se você estiver lendo este livro na Estação Espacial Internacional, *por favor* nos mande uma foto.

partículas vindas do espaço, é bem ah-tá. Raios cósmicos atingindo a Terra com a energia de dez tera-elétron-volts são frequentes. Neste exato momento, estão atingindo a atmosfera terrestre a uma taxa de cerca de um por metro quadrado por segundo. Se você acha muito, deveria mesmo, porque eles carregam a energia equivalente à de um ônibus escolar lento, caindo em cada metro quadrado do mundo a cada segundo.

Por outro lado, há raios cósmicos que atingem a Terra em energias ainda *mais altas* — energias muito, *muito* mais altas. Fazem as partículas que aceleramos no LHC parecerem bebês engatinhando em câmera lenta sobre manteiga de amendoim. A partícula mais energética que já vimos atingir a Terra registrou mais de 10^{20} eV, quase *dois milhões* de vezes mais energética do que as partículas mais rápidas do LHC. Essa partícula recordista estava indo tão rápido que os físicos a apelidaram de partícula Oh-My-God. E quando físicos exaustos começam a soar como adolescentes sem palavras, é porque ficaram mesmo impressionados.

Partículas com esse tipo de energia insana são surpreendentemente comuns. Quase 500 milhões atingem a Terra todos os anos. Isso é mais de um milhão por dia, ou trezentas por segundo. Agora mesmo, enquanto você lê esta frase, mais de mil (com energia equivalente a dois bilhões de ônibus lentos) atingiram a Terra.

Mas aqui vai um fato alucinante sobre as partículas desse porte no espectro de energia: *não conhecemos nada no universo que seja capaz de produzir tais partículas de altas energias.*

É isso mesmo, estamos sendo bombardeados por milhões de partículas extremamente energéticas, todos os dias, e não temos ideia de como elas são criadas. Se você pedir aos astrofísicos[75] para estimar qual a maior velocidade que uma partícula em *qualquer* lugar do espaço poderia *algum dia* alcançar (baseado no que sabemos atualmente), eles vão (a) agradecê-lo por fazer uma pergunta tão legal, (b) inventar situações malucas, como partículas surfando em supernovas em explosão ou buracos negros arremessando partículas para todo lado como estilingues e (c) ainda assim ficar te devendo essa. De acordo com tudo que sabemos atualmente sobre o universo, a maior energia que uma partícula poderia ter no espaço seria de cerca de 10^{17} eV, que ainda é mais de mil vezes menos energética do que aquelas atingindo a Terra diariamente.

Imagine que você comprou uma Ferrari nova e que o vendedor lhe afirmou que ela atingiria, no máximo, 320 quilômetros por hora, mas, depois, você provou para ele que havia conseguido atingir 320.000 quilômetros por hora. Você concluiria que até mesmo os especialistas mundiais em Ferrari estão mais do que ligeiramente perdidos.[76]

É assim com os raios cósmicos. Há raios cósmicos atingindo a Terra com níveis de energia que não conseguem ser explicados por nada que conhecemos no universo, o que quer dizer apenas uma coisa: deve haver um *novo tipo de objeto* no universo que desconhecemos.

75. Nós pedimos.

76. Sim, os astrofísicos são os vendedores de Ferrari nesta analogia.

Ok, isso pode parecer óbvio quando escrito, mas, ainda assim, é uma afirmação extraordinária. Apesar de tudo o que sabemos sobre o universo (pelo menos 5% dele), de séculos de observação das estrelas e de fabricação de ferramentas de alta precisão, há coisas que ainda não vimos. O que quer que esteja produzindo esses raios cósmicos loucamente energéticos continua sendo um mistério. A parte divertida é que as partículas que ele nos envia são pistas sobre *onde* a fonte está e *o que* pode ser, tornando isso um quebra-cabeças específico no qual podemos, imediatamente, cair dentro.

De onde estão vindo?

Se alguma coisa estivesse atirando em você quaisquer coisas super altamente energéticas (bolas de neve, cereais, melecas, etc.), a primeira coisa que você faria seria olhar em volta procurando de onde os tiros estão vindo. Estarão as partículas insanas altamente energéticas vindo de algum tipo de estrela? Ou de um buraco negro supermassivo? Ou, talvez, de um planeta alienígena (ou planetas!)? Ou talvez estejam vindo de *todas as direções*.

Por sorte, quanto mais energéticas as partículas, mais apontarão para o que as produziu, porque partículas muito energéticas não farão tanta curva ao passar por qualquer campo magnético ou gravitacional entre nós e o que quer que as esteja produzindo.

Mas para descobrir de onde elas vêm você precisa de alguns exemplos. É como atiradores de elite em telhados; quanto mais tiros eles disparam, mais fácil fica localizá-los. A dificuldade em determinar de onde esses raios cósmicos estão vindo é que a Terra é um alvo bem grande. Ainda que milhões deles estejam atingindo a Terra diariamente, posicionar de fato um detector e coletá-los no instante certo é complicado. Já dissemos aqui que centenas deles atingem a Terra a cada segundo e não mentimos, mas a Terra é um lugar bem grande. Assim, o mais relevante é o número de raios cósmicos que atingem a área de um detector típico, que é medida em quilômetros quadrados.

Partículas nas energias do LHC (10^{13} eV) chegam à Terra a uma taxa de mil por quilômetro quadrado por segundo. Partículas com energias absurdas (10^{18} eV) chegam mais raramente, a uma taxa de uma por quilômetro quadrado por *ano*. Mas as joias premiadas, partículas acima de 10^{18} eV, são muito mais raras. Chegam a uma taxa de aproximadamente uma por quilômetro quadrado por *milênio*.

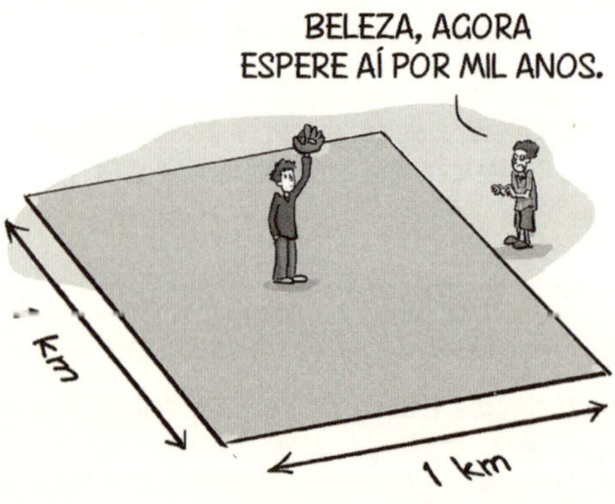

Isso dificulta bastante a descoberta de onde elas estão vindo, porque mesmo que se construa um detector bem grande, as chances de que ele colete uma dessas partículas são bem pequenas. Até o presente, detectamos apenas um punhado dessas partículas super-rápidas em todos os telescópios de raios cósmicos já construídos. E, até agora, não conseguimos identificar nenhuma fonte para essas balas espaciais insanas.

A boa notícia é que temos uma pista importante sobre de onde elas vêm: não pode ser de muito longe. A luz visível consegue atravessar bilhões de quilômetros sem ser espalhada ou freada — é por isso que conseguimos ver galáxias distantes apesar de suas distâncias alucinantes. Uma comparação boa é tentar enxergar as montanhas do outro lado da bacia de Los Angeles e perceber como é incrível que a gente consiga ver tão longe através do espaço.[77] Mesmo que o espaço nos pareça limpo e vazio, para uma partícula eletricamente carregada e altamente energética é como tentar abrir caminho através de uma estação de trem lotada. A luz que compõe a fotografia do universo primordial, a radiação cósmica de fundo, preenche o universo com um tipo de neblina fotônica. Os raios cósmicos interagem com essa neblina e são freados muito rapidamente. Uma partícula com 10^{21} eV consegue andar por apenas poucos milhões de anos-luz antes de ser freada para energias abaixo de cerca de 10^{19} eV.

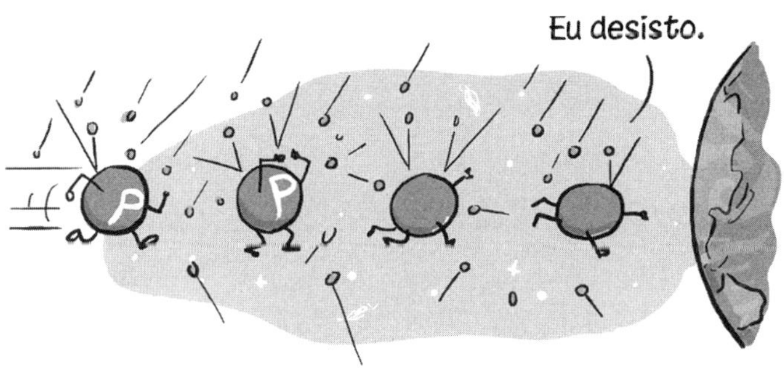

Isso significa que as partículas altamente energéticas que estamos vendo devem estar vindo de uma fonte relativamente próxima, caso contrário já teriam sido freadas pela neblina fotônica. A única maneira de terem vindo de fontes bem distantes seria se tivessem começado com energias absolutamente *absurdas*. Se pudermos descartar o absolutamente absurdo, teremos que concluir que o que quer[78] que as esteja produzindo deverá

77. Você também será lembrado que o ar de Los Angeles não é um bom de se respirar.
78. Ou *quem quer* (dun-dun duuuuunn).

estar na nossa vizinhança galáctica. Essa é uma pista útil porque ela remove um volume enorme do espaço da disputa, mas também não é assim tão útil porque o volume de espaço viável que resta ainda é gigonorme (cientificamente falando).

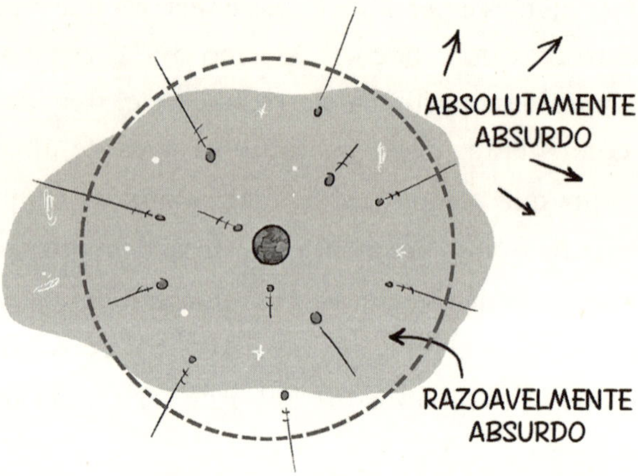

Reunidas, essas pistas significam que podemos ter certeza da seguinte afirmação fantástica:

ALGUM OBJETO PRÓXIMO ESTÁ ATIRANDO PARTÍCULAS EM NÓS A ALTAS E INSANAS ENERGIAS E NÃO TEMOS IDEIA DO QUE SEJA.

Isso certamente conta como uma pista cósmica de que ainda há coisas novas a serem descobertas no universo.

Como os vemos?

Quando uma partícula com energia super alta atinge o topo da atmosfera, ela (felizmente) não consegue chegar até a superfície da Terra sem bater em muitas moléculas de ar e outros gases. Quando uma partícula 10^{20} eV atinge uma molécula na atmosfera pela primeira vez, ela se quebra em duas partículas, cada uma com metade dessa energia. Essas partículas então batem em outras moléculas, dando origem a quatro partículas com um quarto da energia, e assim por diante. Finalmente, há trilhões de partículas com 10^9 eV de energia inundando a superfície da Terra num instante. Essa chuva de partículas tem, tipicamente, um ou dois quilômetros de largura e consiste, em sua maior parte, de fótons de altas energias (raios gama), elétrons, pósitrons e múons. É através de uma chuva dessas, poderosa e ampla, que sabemos que uma partícula superenergética atingiu a Terra.

Mas observar chuvas com quilômetros de largura requer um telescópio bem grande. Felizmente, se por um lado o telescópio precisa ser bem largo, ele não precisa ser contínuo. Ninguém pode arcar com a construção de um detector de partículas com quilômetros de largura, então, em vez disso, pega-se um pedaço de terreno e o salpica com detectores de partículas menores. O observatório Pierre Auger, na América do Sul, é um telescópio assim. Em 3.000 quilômetros quadrados de terreno ele concentra 1.600 detectores de partículas e mais de 10.000 vacas.[79]

79. As vacas não servem para fins científicos... até onde sabemos.

Esse detector é ótimo para ver chuvas de raios cósmicos de energias super altamente energéticas e aparenta ser muito, mas muito grande, porque é. Mas lembre-se de que em um quilômetro quadrado as partículas super altamente energéticas chegam uma vez a cada mil anos. Assim, ainda que você cubra uma área de 3.000 quilômetros quadrados, pode ser que veja poucas por ano e que, mesmo após décadas de observações, não sejam suficientes para solucionar o enigma.

O que mais podemos fazer? Para restringir as fontes e compreender algo sobre a origem dessas partículas, precisaremos de muito mais exemplos. Mas construir telescópios maiores, usando a tecnologia existente, custaria muito dinheiro. O telescópio Auger custou cerca de 100 milhões de dólares.

Uma ideia totalmente interessante é tentar encontrar algo que já tenha sido construído para outros propósitos e adaptá-lo para funcionar como um telescópio de raios cósmicos.[80] Se você fosse listar os requerimentos para um telescópio de raios cósmicos perfeito, provavelmente gostaria que ele tivesse as seguintes características:

- Cobertura da largura do planeta;
- Preço lá embaixo;
- Sistema de som absolutamente fora de série;
- Já construído e implementado.

Antes que você zombe do absurdo dessas especificações, considere, por um momento, que isso seja possível. Há alguma rede de detectores

80. Honestidade total: foi um dos autores deste livro que teve esta ideia. Não, não o cartunista, o outro.

de partículas que esteja espalhada pelo mundo e que fique inutilizada por grande parte de cada dia? Se você acabou de digitar essa pergunta no Google, em seu smartphone, está mais perto da resposta do que pode imaginar.

O que acontece é que as câmeras digitais nos smartphones podem funcionar como detectores de partículas. A mesma tecnologia que permite tirar ótimas fotos de seu sushi no almoço ou da última performance incrível de seu filho (sério, seus filhos são incríveis) também torna as câmeras sensíveis às chuvas produzidas quando partículas altamente energéticas batem na atmosfera. E smartphones estão em toda parte — há mais de três bilhões em atividade no momento da redação deste texto — *e* são programáveis, conectáveis à internet, capacitados com GPS e inutilizados durante toda a noite. Se estes smartphones rodassem um aplicativo que usasse a câmera para detectar partículas, poderiam fazer parte de um telescópio de raios cósmicos global, difundido e colaborativo. Recentemente, alguns cientistas propuseram que, caso um número suficiente de pessoas (dezenas de milhões) usassem o aplicativo à noite, enquanto seus telefones não estivessem em uso, a rede resultante conseguiria observar muito mais desses raios cósmicos, que, do contrário, estaríamos desperdiçando.[81] Quanto mais pessoas rodassem o aplicativo, maior seria a rede e mais raios poderiam ser coletados. Poderia ser você! Você sabe que sempre quis ser um astrofísico e, caso essa ideia maluca funcione, pode participar da solução de um dos maiores mistérios do universo.

81. E por "alguns" queremos dizer Daniel e seus amigos. Visite o website http://crayfis.io para mais informações.

O que eles poderiam ser?

Quando dizemos que os astrofísicos não conseguem explicar as altas energias dessas partículas, queremos dizer que eles não conseguem explicá-las utilizando apenas os objetos que conhecemos. Se os deixarmos soltos para inventar tipos *novos* de objetos que possam estar produzindo tais partículas velozes, teremos um monte de ideias divertidas.

Os astrofísicos são pessoas criativas, e a história da exploração do espaço nos mostrou que o universo pode ser ainda mais criativo. Aqui vão algumas ideias que poderiam explicá-los — mas lembre-se de que o cenário mais provável é que nenhuma delas esteja correta e que a explicação verdadeira seja ainda mais fantástica do que as que esses cientistas malucos poderiam imaginar.

Buracos negros supermassivos

Uma explicação que foi bastante popular por muitos anos era que as partículas altamente energéticas estariam sendo criadas por buracos negros incrivelmente poderosos nos centros das galáxias. Esses buracos negros têm massas que são milhares ou milhões de vezes maiores que a do nosso Sol. Tirando a parte que já tiver sido sugada para o interior do buraco negro,[82] há uma enorme massa de gás e poeira circulando ao seu redor, na fila para ser sugada. Essa coisa está sujeita a forças tremendas e já se observou que é capaz de gerar uma radiação incrível. Entretanto, o punhado de raios cósmicos altamente energéticos que vimos em décadas de observação não parece se alinhar com a localização desses núcleos galácticos ativos. Isso significa que provavelmente a explicação não é essa, e o caminho está livre para ideias ainda mais extravagantes.

82. "Buraco" parece um nome terrível para algo que, na verdade, é bem denso e sólido. "Massa negra" seria um nome melhor, caso não soasse como um ritual satânico.

Cientistas alienígenas

Alguns cientistas se perguntam se somos a única espécie inteligente a estudar a matéria através de colisões que a quebre em pedacinhos menores. E se alienígenas — sim, queremos dizer seres inteligentes extraterrestres — tiverem construído aceleradores de partículas grandes a ponto de quebrar a matéria muito além do que somos capazes? Os raios cósmicos ultra altamente energéticos que vemos poderiam simplesmente ser as sobras, a poluição de seus experimentos. Enquanto ainda estamos no tópico de alienígenas, permita-se imaginar uma possibilidade ainda mais divertida e absurda. E se descobríssemos que as partículas vêm de um único local, com um planeta habitável orbitando uma estrela vizinha? Seria uma descoberta fantástica.

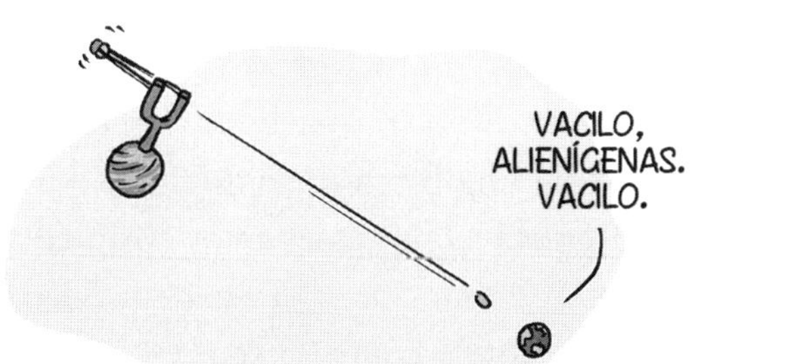

A matriz

As ideias só ficam mais loucas. Alguns cientistas especulam que o universo existe apenas como uma simulação dentro de algum computador cósmico. Seres, em um meta-universo maior, poderiam estar rodando algum experimento usando nosso universo.[83] Como saberíamos? Tal simulação pode ter falhas devido a limitações do computador que está fazendo funcionar nosso universo.[84] Se a simulação for feita dividindo o universo em cubos gigantes e rodando um simulador de física dentro de cada cubo, a simulação dará resultados estranhos para objetos que se movam muito rapidamente através de vários cubos. Em outras palavras, padrões nas direções dos raios cósmicos ultra altamente energéticos poderiam revelar que nosso universo é uma simulação.

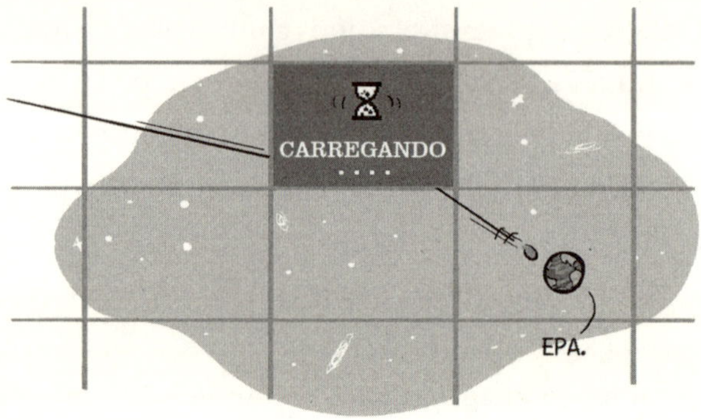

Uma nova força

Tentamos explicar essas partículas usando todos os objetos cósmicos e as forças em nossa caixa de ferramentas. Mas o fato de permanecerem sem explicação por tanto tempo sugere outra possibilidade tanto empolgante quanto intrigante. Pode ser que essas partículas sejam o resultado de alguma força nova ainda não descoberta. Se tal força existir e for responsável por esses raios cósmicos, terá que haver alguma razão para não vermos seus efeitos em outros lugares. Mas a descoberta recente de que a energia escura é responsável por 68% de toda a energia nos mostra que não é irrealista imaginar que ainda haja forças de entortar o universo que não tenhamos visto. Talvez es-

83. Sim, Douglas Adams teve esta ideia primeiro, mas isso é algo que é levado a sério por cientistas sérios. Sério.
84. Se o sistema for Windows, vamos torcer para não travar.

sas partículas sejam a pista que nos mostrará uma força da natureza inteiramente nova.

A boa e velha física

É possível, claro, que a resposta seja bastante prosaica e não revele nenhuma perspectiva dramática sobre a natureza do universo. Pode ser uma etapa nova e atualmente desconhecida do ciclo de uma estrela ou algum outro objeto que seja interessante às pessoas que gostam de estudar as estrelas, mas que não nos diga nada muito profundo sobre o universo. Mas vamos manter o sonho vivo.

Mensageiros cósmicos

Você provavelmente viveu toda a sua vida sem saber que está sendo bombardeado por balas espaciais superenergéticas. Se não tivesse lido este capítulo, teria conseguido seguir em frente vivendo uma vida feliz, alegremente inconsciente de que há algo estranho lá fora atirando em você e que ninguém tem ideia do que, ou quem, poderia ser.

Bom, agora é tarde demais. Como você aprendeu no Capítulo 8, não se pode voltar no tempo. Mas agora que já sabe, talvez você vá usar esse conhecimento para olhar um pouco mais para o céu e ser lembrado de que mistérios fantásticos ainda abundam no universo.

Em vez de imaginar esses raios cósmicos como balas feitas para lhe ferir, você pode imaginá-los como mensageiros. Pense um pouco: eles viajam através de bilhões e bilhões de quilômetros no espaço e trazem consigo informação sobre alguma coisa nova e insana que jamais vimos antes ou sequer imaginamos. Eles carregam a prova de um processo de energias estupendas e, possivelmente, também de novas forças, mecanismos cósmicos desconhecidos ou formas de vida alienígenas. Eles trazem descobertas maravilhosas.

E essa é uma bala da qual você, definitivamente, não vai querer se esquivar!

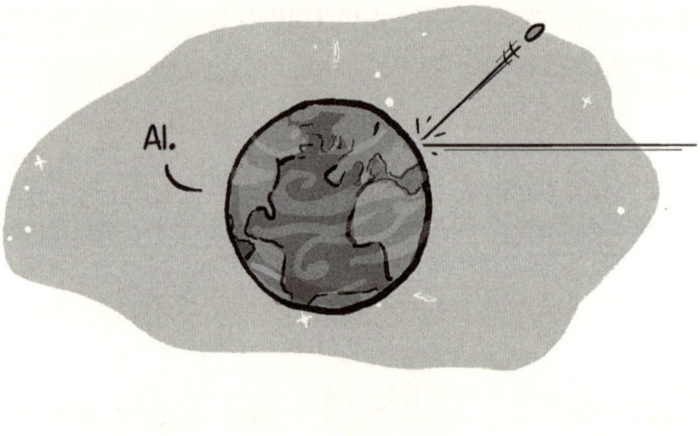

12.
Por que somos feitos de matéria e não antimatéria?

A resposta NÃO será um anticlímax

Matemática e física têm uma relação bem próxima, o que significa que, assim como companheiros de quarto de longa data, se dão bem, mas algumas vezes brigam porque uma comeu as sobras da outra.[85]

Por exemplo, a física depende da matemática para expressar suas leis, tal como $E=mc^2$, e para executar cálculos importantes, tal como "qual deve ser o maior pedaço de bolo que eu posso cortar sem que meu companheiro de quarto perceba?". A matemática é a linguagem da física assim como o inglês é a linguagem de Shakespeare. Se você não souber matemática, vai achar bastante doloroso ler um soneto da física.[86] Na verdade, mesmo que saiba matemática, poemas escritos pelos físicos nem sempre são bons.

85. Olha, não é culpa da física se a matemática continua deixando bolos de chocolate deliciosos, durante dias, na geladeira.
86. "Como hei de comparar-te a uma soma infinita de um dia de verão? " — dos *Poemas perdidos de Isaac Newton.*

Por outro lado, a matemática conta com a física para ter coisas úteis para fazer. Sem a física, a matemática estaria limitada a conceitos abstratos, tais como números imaginários e grandes restituições de imposto. A física também consegue estimular os matemáticos a descobrir novos tipos de problemas matemáticos. Por exemplo, muitos insights novos em matemática são provenientes do desenvolvimento da teoria de cordas, uma candidata para a teoria física final.

Há também ocasiões em que a nossa intuição se torna um obstáculo para o entendimento do mundo físico e, nesse caso, é melhor confiar na matemática para nos guiar. Por exemplo, ao tentarmos compreender o comportamento bizarro de partículas quânticas ou os formulários da declaração de imposto. Nessas situações, basta seguir aonde a matemática levar. Supondo que você tenha acertado todos os números, pode confiar que a matemática descreve a realidade muito mais precisamente que a nossa intuição. Pode não fazer sentido que você vá receber uma restituição de doze quatrilhões de reais ou que partículas quânticas possam aparecer do outro lado de barreiras impenetráveis, mas, se a matemática estiver correta, vai ser isso aí.

Mas nem sempre. Algumas vezes, a matemática faz predições que não fazem sentido físico, e temos que descartá-las. Por exemplo, digamos que você administra uma fábrica de bolos e está testando um novo sistema projétil de entrega de seus bolos de chocolate. Com que velocidade os bolos deverão ser lançados para que sigam uma trajetória parabólica e aterrissem exatamente na porta das casas de seus clientes? Para calcular isso, você precisaria resolver uma equação do tipo: $y = ax^2 + bx + c$ de modo a determinar a velocidade e o ângulo de lançamento do seu canhão de bolos de chocolate. Por causa do termo x^2 na equação, haverá duas soluções para o bolo atingir o chão.

Uma solução será a solução física, que vai lançar o bolo de chocolate de tal modo a entregar, perfeitamente, uma sobremesa deliciosa. A segunda solução, entretanto, dará uma resposta sem sentido: ela dirá que sua velocidade inicial deve ser negativa, o que significa que você teria que atirar o bolo para trás e diretamente no chão. Este é um resultado *matematicamente* correto, mas não físico. Ele aparece porque a abordagem matemática usa um modelo para o problema que não leva em conta todos os vínculos físicos do sistema, como o fato de que um bolo não consegue voar através de um chão sólido. A coisa toda ignora, ainda, as medidas de segurança ao encher o céu com bolos de chocolate, mas, neste livro, nos preocupamos somente com a física.

Em alguns casos, tal como a sua ideia fadada ao fracasso de projéteis de bolos, é óbvio que uma solução é ideal e a solução negativa deve ser ignorada. Os físicos já se acostumaram a isso e descartam, rotineiramente, soluções não físicas como artefatos matemáticos que não são insights verdadeiros sobre o nosso universo.

Mas cuidado, físicos presunçosos (e empresários de bolos), porque alguns desses artefatos podem ser reais, e prêmios Nobel (e lucro) podem estar à espera. Neste capítulo vamos discutir como uma solução negativa levou à descoberta de antipartículas e de antimatéria, e às perguntas sobre elas que se arrastam até hoje, quase cem anos após as últimas migalhas do bolo de chocolate, vencedor do Prêmio Nobel, terem sido ilegalmente consumidas.

Partículas espelho

Todo esse negócio de antipartículas começou quando um físico chamado Paul Dirac estava trabalhando em equações para descrever a mecânica quântica de elétrons se movendo a altas velocidades.

Anteriormente, os físicos haviam encontrado equações que conseguiam descrever a mecânica quântica de elétrons preguiçosos, lentos ao se mover. Isso fez parte da revolução alucinante, capaz de explodir a mente de qualquer um, da mecânica quântica no início do século XX, que exigiu uma reformulação completa na maneira de pensar a natureza da realidade ao nível mais básico. A mecânica quântica forçou os físicos a abandonar suposições simples e profundas sobre o mundo: que as coisas não podem estar em dois lugares ao mesmo tempo ou que repetir, precisamente, o mesmo experimento duas vezes dará o mesmo resultado. *Boom*. Mente explodida.

Só que os físicos do início do século XX foram responsáveis por destruir nossa percepção ingênua do universo não uma vez, mas *duas*. Além da loucura filosófica da mecânica quântica veio a revolução da relatividade. A relatividade nos mostra que o limite de velocidade do universo (veja o Capítulo 10) implica em termos que abandonar outras noções, há muito apreciadas, sobre o universo. Nesse caso, a ideia pitoresca de que o tempo é universal e de que pessoas honestas sempre concordarão sobre a ordem das coisas.

Dirac examinou essas duas peças malucas da matemática — que descrevem corretamente duas físicas diferentes, contraintuitivas e alucinantes — e se perguntou: e se eu as juntasse? Se ele estava à procura de mais maluquice, conseguiu o que queria.

Ele desenvolveu uma equação (denominada, criativamente, por equação de Dirac) descrevendo o comportamento de elétrons velozes, que incluía ambas a mecânica quântica e a relatividade; era linda e elegante e parecia funcionar, exceto por um pequeno problema.[87]

Ele percebeu que essa equação funcionava para os elétrons usuais negativamente carregados, mas também funcionava para elétrons com *carga elétrica oposta*.[88] Ou seja, sua equação sugeria que as leis da física funcionariam igualmente bem para um elétron positivamente carregado, que ele chamou de antielétron. O antielétron era exatamente como um elétron de várias maneiras: tinha a mesma massa e era descrito pelas mesmas propriedades quânticas. Mas tinha a carga elétrica oposta. Isso era confuso porque tal partícula jamais havia sido observada.

---

87. Note que ele unificou a mecânica quântica com a *relatividade espacial*, ou seja, descrevendo partículas se movendo com velocidades próximas à da luz através de um espaço plano e não com a *relatividade geral*, ou seja, descrevendo partículas se movendo em espaços deformados por grandes massas. Isso continua um enigma.
88. Ainda mais louco, as equações também funcionam para um elétron com carga normal, mas se movendo *para trás no tempo*.

Alguns ficariam tentados a descartar isso como um artefato matemático, uma solução negativa que se deve ignorar. Mas Dirac ficou intrigado. E se isso fosse, mais do que loucura matemática, algo relevante à realidade? Afinal, qual lei da física proibia a existência de antielétrons? Nenhuma que ele estivesse a par.

Na verdade, Dirac estudou as equações e foi ainda mais longe. Ele propôs que *todas* as partículas têm uma antipartícula correspondente.

Assim, ele fez mais do que predizer uma partícula nova; previu um *tipo de partícula* completamente novo. Isso não é pouca coisa. Superficialmente, pode soar meio louco cada partícula ter associada uma versão oposta de si mesma, como em um filme que um personagem do bem tem um irmão gêmeo do mal. No caso das partículas, a antipartícula gêmea não é apenas diferente na carga elétrica, mas também nas cargas para as forças nucleares fraca e forte. Em um filme, isso significaria que, caso o gêmeo bom seja alto, gordo, moreno e goste de chocolate amargo, o gêmeo do mal seria baixo, magro, louro e fã de chocolate branco (malvado!).

É uma ideia maluca, mas também verdadeira. Na verdade, os cientistas já viram antipartículas muitas vezes. Imediatamente após Dirac propor essa ideia, o antielétron (atualmente chamado de pósitron) foi detectado. Hoje, quase todas as partículas carregadas que conhecemos tiveram suas antipartículas confirmadas. Antipartículas podem ser facilmente produzidas em colisões de partículas e, no CERN, picogramas de antipartículas são produzidos anualmente. Alguns raios cósmicos vindos do espaço também contêm antipartículas ou criam antipartículas de vida curta quando colidem com a atmosfera.

Antipartículas são um bom exemplo das simetrias que encontramos na física em escalas menores. Pode-se pensar em cada par de partícula/antipartícula como dois lados da mesma moeda, em vez de duas partículas não relacionadas. E lembre-se de que cópias de partículas aparecem de outras maneiras na organização do nosso universo: cada uma das partículas de matéria tem dois primos mais pesados. Por exemplo, o elétron tem o múon e o tau, que apresentam propriedades quânticas praticamente idênticas às do elétron (mesmas carga e spin), mas têm mais massa. Então, o elétron é copiado de duas formas: ele tem seus primos mais pesados e sua antipartícula. E, é claro, os primos mais pesados têm suas *próprias* antipartículas.

Pode não acabar aí! Uma teoria especulativa, chamada de supersimetria, propõe que cada partícula tenha, ainda, *outro* tipo de espelho, uma superpartícula, que seja similar à partícula original (mesma carga e talvez mesma massa) mas com um spin quântico diferente. O universo é como uma casa de espelhos de um parque de diversões, copiando e distorcendo os padrões das partículas de formas diferentes.

FÍSICA: COLOCANDO "FUN" EM "FUNDAMENTAL".

Porém, todas essas partículas novas apenas levantam mais perguntas: por que existem as versões gêmeas malvadas das partículas?[89] E por que não as vemos voando por aí ao nosso redor?

Aniquilação de antipartículas

Como tudo que desempenha um papel proeminente na ficção científica, alguns equívocos comuns sobre a antimatéria podem surgir. Por exemplo, você já deve ter ouvido que quando uma partícula toca sua antipartícula elas explodem. Isso soa ridículo, não é?

Na verdade, esse rumor é verdadeiro.

Quando uma partícula encontra sua antipartícula gêmea, elas fazem mais que apenas se abraçar e matar a saudade: uma *destrói completamente a outra*. As duas partículas desaparecem e suas massas são completamente convertidas em uma partícula portadora de força altamente energética, como um fóton ou um glúon. É o que chamamos de "aniquilação". Todos os traços das partículas originais desaparecem. Isso acontece não apenas com elétrons e pósitrons, mas também quando quarks encontram antiquarks, ou múons encontram antimúons. Junte uma partícula com sua antipartícula gêmea malvada e prepare-se para um bocado de drama e um grande flash de energia. Assim, os efeitos

89. Além do óbvio aumento de audiência na TV.

sonoros extravagantes das antipartículas na ficção científica são, de fato, verdadeiros!

Isso é algo realmente importante, porque há muita energia armazenada em massa. Albert Einstein estabeleceu a famosa relação entre massa e energia, através da equação $E = mc^2$. Note que, nessa equação, a velocidade da luz, c, que já é alta com seus 300 milhões de metros por segundo, aparece *ao quadrado*, de modo que um pouquinho só de massa carrega muita energia. Quando duas partículas são completamente aniquiladas, uma quantidade enorme de energia armazenada é liberada. Para ser mais específico, um *único grama* de antipartículas combinado com um grama de partículas normais liberaria mais de quarenta quilotons de força explosiva, que é mais do que duas vezes mais poderosa que as bombas atômicas lançadas pelos Estados Unidos na Segunda Guerra Mundial. Uma uva passa caseira normal pesa cerca de um grama — então a combinação de passa com antipassa seria uma arma de desidratação em massa.

O conceito de aniquilação pode lhe parecer estranho, uma vez que objetos virando flashes de energia que cegam não é algo que se vê todo dia.[90] Assim, o que significa duas coisas se aniquilarem? Elas chegam perto e, quando se tocam, *ca-bum*, se transformam repentinamente em energia pura?

FRUTAS PODEM SER PERIGOSAS

A primeira coisa a ter em mente é que essas partículas são objetos quânticos e não, de fato, bolas minúsculas. Algumas vezes pode-se

90. Com exceção do fogo, que é a conversão química de energia armazenada em luz.

usar a representação de bolas minúsculas para compreender o que as partículas estão fazendo e algumas vezes tem-se que usar a representação de ondas quânticas, porém ambas são estranhas e ocasionalmente inapropriadas. Como aquele tio no almoço anual da família. Você sabe qual.

Quando duas partículas se aproximam muito uma da outra, elas não se tocam de verdade, porque não têm, de fato, superfícies. Em vez disso, você pode pensar que suas características quânticas estão se mesclando e as duas partículas desaparecendo, dando lugar a outra forma de energia, na maioria das vezes um fóton. A partir dessa energia, outros tipos de partículas podem emergir, dependendo da quantidade de energia que foi unida. Isso é exatamente o que acontece quando colidimos partículas no Grande Colisor de Hádrons para criar novos tipos de partículas, a partir de partículas ordinárias do dia a dia.

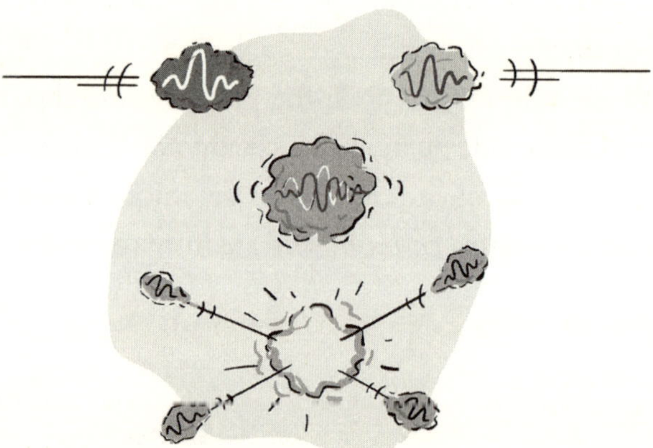

UNINDO PARTÍCULAS

Isso significa que, de certo modo, todas as interações de partículas resultam na aniquilação das partículas originais para gerar novas. O que há de diferente entre partículas e antipartículas é que são versões espelhadas umas das outras, o que significa que têm cargas opostas. Isso faz com que se atraiam, ou seja, elas têm mais chance de se unir. Ao mesmo tempo, se complementam perfeitamente, o que significa que podem se aniquilar em algo neutro, como um fóton.

Outra coisa a ter em mente é que quando partículas interagem (se unem, por assim dizer), algumas coisas são *conservadas*. Por exemplo, observamos que as cargas elétricas jamais são criadas do nada e que nunca são destruídas. A carga elétrica total das partículas antes e após a união deve ser a mesma. Por que isso? Não sabemos. Não compreendemos porque essas regras se aplicam; apenas observamos esses padrões nos experimentos e incorporamos as regras às nossas teorias.

Quando um elétron e sua antipartícula, o pósitron, se aproximam, suas cargas opostas (-1 e +1) os atrai ainda mais. E, uma vez unidos, suas cargas elétricas opostas se cancelam perfeitamente, fazendo que qualquer traço de sua existência desapareça de modo que apenas fótons surjam no final. Se você tentasse fazer isso com qualquer outra partícula, digamos, dois elétrons, suas cargas negativas iriam se repelir. Se você, de alguma forma, conseguisse vencer essa repulsão, haveria uma carga total líquida (-2) que precisaria ser conservada após a união, o que não permitiria uma aniquilação total para gerar um fóton neutro.

A carga elétrica não é a única coisa que já vimos se conservar. Você pode se perguntar se duas partículas quaisquer com cargas iguais, porém opostas, podem se aniquilar (por exemplo, um eletrón com carga -1 e um antimuón com carga +1). Mas a resposta é não. Aparentemente há outra regra no universo sobre união que diz que a "eletronicidade" e a "muonicidade" precisam ser conservadas. Não se consegue destruir um elétron com um não elétron. Funciona apenas com a sua antipartícula, o pósitron.[91] O mesmo vale para os primos do elétron: o múon e o tau.

91. Ou com um neutrino do elétron, que também tem eletronicidade. Um elétron mais um antielétron do neutrino podem dar origem a um bóson W.

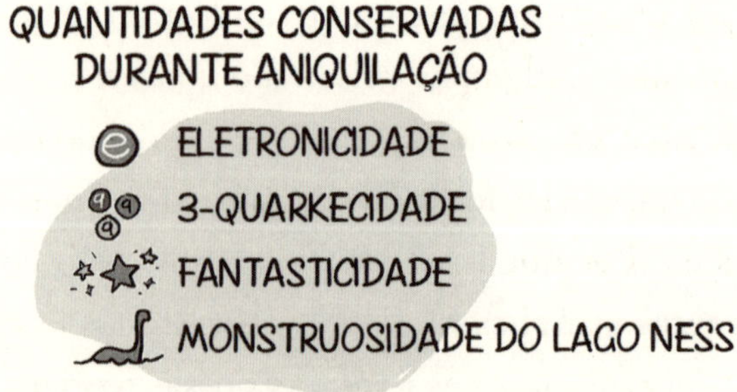

E não acaba por aí. Há uma lista vasta de quantidades conservadas (como a preservação do número de partículas feitas por três quarks, ou "tri-quarkecidade"), cada uma delas vinda de observações sobre quais interações de partículas acontecem e quais não acontecem.[92] Essas regras parecem limitar a aniquilação total apenas à união de partículas/antipartículas.

Por que o universo tem essas regras esquisitas? Não sabemos. Pode ser que um dia sejamos capazes de mostrar que essas regras são uma consequência natural de alguma teoria mais simples de partículas. Por ora, elas sugerem seguramente que as antipartículas têm pistas importantes sobre as regras básicas do universo.

Um antivocê

Então as antipartículas são as gêmeas do mal das partículas e, juntas, elas se aniquilam entre si como lutadores de MMA duelando até a morte. Acredite ou não, fica ainda mais interessante.

Acontece que as antipartículas podem se agrupar entre si, da mesma forma que as partículas regulares fazem, para produzir antiversões de partículas mais complexas como nêutrons e prótons. Por exemplo, consegue-se fabricar um antinêutron pela combinação de dois quarks anti-down e um quark anti-up. O antinêutron resultante ainda é eletricamente neutro

92. Partículas com três quarks (como prótons e nêutrons) são chamadas de bárions, assim a "tri-quarkecidade" é comumente chamada de "número bariônico".

(como o nêutron), mas suas entranhas são feitas por antipartículas. E pode-se fazer um antipróton pela combinação de dois quarks anti-up com um quark anti-down. Um antipróton é como o próton, só que com carga negativa, porque suas entranhas também são formadas por antipartículas.

E fica ainda mais estranho. Uma vez que tenha antielétrons, antiprótons e antinêutrons, você pode, potencialmente, fazer antiátomos! Um elétron positivo e um próton negativo se comportariam exatamente como suas contrapartes regulares, exceto o sinal oposto de suas cargas. Se você juntar um antielétron com um antipróton, o antielétron vai orbitar ao redor do antipróton e você terá um anti-hidrogênio!

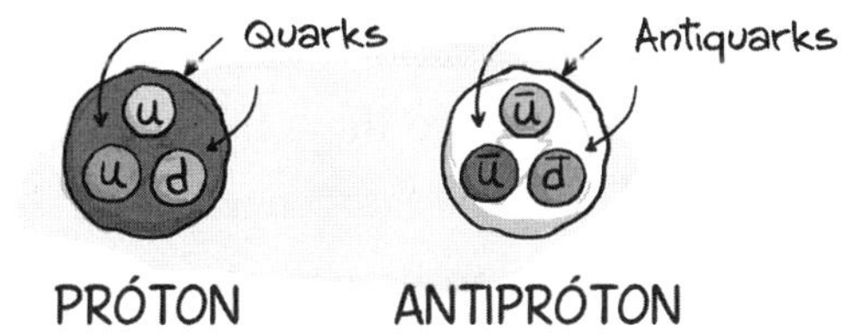

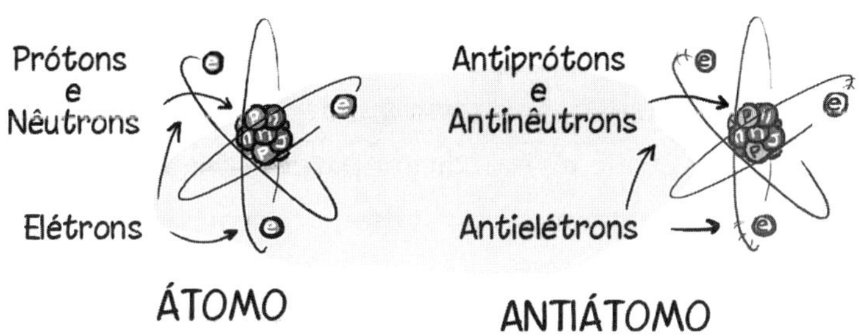

Em teoria, se você agrupar um número suficiente de antipartículas, pode fazer antitudo. Por exemplo, talvez você possa combinar dois anti-hidrogênios com um antioxigênio para obter anti-H2O ou *antiágua*. A antiágua teria a mesma aparência, mesma textura e mesmo comportamento da água regular, exceto que, se você a bebesse, explodiria em um flash de luz ofuscante, o que, vamos admitir, seria antirefrescante.

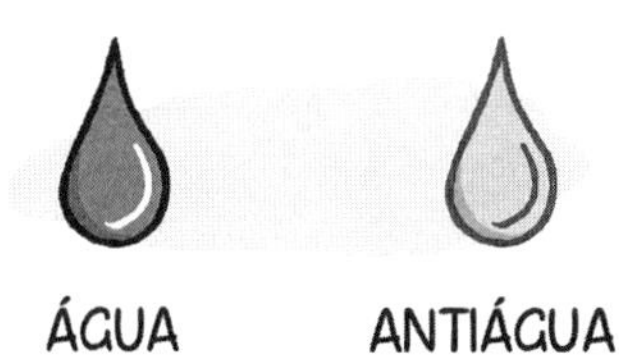

Mas por que parar aqui? Se você conseguisse fazer antiágua, poderia, potencialmente, fazer também antiversões de qualquer átomo e qualquer molécula. Talvez até mesmo antiquímica, antiproteínas e anti-*DNA*.

Uma Terra inteiramente diferente poderia existir, ou um você completamente diferente que se pareça exatamente com você, exceto por ser feito de antimatéria. Antiela ou antiele poderiam estar dirigindo um anticarro e viver em uma anticasa e até estar lendo uma antiversão deste livro que seja feita de antipapel e repleta de piadas que sejam, de fato, engraçadas.[93]

Na verdade, não há nada fundamentalmente "material" sobre nosso tipo de matéria e nada "antimaterial" sobre a antimatéria. Se a situação fosse revertida e nós fôssemos, de alguma forma, feitos do que chamamos de antipartículas, provavelmente estaríamos chamando as antipartículas de "matéria" e as regulares de "antimatéria" — uma vez que esses são apenas nomes arbitrários. Em outras palavras, *nós* poderíamos ser os gêmeos malvados! (Escolha como próxima da fila uma música chocante e reveladora.) Não seria a maior reviravolta?

É claro que toda essa conversa de antipartículas e antimatéria clama, simplesmente, pela pergunta: onde está toda essa antimatéria?

Os mistérios da antimatéria

Sabemos que as antipartículas existem e que a fórmula de Dirac faz um ótimo trabalho ao descrever seu comportamento em altas velocidades. Mas isso não significa que as compreendemos completamente. Na verdade, esse estranho fenômeno do universo levanta mais perguntas do que respostas.

93. E com antinotas de rodapé numeradas negativamente.

Por exemplo: por que antipartículas existem? Nossa teoria moderna de partículas requer sua existência, mas você poderia, também, imaginar outras teorias, que incluíssem mais tipos de gêmeos esquisitos (trigêmeos maus ou quadrigêmeos nefastos, talvez).

Outras perguntas incluem: as antipartículas são exatamente opostas às partículas regulares ou há diferenças sutis em comportamento, textura, sabor ou preferência de chocolate? As antipartículas sentem a gravidade da mesma forma que as partículas ou a sentem na direção *oposta*?

Mas a maior das perguntas é simples: por que o nosso mundo é feito de matéria e não de antimatéria?

Se você estiver positivo de que é capaz de lidar com alguma negatividade, então continue lendo para aprender mais sobre esses mistérios. É... sem encargos.

Por que o universo e não o antiuniverso?

Existe uma diferença *muito* grande, muito importante e muito óbvia entre matéria e antimatéria: a matéria está em todo lugar e a antimatéria quase não se encontra em lugar algum. Isto é, o universo parece ter muito mais matéria do que antimatéria.

Se a matéria e a antimatéria são iguais, mas com versões opostas uma da outra, esperaríamos que o mesmo número de partículas e antipartículas tivesse sido criado durante o Big Bang. Mas acompanhe esse raciocínio por um momento e veja aonde ele o leva: se houvesse uma antipartícula criada para cada partícula regular, então, em algum momento, todas as partículas teriam encontrado suas antipartículas e teriam aniquilado umas às outras, convertendo toda a matéria no universo em fótons. Como você está vivo e lendo este livro, e tem certeza de que não é feito de luz,[94] sabemos que isso não aconteceu. Assim sendo, deve haver alguma preferência à matéria, sobre a antimatéria.

Há (pelo menos) duas possibilidades para explicar essa desigualdade:

Possibilidade #1

Durante o Big Bang, foi criada uma quantidade ligeiramente superior de matéria do que de antimatéria. E, enquanto a maior parte da matéria e antimatéria se aniquilavam entre si em direção ao esquecimento, os restos minúsculos de matéria que sobraram, após toda a antimatéria ter se esgotado, foram usados para formar todas as galáxias, estrelas, bolos de chocolate e matéria escura que existe hoje.

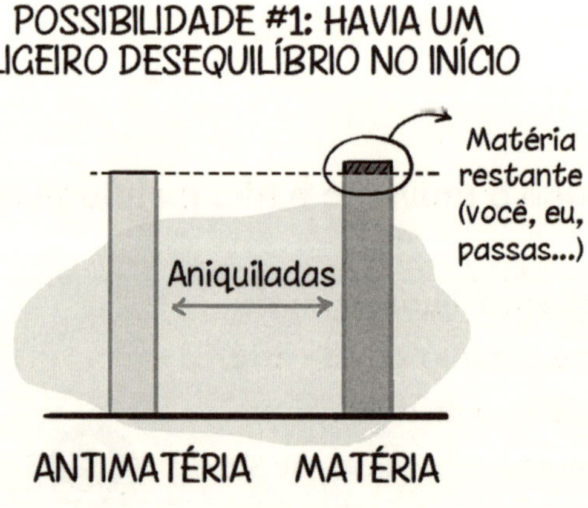

94. Você é maravilhoso, mas não *tão* maravilhoso.

Essa possibilidade explica o que vemos, mas muda o conceito central. Ela transforma a pergunta "Por que o universo de hoje é feito de matéria e não antimatéria?" na pergunta equivalente "Por que o universo começou com mais matéria do que antimatéria?" Infelizmente, não temos ideia de como responder a essa pergunta. (Além do mais, a maioria das teorias modernas do universo primordial é inconsistente com qualquer assimetria na produção inicial de matéria e antimatéria.)

Possibilidade #2

Durante o Big Bang, foi criada a mesma quantidade de matéria e antimatéria, mas, com o passar do tempo, alguma coisa relacionada às próprias partículas fez com que haja mais matéria do que antimatéria.

Isso é possível se houver reações físicas que destruam a antimatéria mais rápido do que a matéria ou que criem mais matéria do que antimatéria. Considerando que partículas são criadas e destruídas a todo tempo, mesmo uma pequena diferença na forma com a qual partículas e antipartículas são criadas ou destruídas pode se acumular, resultando em um desequilíbrio enorme.[95]

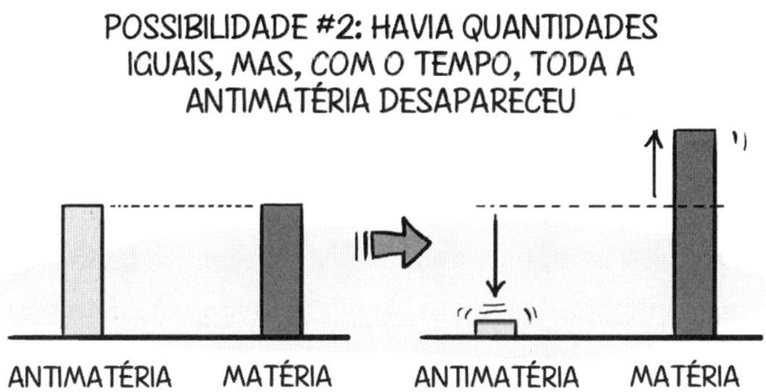

Assim, a possibilidade #2 parece promissora. Mas qual é a probabilidade de que o universo tenha uma preferência inerente a fazer ou preservar

95. O universo não tira férias. Nunca.

mais matéria do que antimatéria?[96] A maior parte da física é totalmente simétrica. E, até onde podemos dizer, qualquer coisa que partículas consigam fazer, antipartículas conseguem antifazer. Por exemplo, um nêutron pode decair em um próton, um elétron e um antineutrino (isso é chamado decaimento nuclear beta e acontece toda hora). Exatamente da mesma forma, um antinêutron pode decair em um antipróton, em um antielétron e em um neutrino.

Talvez essa preferência seja bem pequena. Ao estudar a criação e destruição de partículas, os físicos procuram pequenos desequilíbrios entre partículas que oscilem entre suas próprias versões de matéria e antimatéria. Infelizmente, se por um lado há evidências de alguma desigualdade, não chega perto de explicar o enorme desequilíbrio que vemos hoje em dia.

Deve haver, então, alguma outra coisa acontecendo que consiga explicar a preferência da matéria sobre a antimatéria. O que quer que seja, também pode nos dar, para começar, uma pista do motivo de existirem duas classes de partículas. Mas até agora, não temos ideia do que seja.

Espere, talvez a antimatéria esteja em algum outro lugar

Talvez tenhamos entendido tudo errado. E se *houver* quantidades iguais de matéria e antimatéria no universo, mas separadas em regiões diferentes? A Terra e sua vizinhança imediata são, definitivamente, feitas de matéria, mas e se houver *outras* vizinhanças por aí feitas de antimatéria?

Matéria e antimatéria são tão parecidas que não sabemos dizer se uma estrela distante é feita de matéria ou antimatéria apenas através

96. E se você pensa que uma assimetria na criação e destruição de matéria/antimatéria é tão estranha quanto uma assimetria na quantidade de matéria/antimatéria criada durante o Big Bang, você tem um ponto válido. Mas, no primeiro caso, seríamos capazes de, hoje, testá-lo e estudá-lo.

da observação da luz que ela emite. Ambos os tipos de estrela teriam as mesmas reações nucleares e gerariam fótons da mesma maneira e com as mesmas energias.

Vamos começar, então, perto de casa. Sabemos que não há quantidades significativas de antimatéria na Terra porque a Terra é feita de matéria e qualquer antimatéria nela iria reagir explosivamente. Vamos dar um passo adiante: poderia haver grandes regiões de antimatéria no espaço próximas à Terra? Poderia algum dos planetas do sistema solar ser feito de antimatéria?

Definitivamente não! Lembre-se do que acontece quando matéria e antimatéria se juntam: é mais explosivo do que conversas sobre política com os parentes. Por exemplo, se a Lua fosse feita de antimatéria, cada vez que fosse atingida por meteoros de matéria haveria uma enorme explosão e um flash de luz gigante. Um meteoro do tamanho de uma uva-passa causaria uma explosão tão dramática quanto uma detonação atômica. E a Terra e a Lua são constantemente bombardeadas por meteoros de matéria, pequenos e grandes, de forma que sabemos que a Lua, pelo menos, não é feita de antiqueijo.

O mesmo argumento vale para Marte e os outros planetas do nosso sistema solar. Se Marte fosse feito de antimatéria, veríamos os fótons das explosões o tempo todo. Na verdade, se houvesse qualquer concentração significativa de antimatéria próxima a uma região com matéria, você veria aniquilações constantes e liberações de fótons na fronteira entre as regiões de matéria e antimatéria. Não vemos nada parecido com isso em nossa vizinhança, de modo que estamos convictos de que nosso sistema solar seja feito de matéria.

E, lembre-se, já enviamos objetos feitos de matéria (incluindo pessoas) para explorar nosso sistema solar e nenhum deles foi aniquilado instantaneamente em flashes brilhantes de luz.[97]

O FATO DE NÃO VERMOS EXPLOSÕES GIGANTESCAS POR TODO LADO SIGNIFICA QUE NÃO HÁ GRANDES REGIÕES DE ANTIMATÉRIA POR AÍ AFORA

Os astrônomos ampliaram essa busca, procurando em nossa galáxia por sistemas solares feitos inteiramente por antimatéria. Até agora, não vimos nenhum flash brilhante de fótons que se esperaria na borda entre as regiões de matéria e antimatéria. Eles até mesmo consideraram a possibilidade de galáxias inteiras feitas de antimatéria. Mas, se alguma existisse, veríamos o espaço entre as galáxias de matéria e as galáxias de antimatéria se acenderem por causa da aniquilação das partículas escoando dos dois tipos de galáxias. Atualmente, os astrônomos já exploraram essa técnica o bastante para saber, com certeza, que o nosso aglomerado de galáxias inteiro é feito de matéria.

Até agora, esse é o nosso limite de observação direta. Além disso, não podemos dizer ao certo, porque os vazios entre os aglomerados de galáxias são grandes o suficiente para que, caso haja alguma fronteira entre matéria e antimatéria entre eles, seja tênue demais para ser vista.

Apesar disso, parece provável que o resto do universo seja também feito de matéria normal. Um universo organizado em aglomerados de galáxias de matéria e antimatéria exigiria que a matéria e antimatéria

97. Ainda!

no universo primordial estivessem consideravelmente separadas, o que levantaria um novo conjunto de perguntas.

Para recapitular, não temos nenhuma evidência de tufos grandes de antimatéria em nenhum lugar do nosso universo observável. Então, o motivo de vermos apenas matéria e não antimatéria continua em aberto.

Ser neutro faz diferença

Toda partícula tem uma antipartícula? Até agora, todas as partículas com carga elétrica têm uma antipartícula distinta. Mas a resposta não é assim tão clara para partículas neutras.

Por exemplo, não há nenhuma antiversão distinta do fóton (que não tem carga), ex., um antifóton. Alguns poderiam dizer que o fóton é a sua própria antipartícula, o que parece mais querer evitar a pergunta do que respondê-la (ex., ser o seu próprio melhor amigo quer dizer que você não tem amigos?). O mesmo acontece com o bóson Z e com o glúon. Você pode perceber que todas essas são partículas que carregam força, mas as partículas W, que são carregadas, também carregam força e têm antipartículas. Por que algumas partículas têm antipartículas e outras não? Não temos ideia.

Os físicos acreditam que o neutrino (com carga elétrica zero) tem, provavelmente, uma antipartícula com os valores opostos das cargas associadas à força nuclear fraca (chamada "hipercarga"). Mas os neutrinos são pequenas partículas misteriosas difíceis de estudar, então é possível que o neutrino também seja sua própria antipartícula.

Como podemos estudar a antimatéria?

É fascinante pensarmos que poderíamos construir antiobjetos a partir de antipartículas. Isso seria muito legal, mas também educacional: aprenderíamos como a antimatéria é diferente da matéria regular, o que nos ajudaria a explicar por que a antimatéria existe.

Infelizmente, fazer experimentos com antiobjetos (feitos de antipartículas) é extremamente difícil.

Construir objetos a partir da matéria regular já é difícil o suficiente (para fazer bolo de chocolate é preciso 10^{25} prótons, 10^{25} elétrons e muito amor), imagine termos que nos preocupar com possíveis explosões resultantes do contato entre o antiobjeto em construção com uma única partícula da matéria normal.

No caso da antimatéria, foi só recentemente que os cientistas conseguiram fazer com que antiprótons e antielétrons cooperassem em um laboratório a ponto de formarem o anti-hidrogênio. Em 2010, os cientistas conseguiram criar algumas centenas desses átomos e o aprisionaram por cerca de vinte minutos.[98] Isso é, tecnicamente, muito impressionante, mas ainda não o suficiente para responder a todas as perguntas que temos sobre a antimatéria. Imagine quão pouco você conseguiria aprender sobre o universo se fosse capaz de olhar apenas para um pequeno número de átomos de hidrogênio, por alguns poucos minutos.

Estamos então fazendo progressos realmente grandes, mas provavelmente não vamos aprender mais a não ser que viremos especialistas na fabricação de antimatéria e seu armazenamento seguro. Atualmente, conseguimos produzir, por ano, apenas poucos pictogramas de antimatéria no CERN, o que significa que levaria *milhões de anos* para fabricarmos o equivalente à meia passa de antimatéria. E, mesmo assim, precisaríamos inventar algum tipo de container de não contato, talvez com a utilização de campos eletromagnéticos.

98. Em unidades de tempo acadêmico, isso significa 1,0 pausa para o café.

Ser curioso faz diferença

Sabemos *poucas* coisas com certeza sobre a antimatéria. Sabemos que existe, que tem a carga oposta à da matéria e que quando se junta à matéria pode ser aniquilada e virar luz. Não estamos completamente perdidos.

Mas essa compreensão se torna insignificante perto das coisas que *não* sabemos sobre a antimatéria. Primeiro, não sabemos por que a antimatéria existe. Será uma pista sobre como a matéria se organiza? Poderia haver outras formas de matéria? E, ainda que pareça haver muita simetria entre matéria e antimatéria, o universo tem, definitivamente, uma preferência pela matéria.

Todas essas perguntas podem deixá-lo cansado da antimatéria. É óbvio que você não vai querer tocá-la, mas pense em todas as coisas legais que podemos aprender com ela.

Por exemplo, uma pergunta enorme que ainda temos é: será que as antipartículas sentem a gravidade da mesma forma que as partículas de matéria?

Apesar de sabermos que a antimatéria existe e que a teoria atual prevê que ela sinta a gravidade tal qual a matéria normal, não conseguimos, de fato, observar quantidades significativas para responder a essa pergunta básica. A gravidade é uma força tão fraca que precisaria de um número muito grande de partículas para medi-la. A antimatéria é tão rara e instável que os experimentos gravitacionais são praticamente impossíveis.

QUAL É O PROBLEMA DA ANTIMATÉRIA?

Mas e se a antimatéria sentir a gravidade diferentemente da matéria? Lembre-se de que a característica definidora das antipartículas é que suas cargas eletromagnética, fraca e forte são opostas às das normais. Será possível que as partículas da antimatéria também tenham suas "cargas gravitacionais" opostas? Poderia a antimatéria sentir a gravidade de maneira *oposta*? Imagine o que aconteceria se isso fosse verdade e se nós, de algum modo, descobríssemos como criar e cultivar antimateriais com essa propriedade "antigravidade". Os carros voadores e as botas antigravidade com os quais você sempre sonhou quando criança podem de fato se tornar realidade!

Se *isso* acontecer, acho que vamos querer mudar o nome dessa tal "antimatéria" para "maneitéria".

QUEM PRECISA DE MATEMÁTICA QUANDO SE TEM BOTAS ANTIGRAVITACIONAIS?

13.
O que aconteceu com o Capítulo 13?

Não tenho a menor ideia.

14.
O que aconteceu durante o Big Bang?

E o que veio antes?

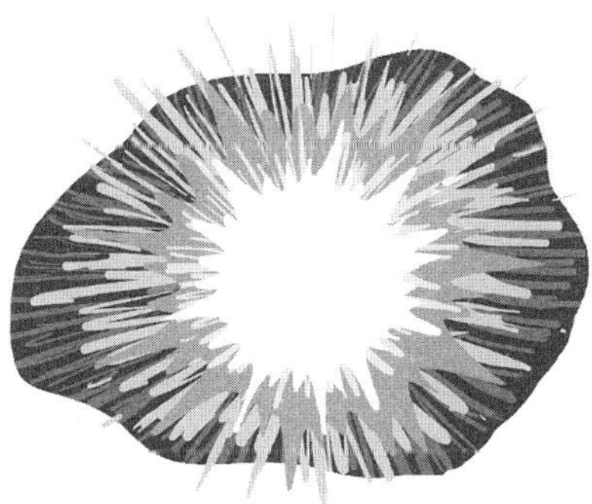

Se alguém lhe dissesse que você nasceu sob circunstâncias misteriosas, isso não iria despertar seu interesse? Se lhe dissessem que você apareceu bebê na Terra, de uma hora para outra, sem ninguém saber se foi fecundado em um tubo de ensaio, montado em uma fábrica ou se brotou a partir de alienígenas, você não acharia inquietante?

Saber de onde e como você surgiu é uma parte essencial da sua identidade. A noção de que você foi concebido e nasceu está, provavelmente, acomodada confortavelmente no seu inconsciente, assegurando-o de que é normal estar aqui e de que você faz parte de uma história maior.

Mas com o universo não é bem assim.

O universo começou a existir há cerca de 14 bilhões de anos (falaremos mais tarde sobre como sabemos disso), e dizer que isso aconteceu sob circunstâncias misteriosas é um eufemismo e tanto. Os cientistas acham que sabem o que aconteceu logo *após* o nascimento do universo — uma enorme explosão expansiva chamada de Big Bang — mas sabem muito pouco sobre o momento exato do nascimento, o que o causou e o que veio antes (se é que teve alguma coisa).

Neste capítulo, falaremos de tudo o que sabemos e não sabemos sobre esse evento extraordinário. Alerta de spoiler: ele provavelmente não foi feito em um tubo de ensaio.

Como podemos saber qualquer coisa sobre o Big Bang?

Em situações como essa, é conveniente lembrar os limites da ciência. A ciência é uma ferramenta bastante útil para responder a muitos tipos diferentes de perguntas, mas tem limites. Mais especificamente, as teorias científicas têm que fazer *previsões testáveis* que possam ser validades por experimentos. Por exemplo, se você tem uma teoria sobre o comportamento do seu gato, pode testá-la atirando com uma Nerf nele e observando a reação.

CIÊNCIA: SERVE PARA ALGUMA COISA.

Se uma teoria não pode ser testada com experimentos, cai no reino da filosofia, religião ou pura especulação. Por exemplo, alguém poderia sugerir a teoria de que, nas profundezas do espaço, entre nossa galáxia e a galáxia de Andrômeda, flutua um gatinho de pelúcia rosa. Essa é uma teoria física sólida, mas a nossa tecnologia atual a torna impossível de ser testada. Assim, por ora, não é uma ideia científica, e os crentes do Gatinho das Profundezas do Espaço precisarão se sustentar na fé ou em outros argumentos.

Teorias já cruzaram a fronteira do não científico para o científico muitas vezes na história. A ideia de que a matéria é feita por átomos minúsculos já existia muito antes que tivéssemos tecnologia para detectar tais átomos. Problemas como esse já foram convertidos de filosofia para ciência através da criação de novas ferramentas com maior poder e insight.

O GATINHO DAS PROFUNDEZAS DO ESPAÇO OLHA POR TODOS NÓS

Esse é o caso do Big Bang.

Até bem recentemente, "momentos iniciais do universo" teria sido um assunto de mera especulação. Afinal, como se estuda algo que aconteceu há 14 bilhões de anos? E, mais importante, como fazer experimentos para verificar as teorias? Não é como se conseguíssemos recriar o Big Bang para a nossa conveniência científica.

Felizmente para nós, o Big Bang deixou uma bagunça. Há todo tipo de pistas e pedacinhos de entulho para analisarmos em detalhe. E, nos últimos cinquenta anos, nossa tecnologia, a matemática e as teorias físicas avançaram ao ponto no qual começamos a trazer a pergunta sobre o que aconteceu durante o Big Bang para a categoria científica. Podemos testar teorias sobre o Big Bang, desde que façam predições sobre as coisas que conseguimos encontrar no entulho; isso conta como uma predição mesmo que tenha acontecido muito tempo atrás.

Mas só porque temos essa capacidade, não quer dizer que saibamos tudo sobre o Big Bang, especialmente sobre o que veio antes. Para compreender o que não sabemos sobre o Big Bang, vamos primeiro falar sobre o que *de fato* sabemos.

O que sabemos sobre o Big Bang?

A ideia do Big Bang surgiu no início do século XX, quando os cientistas descobriram que todas as galáxias que conseguíamos ver estavam se afastando de nós, o que significava que o universo estava se expandindo.

Os cosmólogos tentaram dar sentido a essa observação usando as novas equações da relatividade geral de Einstein, que descreve como o espaço, o tempo e a gravidade funcionam, e perceberam que essas equações poderiam muito facilmente descrever um universo em expansão. Mas também descobriram algo estranho. Se você projetasse essa expansão para trás no tempo, o máximo possível, as equações prediziam algo quase completamente alienígena para a nossa intuição: o universo inteiro contido em um único ponto, uma *singularidade*, na qual a massa é enorme, o volume é zero, a densidade é infinita e estacionar é *impossível*.

O crescimento de uma semente minúscula até o universo vasto e grandioso que vemos hoje é o que chamamos de Big Bang, a origem do nosso universo.

A maioria das pessoas que já ouviram falar do Big Bang provavelmente imagina que ele seja uma explosão, parecida com aquelas provocadas por bombas. Elas imaginam que, antes do Big Bang, toda a matéria do universo estava amontoada em um volume pequeno e que, depois, ela saiu voando pelo espaço, levando ao universo que conhecemos hoje.

Porém, se você acha difícil acreditar que tudo o que existe agora estava amontoado em um único ponto infinitesimal que foi arremessado para fora numa explosão, você tem um ponto de vista válido. A história do que aconteceu durante o Big Bang é *muito* mais complexa e cheia de mistérios para os quais não temos resposta no momento. Continuem lendo para descobrir quais são esses mistérios.

Grande mistério #1: Gravitação Quântica

Vamos começar do início. Faz algum sentido que o universo tenha sido outrora um único ponto infinitesimal? Que todas as coisas que existem hoje estavam algum dia na mesma posição, compactadas a volume zero? Na verdade, de acordo com a relatividade geral, faz, sim.

Mas a relatividade geral foi concebida e desenvolvida antes que se tornasse claro que, a curtas distâncias, o universo é um lugar estranho, habitado por objetos quânticos que seguem regras esquisitas, probabilísticas e contraintuitivas. Espera-se que as predições da relatividade geral falhem quando as massas fiquem tão densas que efeitos quânticos se tornem importantes. Como durante os primeiros instantes do universo, quando as coisas estavam realmente compactadas em espaços incrivelmente pequenos.

Algumas vezes, não se consegue levar uma teoria até suas últimas conclusões lógicas. Imagine que você mediu quão rápido seus gatos cresceram com o tempo e, depois, tentou extrapolar seu crescimento para trás no tempo. Se você apenas considerou o tamanho, pode chegar à predição de que seus bichos um dia foram gatinhos-singularidade infinitesimais ou, ignorando completamente as fronteiras físicas, que eles um dia tiveram tamanho negativo. Isso seria. . . *gat*astrófico.

O mesmo vale para a relatividade geral e o Big Bang. Como não temos uma teoria quântica da relatividade, realmente não sabemos como calcular ou predizer o que estava acontecendo no universo primordial. Isso significa que, provavelmente, o cenário do Big Bang ter começado com uma singularidade não é lá bem acurado; aqueles instantes iniciais dominavam, mas não temos ideia de como descrevê-los.

Grande mistério #2: O universo é grande demais

Existe outro problema com essa visão simplória do Big Bang como uma explosão a partir de uma pequena pepita original. Mesmo que o universo tenha crescido a partir de um ponto infinitesimal ou de uma bolha pequena de bolheza quântica, há, ainda, algo que não bate com o que vemos: o universo é maior do que deveria ser.

Para compreender isso vamos primeiro pensar sobre quanto do universo conseguimos enxergar. Além do livro em suas mãos, do gato no seu colo, do mundo fora da janela, pense nas estrelas distantes. Quão longe você conseguiria ver se tivesse um telescópio capaz de captar a luz que se empenha em nos alcançar vindas de estrelas distantes? A resposta depende de quão *velho* o universo é.

Enxergar alguma coisa significa que você está captando fótons que iniciaram sua viagem da coisa que você está tentando ver e então encontraram o caminho até o seu olho (ou seu telescópio). Mas como existe um limite de quão rápido um fóton pode viajar (eles conseguem viajar apenas na velocidade da luz), então enxergar algo realmente distante significa que muito tempo se passou desde o instante em que o fóton foi emitido até o instante que você o captou.

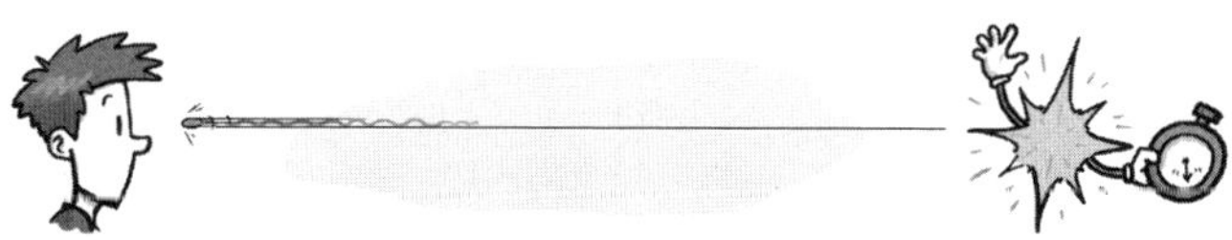

Assim, quão *distante* você consegue enxergar depende de quanto *tempo* se passou desde que o universo começou.

Se o universo tivesse começado cinco minutos atrás, o mais longe que você conseguiria ver seria cinco minutos vezes a velocidade da luz, ou cerca de 90 milhões de quilômetros.[99] Pode parecer muito, mas significa que você seria capaz de ver apenas tão longe quanto Mercúrio.

Esse é o "universo observável". Tudo o que você consegue ver tem que estar dentro de uma esfera cujo centro é a sua cabeça e cujo raio é a distância que a luz possa ter viajado desde que o universo nasceu. Se um ponto na superfície da esfera lhe enviou um fóton no instante mais cedo possível, ele estará chegando apenas agora; isso é o que define a borda da sua visão.

---

99. Admitindo que não haja uma expansão do espaço propriamente dito — exploraremos esse assunto daqui a pouco.

As luzes de estrelas, planetas e gatos fora dessa esfera não terão nos alcançado, de modo que nenhum telescópio conseguirá vê-las. Até mesmo uma supernova superbrilhante ou um gatinho rosa do tamanho de um planeta seriam invisíveis se estivessem do lado de fora da esfera. Por incrível que pareça, esse conceito nos levou de volta à antiga ideia de estarmos no centro do universo observável, exceto pelo fato de que cada um de nós é o centro de seu próprio universo observável!

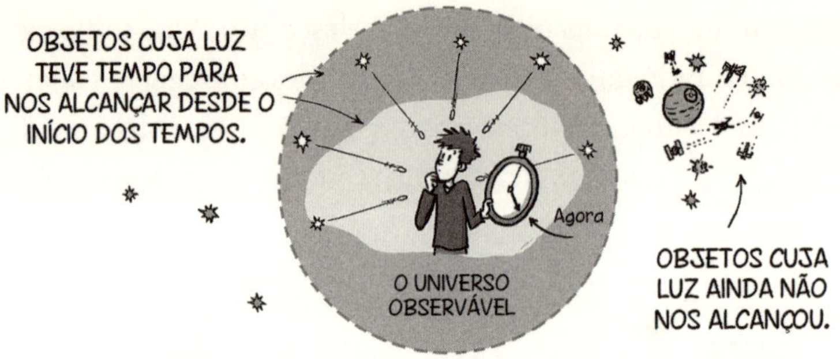

Conforme o tempo passa, a esfera cresce e conseguimos enxergar mais do universo. A cada ano conseguimos ver mais e mais longe, porque estamos permitindo que as luzes provenientes de objetos mais distantes nos alcancem. E essa informação está chegando a nós na velocidade da luz, o que significa que a borda da nossa visão também está crescendo com a velocidade da luz.

Mas, ao mesmo tempo, tudo no universo está se movendo para longe de nós de modo que há, então, uma corrida entre a borda da nossa visão e os alvos dos nossos telescópios. Quão disputada é essa corrida? A borda de nossa visão está crescendo na velocidade da luz, mas as coisas no universo não conseguem viajar através do espaço mais rápido do que isso (de acordo com a relatividade).

Assim, se todas as coisas no universo começaram de um minúsculo ponto quântico, porém finito, e estão simplesmente se movendo através do espaço para longe do Big Bang, nosso horizonte deveria estar se expandindo mais rápido do que as estrelas, e os gatinhos do universo conseguem se mover para longe de nós, nos dando uma visão cada vez maior. Muito rapidamente, se não já, nosso horizonte será maior que o universo inteiro.

Como isso pareceria? Quando nosso horizonte ficar maior que o universo, conseguiremos ver além do ponto em que não há mais estrelas (ou que não houvesse estrelas, considerando que o que vemos aconteceu há muito tempo). Estaríamos olhando para um lugar no qual não há nada: *um fim para as estrelas.*

Mas em qualquer direção que olhamos, não vemos um fim para as estrelas. O universo *ainda* é maior que nosso horizonte, mesmo que 14 bilhões de anos tenham se passado desde sua origem. Há, claramente, algo que não está muito certo sobre essa ideia de que tudo no universo começou a partir de uma bolha pequena e simplesmente se moveu para fora através de um espaço estático.[100]

E fica ainda pior.

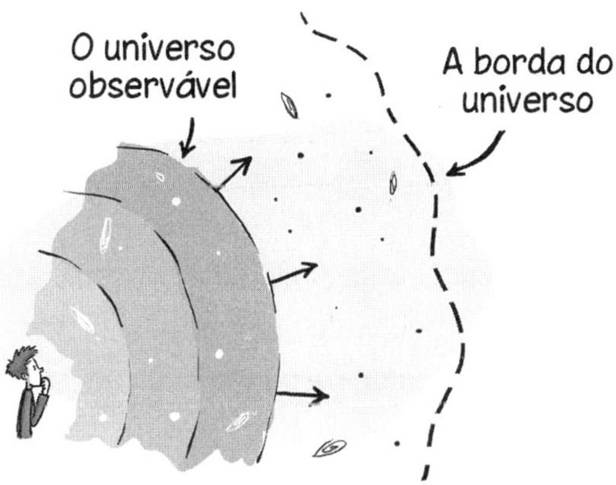

Grande mistério #3: O universo é muito suave

Há outros problemas com a ideia de que tudo no universo está simplesmente se movendo para longe a partir de um ponto de partida pequeno durante o Big Bang. Mais especificamente, que o universo é muito *suave.*

100. Isso pressupõe que o universo é finito. Caso contrário, evita-se esse problema, porque um universo infinito será sempre maior do que conseguimos ver, mas aí você teria um problema para explicar como um universo infinito é criado.

Por mais fantástico e caótico que o universo lhe pareça, há, na verdade, um tipo de homogeneidade generalizada, ou uniformidade, nele. E conseguimos ver essa uniformidade na radiação cósmica de fundo, a RCF do Capítulo 3.

Para entender isso, vamos olhar um exemplo. Imagine que você esteja faminto (ler livros sobre física queima muita caloria; diga a seus amigos) e decida aquecer uma torta no seu micro-ondas. Após alguns minutos, como todos sabem, o centro da sua torta estará muito quente, enquanto as bordas mais externas estarão menos quentes.

Agora imagine que você esteja dentro da torta, medindo a temperatura da vizinhança da sua guloseima de microondas.

Se estiver em pé no centro da torta, você perceberá que a temperatura em todas as direções é a mesma.

Mas imagine agora que você esteja em pé um pouco ao lado do centro da torta. Se medisse a temperatura do lado mais próximo do centro, você encontraria uma região mais quente. Mas se medisse a temperatura na outra direção, em direção à borda, encontraria uma temperatura mais fria.

Você pode fazer o mesmo com o universo do nosso lugarzinho chamado Terra. Podemos medir a temperatura dos fótons da RCF que estão atingindo a Terra de um lado e compará-la com a temperatura dos fótons que a atingem pelo outro lado. E o que encontramos é um tanto surpreendente: a temperatura é a *mesma* (cerca de 2.73 K), não importa a direção em que olhemos!

Parece improvável que estejamos posicionados *exatamente* no centro de um universo aquecido por micro-ondas, de modo que apenas podemos concluir, das nossas medidas, que o universo inteiro tem a mesma temperatura, por igual. Isto é, o universo está mais para uma banheira convidativa de água aquecida, do que uma torta fresca esquentada num micro-ondas.

UMA BANHEIRA AQUECIDA vs. O UNIVERSO

	BANHEIRA AQUECIDA	O UNIVERSO
CONTÉM ÁGUA	✓	✓
TEMPERATURA UNIFORME	✓	✓
CONTÉM PATOS DE BORRACHA	✓	✓

Para compreender como essa não é uma boa notícia para a nossa teoria simplória do Big Bang, precisamos primeiro entender o que os fótons da radiação cósmica de fundo de fato representam: eles nos dão as primeiras fotos do universo bebê.

Nos seus dias iniciais, o universo era muito mais quente e denso do que é hoje. Naquela época, ele era quente demais até para a formação de átomos, fazendo com que toda a matéria flutuasse em um estado iônico chamado plasma. Os elétrons zumbiam livremente, por terem muita energia e animação de sobra para se comprometerem com um único núcleo positivo.

Mas, à medida que o universo se resfriou, houve um breve período no qual isso parou de acontecer: a temperatura caiu o suficiente para que o plasma carregado se transformasse num gás neutro e os elétrons começaram a orbitar em volta de prótons e a formar átomos e elementos. Durante essa transição, o universo foi de *opaco* para *transparente*.

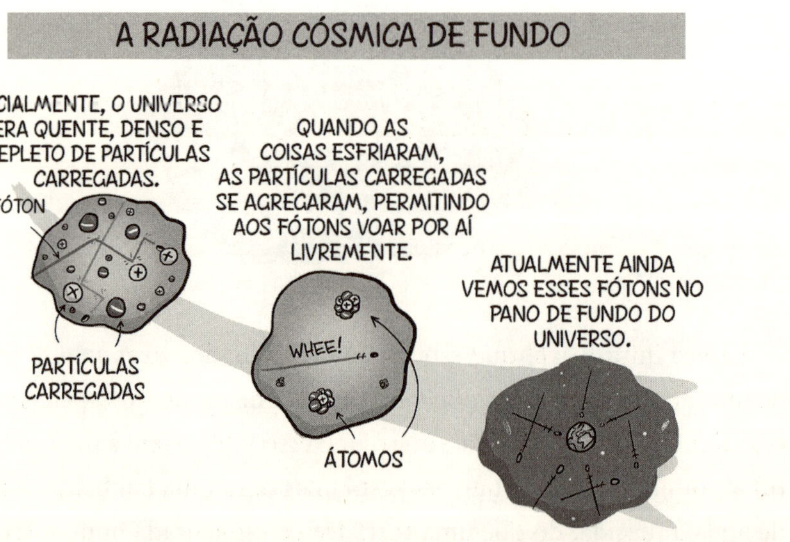

Na fase de plasma, os fótons não conseguiam ir muito longe sem esbarrar nos elétrons e íons que se moviam livremente. Porém, uma vez que os elétrons e prótons (e nêutrons) formaram átomos neutros, era muito mais raro um fóton interagir com eles, de modo que eles puderam se mover mais livremente. Para os fótons, o universo enevoado ficou translúcido repentinamente. E como desde então o universo tem basicamente ficado mais frio, a maioria desses fótons *ainda está voando por aí intocada*.

Esses são os fótons que detectamos quando medimos a radiação cósmica de fundo, e o curioso é que a temperatura desses fótons parece a mesma em todo lugar.

Independente da direção em que você olhe, verá fótons com a mesma energia. A RCF é muito, muito, muito suave. Isso é o que você espera de algo que teve muito tempo para misturar, equalizar e equilibrar quaisquer regiões mais quentes. Por exemplo, é o que aconteceria se você deixasse sua torta dentro do micro-ondas para esfriar por bastante tempo. No final, todas as moléculas estariam praticamente na mesma temperatura.

Mas lembre-se de que os fótons da RCF são bastante antigos; datam dos instantes imediatos após o Big Bang, o que os faz ter 14 bilhões de anos.[101] Se você olhar para uma direção no céu, estará vendo fótons que foram criados há 14 bilhões de anos, muito, mas muito distantes. Se olhar na direção oposta, verá fótons criados igualmente afastados, mas para outro lado.

Como esses fótons poderiam ter a mesma energia se estão vindo de extremidades opostas do universo? Como tiveram a chance de se misturar e trocar energia para se equalizar? Parece que esses fótons precisariam ter se comunicado uns com os outros mais rápido do que a velocidade da luz, de modo a se misturar e ficar com a mesma temperatura.

101. Eles não gostam de tocar no assunto. Não pergunte.

Uma resposta inflada

Então o universo é grande demais e suave demais para ter vindo de um Big Bang em que tudo simplesmente tenha se movido através do espaço a partir de uma bolha pequena. Se tivéssemos escrito esse livro trinta anos atrás, esse teria sido um dos grandes mistérios. Hoje em dia existe, sim, uma explicação convincente, mas que soa completamente maluca. Está preparado?

E se alguns instantes após o universo ter sido criado, tenha existido um período de cerca de 0,000000000000000000000000000000001 segundo no qual a estrutura do *espaço-tempo propriamente dito* tenha se expandido por um fator de 10.000.000.000.000.000.000.000.000 — a uma taxa mais rápida do que a velocidade da luz?[102]

Bum. Problemas resolvidos.

O quê? Será que uma expansão da estrutura do espaço-tempo, *praticamente instantânea e com mais de 25 ordens de magnitude*, mais rápida que a luz, soa completamente ridícula e inventada? Se parecer, você provavelmente não é um físico maluco.

Na verdade, essa foi a solução que os físicos inventaram para explicar por que o universo é maior do que deveria ser e por que está a uma temperatura uniforme. Eles a chamam de (rufar dos tambores) "inflação". Ok, não é um nome dos mais inspirados. Mas o mais louco é que talvez seja provavelmente verdade.

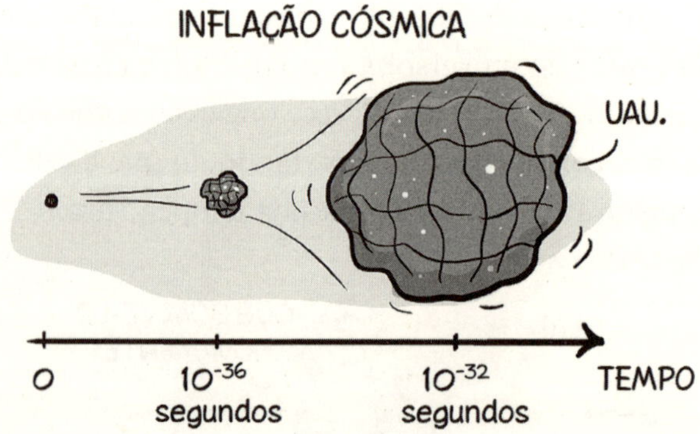

102. Mais rápido que a luz significa, aqui que o crescimento de novo espaço aumentou distâncias no espaço mais rápido do que a luz conseguiria atravessá-las, e não, literalmente, movimento mais rápido do que a luz através do espaço, o que é impossível.

Primeiro, vamos falar sobre como isso resolve o mistério do universo ser tão grande.

Lembre-se de que o problema era que o universo observável, que está crescendo na velocidade da luz, é ainda menor que o universo propriamente dito, que cresce a uma taxa que deveria ser menor do que a velocidade da luz. Bem, a inflação diz que, apenas por um instantezinho, o universo se expandiu *mais rápido* que a velocidade da luz.

As coisas dentro do universo continuaram a obedecer ao limite de velocidade cósmico (não se moveram *através* do espaço mais rápido que a luz), mas, de acordo com a inflação, o *espaço propriamente dito* se expandiu, criando novo espaço mais rápido do que a luz conseguiria atravessá-lo.[103]

É assim que um universo que tenha começado a partir de um ponto minúsculo pode, agora, estar muito maior do que o universo observável. Durante a inflação, o universo ultrapassou o horizonte do universo observável, empurrando algumas coisas para tão longe que ainda não recebemos a luz que elas emitem.

A expansão do espaço foi muito dramática: o universo ficou maior por um fator de mais de 10^{25} em menos de 10^{-30} segundos. Após o final da inflação, o universo continuou se expandindo, inicialmente a uma taxa bem menor e, mais recentemente, a uma taxa maior devido à energia escura. Agora o universo observável tem uma pequena chance de chegar lá, porque continua a se expandir na velocidade da luz. Mas quanto do universo ainda está além do universo observável para que nós o vejamos? Não temos ideia, mas esse é o assunto do próximo capítulo.

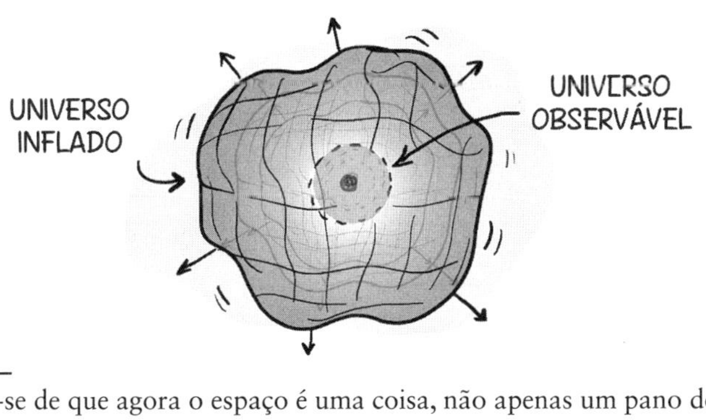

103. Lembre-se de que agora o espaço é uma coisa, não apenas um pano de fundo. Veja o Capítulo 7.

E como a inflação resolve o problema de um universo suave demais?

Resolver o problema do fóton-suave significa encontrar uma maneira através da qual esses fótons primordiais (os que vêm das extremidades opostas do universo) tenham se misturado de modo que pudessem ficar com temperatura uniforme; só pode acontecer se — em algum momento do passado distante — esses fótons estivessem muito mais próximos uns dos outros do que a taxa de expansão atual prevê.

A inflação resolve esse problema ao dizer que os fótons estavam, de fato, mais próximos entre si em algum momento *antes* da expansão rápida do espaço-tempo. Antes da inflação, o universo era pequeno o suficiente para que *houvesse* tempo de todos os fótons se conhecerem e entrarem em equilíbrio, ficando, assim, com a mesma temperatura.

Depois da inflação, os fótons foram separados a distâncias que, para *nós*, parecem impossivelmente grandes para que eles tenham a mesma temperatura. Apenas nos *parece*, nos dias de hoje, que eles estejam distantes demais para terem conseguido falar uns com os outros, mas antes da inflação, estavam bem juntinhos.

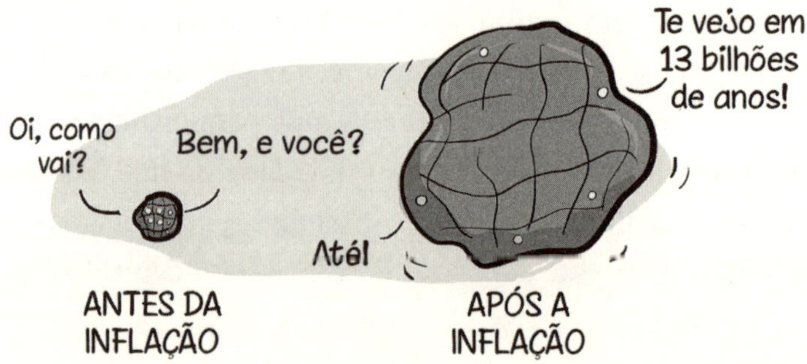

Terminamos?

Essa esticada ridícula e praticamente instantânea chamada de inflação dá sentido a tudo.

E o mais impressionante é que *ainda* está acontecendo hoje. Não com a mesma taxa absurda, mas a energia escura ainda está — agora mesmo — criando novo espaço.

Recentemente, essa teoria da inflação se estabeleceu, deixando de ser uma teoria maluca que faz toda a matemática funcionar, para uma observação (ainda que não estabelecida conclusivamente) com evidências experimentais.[104]

Como, você deve se perguntar, conseguimos verificar algo que aconteceu há 14 bilhões de anos? Bem, a teoria da inflação prevê assinaturas específicas nas ondulações minúsculas da radiação cósmica de fundo, que deveríamos observar hoje em dia, e algumas dessas assinaturas parecem estar presentes em medidas experimentais da RCF. É claro, isso não significa que sabemos que a inflação é real, porque há outras teorias que também predizem tais agitações, mas lhe dá crédito.

Na verdade, é assim também que sabemos que o universo começou há 14 bilhões de anos. A partir dessas ondulações, conseguimos estimar as proporções de matéria, matéria escura e energia escura no universo e podemos combiná-las em um modelo com a taxa de expansão do universo. Esse modelo nos diz a idade do universo.

E há outra razão para gostarmos dessa ideia. Quando falamos, no Capítulo 7, sobre como o espaço é algo dinâmico que se curva pela quantidade de energia e matéria no universo, dissemos que haverá uma estranha coincidência que haja exatamente a quantidade certa de matéria e energia no universo de modo que o espaço seja praticamente plano. Bem, a inflação torna isso menos estranho — a expansão do espaço tende a fazer o espaço parecer mais plano, da mesma forma que um planeta grande parece ter uma superfície mais plana do que a de um planeta menor. Na verdade, a inflação *previu* que o espaço deveria ser plano antes mesmo que isso tivesse sido medido.

Ótimo! O Big Bang está explicado. Claro, tivemos que inventar uma expansão do espaço-tempo absurda, momentânea e maluca, para fazer tudo funcionar, mas os experimentos indicam que isso (provavelmente) aconteceu de fato.

Mas o problema é: *não sabemos o que causou a inflação*.

---

104. Uma prova mais direta seria a observação de ondas gravitacionais da inflação, mas reivindicações recentes de tê-las observado foram posteriormente reveladas equivocadas.

O que poderia fazer com que o espaço-tempo de um universo pequeno se expandisse absurda e repentinamente por 25 ordens de magnitude? Não sabemos. O mistério do Big Bang inflacionário é ainda bastante profundo e estamos apenas começando a ter uma noção de quais são as perguntas certas.

AVISO: Filosofia adiante

Precisaremos, agora, deixar os fundamentos sólidos das teorias científicas e dar um salto em direção ao mundo mais difuso da filosofia e da metafísica.

Por enquanto, a maioria das opiniões que temos sobre essas questões são que se tratam apenas de ideias malucas (ainda que empolgantes) e impossíveis de se testar. Pode ser que, no futuro, cientistas inteligentes pensem em maneiras de testá-las e descubram alguma verdade totalmente chocante e bizarra sobre a origem da inflação e o Big Bang.

O que causou a inflação?

Não temos mesmo nenhuma ideia do que tenha causado a inflação?

Acontece que os físicos têm, sim, algumas ideias do que possa ter causado a inflação. E a boa notícia é que, de acordo com uma dessas ideias, não precisaremos inventar nenhuma nova força poderosa da natureza, apenas um *tipo de substância* completamente *novo*. Nada de mais.

A ideia é a seguinte: e se o universo primordial fosse cheio de um tipo *novo* de substância instável que fizesse o espaço-tempo se expandir rapidamente?

Viu? Essa foi fácil. Agora precisaremos responder apenas a duas perguntas simples:

1. Como esse novo tipo de substância fez o espaço-tempo se expandir?
2. Se essa nova substância existiu, onde está agora?

Em teoria, é possível que um tipo diferente de matéria cause a expansão do espaço-tempo, da mesma forma que a matéria regular curva e distorce o espaço-tempo quando falamos de relatividade geral e de gravidade.

Como isso funcionaria? Bem, a gravidade é quase sempre uma força atrativa, agrupando massas. Mas há certas propriedades da massa e da energia que poderiam ter o efeito de expandir o espaço-tempo de modo que as coisas se afastassem, ao invés de se aproximarem. Pense nisso como uma tecnicidade da relatividade geral. Essa propriedade é a componente de pressão do tensor de energia-momento da matéria. Isso pode soar técnico, mas significa que, sob certas condições (pressão negativa), as substâncias podem fazer o espaço se expandir.

Claro, isso o faz pensar para onde essa substância inflacionária foi e por que a inflação parou. A resposta é que essa coisa inflacionária é instável: no final, decai ou se quebra em matéria regular.

Então a teoria é mais ou menos assim: pode ser que o universo primordial fosse cheio de alguma coisa que tem pressão negativa, e essa pressão negativa expandiu o espaço-tempo muito, muito rapidamente. Em algum momento, essa coisa inflacionária hipotética se transformou em uma matéria regular mais familiar, encerrando a expansão louca e resultando num universo enorme e quente, repleto de matéria normal e densa.

Essa teoria parece maluca, mas explicaria o que causou a inflação. E lembre-se de que a inflação parecia uma teoria maluca antes de explicar várias coisas que não compreendíamos sobre os momentos iniciais do universo.

É claro que não temos ideia do que essa coisa de pressão negativa seja, mas o conceito não é assim tão absurdo (para os padrões da física). Forças repulsivas, cosmicamente poderosas, que tenham feito o universo explodir num nível absurdo, se tornaram menos absurdas nas últimas décadas, com a descoberta da energia escura. Sabemos que algo chamado de energia escura está fazendo o universo se expandir cada vez mais depressa (veja o Capítulo 3), mas, assim como a coisa de pressão negativa que possa ter causado a inflação, não sabemos o que é. Estariam relacionadas? Novamente, não temos ideia.

E o que aconteceu antes do Big Bang?

Por mais misteriosas que as circunstâncias acerca do Big Bang sejam, há um mistério ainda maior logo ali do outro lado. O que causou o Big Bang? E o que aconteceu antes?

Essa pergunta fazia sentido quando pensávamos no Big Bang como um momento específico, quando o universo era um ponto minúsculo e todos os relógios marcavam $t = 0$, e as coisas começaram explosivamente a partir daquele primeiro instante.

Mas agora já substituímos o ponto minúsculo por uma bolha quântica difusa (talvez pequena, talvez infinita) e a explosão já foi substituída pela inflação seguida de uma expansão propulsionada pela energia escura. Então a pergunta ainda faz sentido, mas teremos, primeiro, que reformulá-la no nosso novo contexto. Em vez de perguntarmos o que veio antes do Big Bang, deveríamos perguntar: de onde veio a bolha quântica inflável?

Teria essa bolha levado, inevitavelmente, a um universo como o nosso ou poderia ter sido diferente? Essa bolha poderia acontecer de novo? *Já aconteceu antes?* A resposta é, como de costume, não temos ideia.

O mais excitante é que há, muito provavelmente, uma resposta a essas perguntas e a evidência necessária para revelá-las pode estar ao nosso alcance, se apenas tivermos as ferramentas. Nas páginas seguintes vamos explorar algumas possibilidades sobre a origem do universo que vão desde ideias bastante simples a teorias que pareceriam extravagantes até mesmo para os leitores de ficção científica mais dedicados.

1. Talvez a resposta seja que não há resposta?

Nem todas as perguntas têm respostas satisfatórias, porque nem todas as perguntas são bem-feitas. Esse pode ser o caso de perguntas como "O que acontece depois que você morre?", porque depende se haverá ou não um "você" após "você" morrer. Analogamente, a pergunta "Por que o meu gato não me ama?" talvez esteja mal formulada porque não sabemos sequer se os gatos *conseguem* amar.

Mesmo perguntas matemáticas nítidas podem cair nessa categoria. Stephen Hawking sugeriu que perguntar "O que veio antes do Big Bang?" seria como perguntar "O que há ao norte do Polo Norte?". No Polo Norte, todas as direções para onde você andar serão ao sul e não há como ir mais ao norte. Isso é apenas uma característica da geometria da Terra. Se o espaço-tempo foi criado no momento do Big Bang, é possível que a geometria do espaço-tempo implique que não haja resposta satisfatória à pergunta do que veio antes (ex., não há "antes").

QUALQUER CRIANÇA SABE O QUE HÁ AO NORTE DO POLO NORTE.

Até onde podemos ver, o universo parece seguir as leis físicas e, assim, até mesmo a criação do Big Bang deveria ser descrita em tais termos. Mas é possível que, do nosso ponto de vista dentro do espaço-tempo, não tenhamos acesso às informações necessárias para aprendermos o que veio antes. Tal evento cataclísmico pode ter destruído qualquer informação sobre o que tenha acontecido antes, não nos deixando evidências para serem descobertas. Isso é muito insatisfatório, mas não há nenhuma regra que diga que todas as respostas da ciência nos farão felizes.

2. Talvez sejam buracos negros até lá embaixo

Uma pergunta central, caso aceitemos a inflação, é como a coisa inflacionária, incrivelmente densa e compacta, foi criada. Ao examinarmos o universo à procura de coisas que possam criar bolsos hiperdensos de matéria, um candidato óbvio é um buraco negro. Dentro do horizonte de eventos de um buraco negro, a matéria é espremida com uma pressão gravitacional intensa. Alguns físicos especulam que a estranha pressão negativa que causou a inflação poderia ter se formado dentro de um buraco negro massivo.

Na verdade, você pode dar um passo a mais e sugerir que o universo inteiro poderia estar existindo dentro do horizonte de eventos da mãe de todos os buracos negros. De fato, buracos negros em nosso universo podem conter seus próprios miniuniversos. Atualmente, essas ideias são impossíveis de serem testadas. Mas soam bem fantásticas.

3. Talvez haja um ciclo

E se o nosso Big Bang foi apenas um de muitos? Pode ser que, no futuro longínquo, a energia escura e a inflação sejam revertidas, causando um colapso cósmico chamado Big Crunch, ou Grande Colapso. Esse colapso espreme todas as estrelas, planetas, matéria escura e gatos dentro de uma bolha densa e minúscula, que então detona um *novo* Big Bang. Esse ciclo poderia continuar eternamente: *crunch, bang, crunch, bang, crunch*... Há alguns problemas teóricos com isso, envolvendo a diminuição da entropia de um universo em colapso, mas estamos tão perdidos com relação à direção da flecha do tempo, que há soluções em potencial, se você estiver disposto a considerar ideias malucas.

É claro que levar essa ideia de uma especulação criativa a uma hipótese científica testável vai ser difícil. As condições do Big Bang terão, muito provavelmente, destruído quaisquer evidências de uma iteração prévia, o que significa que talvez jamais saibamos a resposta antes do próximo Big Crunch chegar e esmagar nós todos até a morte.

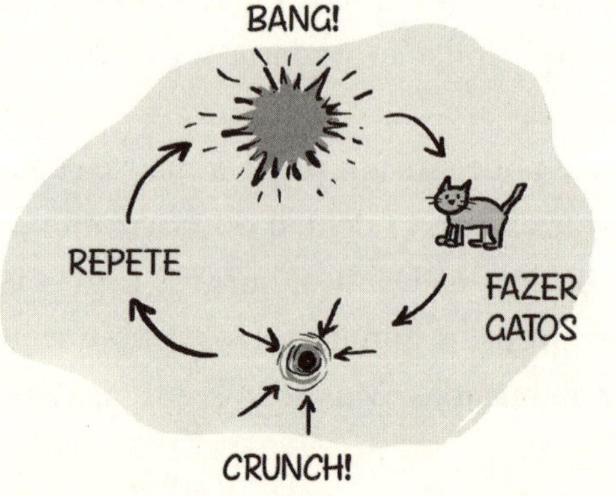

4. Talvez haja muitos universos

Outra possibilidade é que a coisa estranha com pressão negativa se expanda rapidamente e, ao se expandir, crie *mais* dessa coisa estranha. E, mesmo que essa coisa estranha decaia em matéria normal, é possível que não decaia rápido o suficiente.

Se mais coisas estranhas novas são criadas mais rápido do que podem decair em matéria normal, o resultado é que o universo continuará a inflar *para sempre*. Algumas partes vão decair, mas isso será superado pela criação de uma nova coisa inflacionária que, se essa teoria for verdadeira, está continuando a inflar *agora mesmo*.

O que acontece nessas regiões onde ela decai? Cada região representa o *final* do Big Bang nesta parte do espaço e o começo da expansão lenta de um universo de matéria normal.

Cada uma dessas regiões pode formar um "universo-ilha" assim como esse à nossa volta. Como a inflação continua para sempre, múltiplos universos podem estar constantemente sendo criados. Se a inflação continuar criando espaço mais rápido do que a luz consegue atravessá-lo, a coisa inflacionária entre os universos-ilha vai crescer rápido demais para permitir que esses universos jamais interajam uns com os outros.

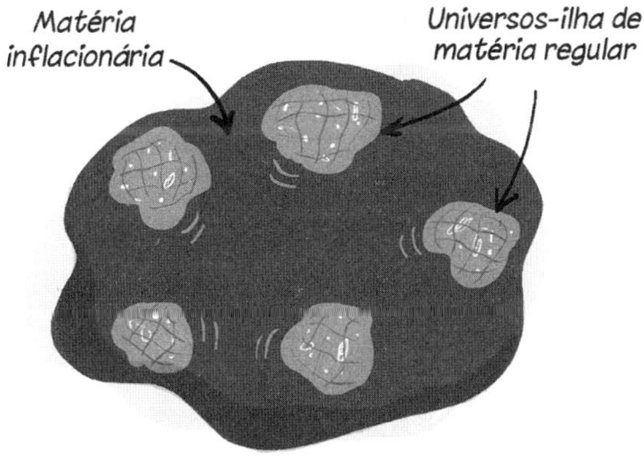

UNIVERSOS-ILHA:
TEMOS QUE PEGAR.

Como são esses outros universos-ilha? Certamente, não temos ideia. Pode ser que cada universo-ilha seja similar ao nosso, com as mesmas leis da física, mas condições iniciais aleatórias ligeiramente diferentes, levando a estruturas similares àquelas que temos aqui. Se a inflação sempre aconteceu e continuará acontecendo para sempre, significa que um número infinito de universos-ilha poderá existir.

Infinito é um conceito bastante poderoso porque significa que todo possível evento vai ocorrer independentemente de quão improvável. Mais ainda, em um número infinito de universos um evento improvável vai acontecer *um número infinito de vezes,* desde que a probabilidade não seja zero. Se essa teoria estiver correta, significa que outros universos podem conter cópias quase idênticas da Terra, incluindo aquelas nos quais um asteroide massivo dizimou os dinossauros ou uma na qual a colonização Viking da América do Norte teve mais sucesso e você está lendo este livro em dinamarquês. Ou uma na qual seu gato de fato goste de você.

O Big Fim

O fato de termos alguma pista sobre a física do Big Bang é absolutamente surpreendente. Imagine tentar reconstruir as circunstâncias do seu nascimento sem conhecer ninguém que tenha estado lá na ocasião ou se isso aconteceu há *14 bilhões de anos atrás*.

Nessa escala, nosso tempo aqui na Terra é apenas um piscar de olhos. Mas, de alguma forma, nesse piscar, conseguimos olhar o universo ao nosso redor e encontrar evidências que nos levam aos primórdios do tempo e nos alcances mais distantes do universo observável.

E, à medida que nosso tempo aqui vai além de um piscar, imagine o que mais vamos descobrir. Pode ser que consigamos entender o que causou a inflação e, durante o processo, tomemos conhecimento de novos tipos de matéria ou novas propriedades da matéria existente que não sabíamos anteriormente.

Ou, ainda mais excitante, pode ser que, um dia, nossos conhecimentos quebrem a barreira desses momentos iniciais do universo e sejamos capazes de ver o que aconteceu *antes* do Big Bang. O que vamos encontrar do outro lado? Outros universos flutuando em um vasto oceano de coisa inflacionária? Ou outra versão do nosso universo indo em direção a um Big Colapso?

Hoje em dia essas perguntas são filosóficas, mas, em algum momento no futuro, podem se tornar científicas, e nossos descendentes e seus gatos de estimação saberão as respostas.

As perguntas filosóficas de hoje são os experimentos científicos de precisão de amanhã.

CIÊNCIA: SERVE PARA ALGUMA COISA.

15.
Quão GRANDE é o universo?

E por que é tão vazio?

Suba até o cume de uma montanha remota em um dia ensolarado e será recompensado com uma vista deslumbrante. A não ser que já haja uma Starbucks lá, você terá uma vista solitária e desobstruída que se alonga por quilômetros e quilômetros.

Isso parece impressionante porque — supondo que você não seja um bilionário que mora numa cobertura — a vista que você tem da sua janela ao tomar seu café da manhã é, provavelmente, medida em metros e não em quilômetros. Pode ser até que seu prédio seja tão colado ao da vizinha que ela está lendo este livro junto com você, no seu cangote, agora mesmo.

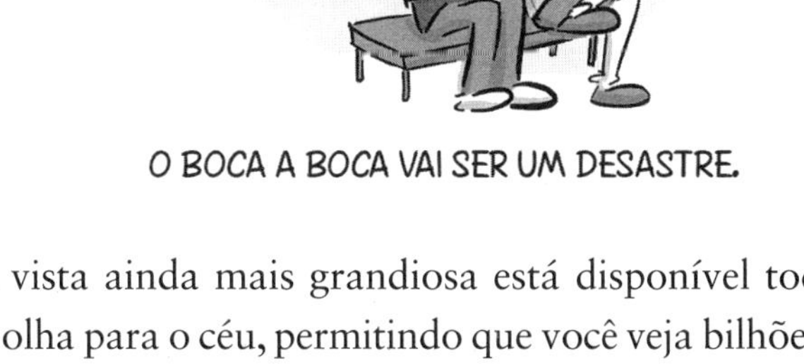

O BOCA A BOCA VAI SER UM DESASTRE.

Mas uma vista ainda mais grandiosa está disponível todas as noites quando você olha para o céu, permitindo que você veja bilhões e bilhões de quilômetros espaço adentro. Imagine cada estrela como uma ilha no oceano 3D do universo. Você pode olhar o céu imenso e desfrutar este espetáculo deslumbrante de incontáveis estrelas flutuando no espaço. Tal visão pode lhe dar uma vertigem se você lembrar que está empoleirado no topo de uma ilha rochosa minúscula chamada Terra neste vasto oceano cósmico.

Essa vista é possível porque o universo é incrivelmente vasto e, em sua maior parte, vazio.

Se as estrelas fossem mais próximas, o céu noturno seria muito mais claro e dormir à noite seria muito mais difícil. Se as estrelas fossem muito mais afastadas, o céu noturno seria depressivamente escuro e saberíamos muito menos acerca do resto do universo.

Pior ainda, se o espaço não fosse tão transparente, essa vista incrível seria nebulosa e seríamos profundamente ignorantes sobre nosso lugar no universo. Felizmente, o tipo de luz que nosso Sol emite, e que nossos olhos veem bem, atravessa a poeira e o gás interestelar com extrema facilidade. (Ainda que luz infravermelha e comprimentos de onda ainda maiores sejam até melhores nisso do que a luz visível.)

Então, por sorte, todos nós (até mesmo os não trilionários) conseguimos ver bem fundo no espaço. Mas ver não é compreender. Nossos ancestrais olhavam a mesma vista e praticamente entenderam tudo errado. Nos tempos pré-históricos, até mesmo os mais ricos faziam pouca ideia do conhecimento incrível que os envolvia. Hoje, graças aos telescópios e à física moderna, conseguimos olhar para o espaço e compreender nossas coordenadas cósmicas e a distribuição de estrelas e galáxias.

Mas, assim como nossos ancestrais, estamos ainda, muito provavelmente, deixando passar algumas pistas sobre o cenário maior e nosso entendimento apenas levanta mais perguntas: há mais estrelas do que conseguimos ver? Quão grande é o universo? Será que eu ainda consigo tomar um café expresso decente tão longe?

Neste capítulo vamos atacar o maior tópico conhecido da humanidade: *o tamanho e a estrutura do universo.*

É melhor você se segurar.

Nosso endereço no cosmos

Você está lendo este livro em algum lugar da Terra. Onde exatamente não importa muito para o esquema grandioso das coisas. Talvez esteja sentado no seu sofá acariciando seu hamster, se balançando numa rede em Aruba ou no banheiro de uma Starbucks em algum lugar. Mesmo que seja um quadrilionário flutuando sobre a Terra na sua estação espacial particular, estes detalhes são irrelevantes comparados à vasta escala do universo.

Esse terceiro planeta, juntamente com seus outros sete[105] planetas irmãos, segue o Sol à medida que ele orbita o centro de nossa galáxia, que é um disco espiral massivo com vários braços rodopiando ao redor de um eixo central brilhante. Vivemos aproximadamente no meio de um desses braços da Via Láctea. Nosso Sol é uma das cerca de 100 bilhões de estrelas na nossa galáxia, e não é nem uma das mais antigas nem uma das mais novas, tampouco das maiores ou das menores. A Cachinhos Dourados iria dizer que ele é do tamanho certo. Quando olha as estrelas à noite, você está basicamente vendo as outras estrelas no nosso braço da galáxia, que estão próximas numa escala cósmica. E em uma noite de céu limpo, se estiver longe da poluição visual de cafeterias corporativas, você conseguirá enxergar longe o suficiente para identificar o disco do resto da galáxia. Ele aparece como uma faixa difusa de estrelas tão numerosas e

105. Dane-se o Plutão.

densas que parece que alguém derramou leite no céu (daí o nome). Quase tudo que vemos no céu noturno é parte de nossa galáxia, porque esses são os objetos mais brilhantes (e mais próximos).

LAR DOCE LAR

O resto do universo é basicamente salpicado de galáxias; não há evidências de estrelas solitárias flutuando entre galáxias. Essa é uma informação relativamente nova; há apenas uns cem anos os astrônomos imaginavam que as estrelas estivessem salpicadas uniformemente pelo espaço. Eles não tinham ideia de que estrelas se aglomeravam formando galáxias, até que construíram telescópios poderosos o suficiente para perceber o que aqueles objetos distantes e embaçados eram na verdade. Deve ter sido uma revelação e tanto descobrir que nossa galáxia, que na época era como um universo inteiro nela mesma, era apenas uma de *bilhões e bilhões* de galáxias que conseguimos ver no cosmos. Ela seguiu a descoberta de que nosso mundo não é o único planeta no universo e que o nosso Sol é uma entre muitas e muitas estrelas. Em cada um desses casos, a escala de nossa insignificância cresce aos saltos e passos largos.

Bem recentemente descobrimos que as próprias galáxias não estão distribuídas uniformemente pelo universo. Elas tendem a se juntar formando grupos[106] dispersos e aglomerados, que, por sua vez, se agrupam em superaglomerados massivos, cada um com uma dúzia de aglomerados. Nosso superaglomerado pesa cerca de 10^{15} vezes a massa do Sol. Pesado.

Até agora, na escala de superaglomerados galácticos, a estrutura do universo é bastante hierárquica: luas orbitam planetas, planetas orbitam estrelas, estrelas orbitam os centros das galáxias, galáxias se movem ao redor do centro de seus aglomerados e aglomerados voam ao redor dos centros dos superaglomerados. O estranho é que acaba aqui. Os superaglomerados não formam mega-aglomerados, hiper-super-aglomerados ou uber-aglomerados, mas, na verdade, fazem algo muito mais surpreendente: formam camadas e filamentos com centenas de milhões de anos-luz de comprimento e dezenas de milhões de anos-luz de espessura. Essas camadas de superaglomerados são estruturas impossivelmente vastas e se curvam para formar bolhas irregulares e cordas que envolvem vazios cósmicos enormes em que não há superaglomerados ou galáxias e há muito poucas estrelas, luas ou quintilionários.

106. O nosso é inteligentemente chamado de "Grupo Local".

Essa organização em superaglomerados é a maior estrutura conhecida no universo. Se você continuar a olhar de longe verá o mesmo padrão básico de camadas-de-estrelas-galáxias-aglomerados-superaglomerados se repetindo por toda parte, mas nenhuma estrutura com escala maior é formada. As bolhas das camadas de superaglomerados não formam megaestruturas complexas e interessantes. Assim como peças de Lego aleatórias no chão, elas se espalham pelo cosmos. Por que o padrão é interrompido nesta escala? De onde vêm as bolhas de superaglomerados? Por que o universo é tão uniforme neste nível?

NÃO PISE EM SUPERAGLOMERADOS GALÁCTICOS

Uma coisa está clara: comparado a essas escalas, somos bastante insignificantes. Não temos uma posição especial no universo; nosso endereço cósmico não é um lugar central de grande importância, como o equivalente cósmico de Manhattan.[107] E, num universo com muitos bilhões de galáxias, cada uma com 100 bilhões de estrelas, ainda falta confirmar, até mesmo, se nós somos assim tão incomuns, no que diz respeito à vida e à inteligência.

Como ele ficou assim?

Nosso endereço galáctico pode não ser novidade para um leitor bem formado e bonitão como você.[108] Mas levanta uma pergunta muito interessante: por que afinal temos essa estrutura?

107. Na melhor das hipóteses, estamos em Poughkeepsie.
108. Você perdeu peso? Ficou ótimo!

Não é difícil imaginar um universo em que as coisas sejam arranjadas de outro jeito. Por exemplo, por que as estrelas não estão todas reunidas em uma única mega-galáxia? Ou por que cada galáxia não é apenas uma única estrela com um número absurdo de planetas ao redor? Ou por que sequer temos galáxias? Por que não poderíamos ter um universo no qual as estrelas estivessem distribuídas uniformemente, como partículas de poeira flutuando no interior de um aposento antigo?

Ou por que ter sequer *alguma* estrutura? Imagine se, em seus instantes iniciais, o universo fosse totalmente simétrico e uniforme, com a mesma densidade de partículas por todo lado em todas as direções. Que tipo de universo obteríamos então? Se o universo fosse infinito e suave, cada partícula individual sentiria a mesma atração gravitacional em todas as direções, o que significa que nenhuma das partículas seria compelida a se mover em qualquer direção. As partículas jamais se agrupariam e o universo estaria congelado. E se o universo fosse finito, mas ainda suave, todas as partículas seriam atraídas para o mesmo local: o centro de massa do universo.[109]

109. É possível ainda que o universo seja finito mas não tenha centro de massa se o espaço for curvo. Pense na superfície finita de uma esfera, que não tem centro.

Em ambos os casos, você não obteria, de modo algum, um agrupamento ou estrutura local; este universo seria monótono e suave ou agrupado em um único ponto por toda a sua vida, como um café fraco.

Acontece que os físicos têm uma história muito boa sobre como acabamos em um universo empolgante e cheio de estruturas. A teoria é a seguinte: pequenas flutuações quânticas no universo primordial foram distendidas pela rápida expansão do espaço-tempo (ex., inflação) e formaram rugas enormes que proporcionaram a formação de estrelas e galáxias pela gravidade, que foi ajudada pela matéria escura; e, em algum momento, a energia escura começou a esticar, ainda mais, o espaço para fora.

Ufa! Dissemos que era uma história muito boa, não fácil.

Veja bem, para termos qualquer estrutura no universo adulto de hoje, precisamos de *algum* tipo de ajuntamento na época da juventude irresponsável do universo.[110] Assim que você cria um pequeno tufo com mais massa do que o resto, forma um núcleo local que consegue atrair mais e mais átomos para si e para longe da força gravitacional de todos os outros átomos.

Por exemplo, imagine uma cidade em que as Starbucks estejam espalhadas igualmente distantes umas das outras. Uma adoradora de café vai sentir a atração deliciosa do cheiro dos cafés próximos, mas, como são equidistantes, ficará paralisada numa eterna indecisão. Se, entretanto, minúsculas flutuações no processo de infusão do café resultassem em um dos cafés tendo um aroma mais forte, isso atrairia mais clientes, levando a mais Starbucks sendo abertas do outro lado da rua, o que atrai mais clientes, levando a mais Starbucks sendo inauguradas etc. Esse ciclo vicioso cria uma cascata e logo você terá lojas da Starbucks abrindo dentro de lojas da Starbucks, levando a singularidades de Starbucks. Mas não dá para começar sem um núcleo inicial. No universo pré-Starbucks inicial, os primeiros desvios da suavidade foram absolutamente cruciais para a criação do arranjo atual de estrelas e galáxias.

Então, o que causou esses primeiros desvios da suavidade em nosso universo bebê? O único mecanismo que conhecemos que poderia explicar isso é a aleatoriedade da mecânica quântica.

110. O universo estava fora de controle no início. Literalmente.

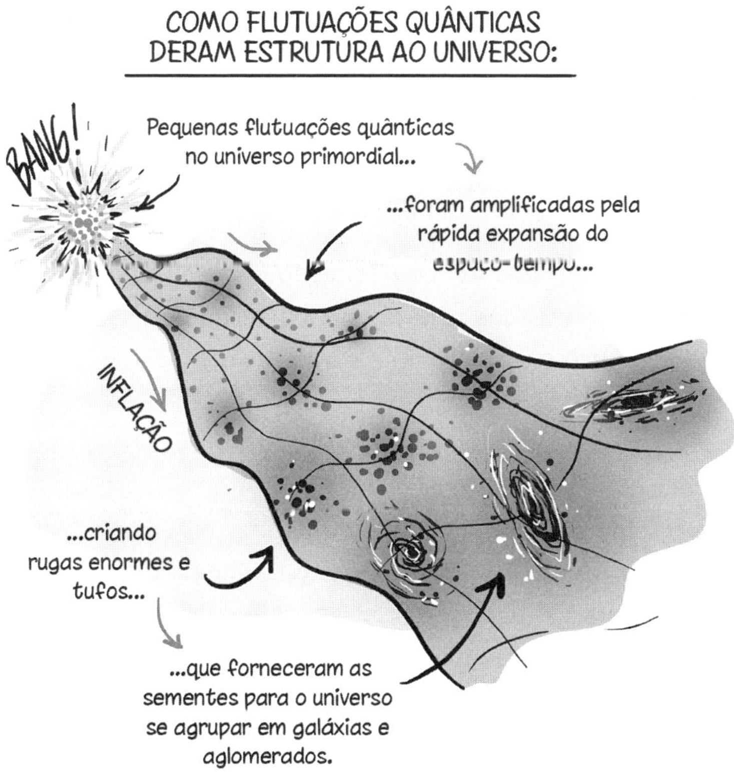

Isso não é especulação — é algo que foi observado. Lembre-se de que temos uma fotografia do universo bebê da radiação cósmica de fundo, que nos mostra como o universo era no instante em que se resfriou de um plasma quente e carregado para um gás neutro, em sua maior parte. Nessa imagem, vemos que o universo era suave, mas não perfeitamente suave. Ele tinha ondulações minúsculas que representam as flutuações quânticas do universo primordial.

Durante o Big Bang, a inflação esticou o espaço tremendamente e ampliou essas ondulações minúsculas em rugas enormes na estrutura do espaço e tempo. Essas rugas criaram, então, os tufos e os núcleos de gravidade que, posteriormente, levaram a estruturas mais complexas.

OS FÍSICOS SABEM COMO ELOGIAR

Para resumir, lançamentos aleatórios do dado da natureza, em nível quântico, foram ampliados pela rápida expansão do espaço, que levou diretamente a tudo o que vemos hoje. Sem a inflação, o universo pareceria bastante diferente.

Os físicos suspeitam que a razão para não termos estruturas maiores que camadas e bolhas de superaglomerados é que simplesmente ainda não houve tempo para a gravidade atrair todas as coisas e formar mais estruturas. Na verdade, há partes do universo de hoje que estão apenas começando a sentir umas às outras gravitacionalmente, porque os efeitos da gravidade também são limitados pela velocidade da luz.

E quanto ao futuro? Se a energia escura não estivesse expandindo o universo, a gravidade continuaria a fazer o seu trabalho de agrupar as coisas e formar estruturas e formas ainda maiores. Mas a energia escura não pode ser negada. Assim, temos dois efeitos competindo: dar tempo o suficiente para a gravidade agrupar as coisas em formas massivas, mas não muito tempo, ou a energia escura as acabará afastando. No momento, esses dois efeitos parecem equilibrados perfeitamente, o que significa que estamos vivendo na época perfeita para observarmos as maiores estruturas que o universo jamais vai conhecer.

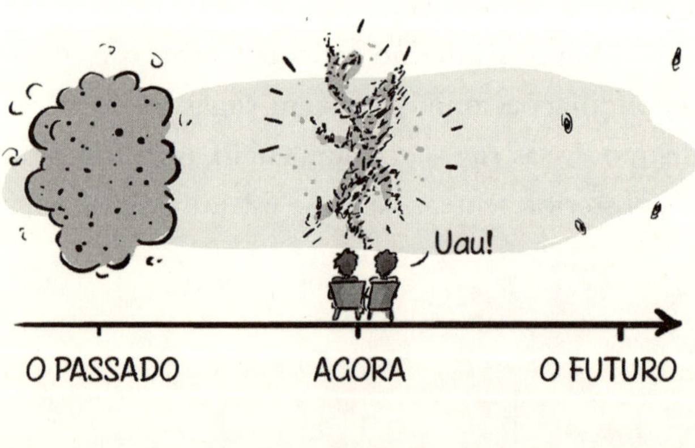

Isso está certo? Seria apenas uma coincidência que estejamos vivendo na era de Ozymandias do universo?[111] Toda vez que acreditarmos viver em um lugar especial (ex., a Terra era o centro do universo) ou em um momento especial (ex., seis mil anos após a criação do universo), precisamos tomar cuidado extra para que não estejamos acariciando nossos frágeis egos.

Parece que vivemos em um momento especial, dada a nossa compreensão atual. Mas a verdade é que não sabemos ao certo, porque não conseguimos prever, com segurança, o futuro da energia escura. Se ela continuar a separar o universo, não haverá tempo para as galáxias e os superaglomerados se agruparem em estruturas mais interessantes. Mas se a energia escura mudar de curso, a gravidade poderá ter a chance de atrair as coisas e formar novos tipos de estruturas que nem mesmo temos como nomear ainda! Confira de novo em 5 bilhões de anos para uma atualização.

Gravidade versus pressão

Então o fato de termos *alguma* estrutura — em vez de perfeita suavidade — é devido às flutuações quânticas que criaram as primeiras rugas, que depois foram ampliadas desproporcionalmente pela inflação, criando as sementes que levaram ao nosso universo atual. Mas como essas sementes se tornaram os planetas, as estrelas e as galáxias que vemos hoje? A resposta é um ato de equilíbrio entre dois efeitos poderosos: gravidade e pressão.

111. "Contemplem meus superaglomerados de larga-escala, ó poderosos, e desesperai-vos!"

Cerca de 400.000 anos após o Big Bang o universo era uma bolha enorme de gás neutro e quente com algumas pequenas rugas. Foi aí que a gravidade começou a agir.

O fato de que tudo era *neutro* foi bastante importante. Todas as outras forças estavam aproximadamente equilibradas nesse momento. A força forte agrupou os quarks em prótons e nêutrons. O eletromagnetismo atraiu os prótons e elétrons para formar os átomos neutros. Mas a gravidade não pode ser equilibrada nem neutralizada. E é, ainda, bastante paciente: ao longo de milhões e bilhões de anos, ela agrupou aquelas rugas em tufos mais e mais densos.

APÓS TODAS AS OUTRAS FORÇAS TEREM SE EQUILIBRADO, A GRAVIDADE COMEÇOU A TRABALHAR.

Mas o universo existe há muito tempo e você pode se perguntar por que a gravidade ainda não juntou todas as coisas de volta em uma grande bolha: seja uma estrela massiva, um buraco negro enorme ou até mesmo uma mega galáxia. Acontece que a quantidade de matéria e energia no universo é exatamente a necessária para a gravidade fazer com que o espaço seja "plano" — e não curvo o suficiente para que puxe tudo de volta. Lembre-se de que a energia escura está *expandindo o próprio espaço*, de modo que o resultado líquido é que as coisas estão se afastando em grandes escalas.

Mesmo que a gravidade não consiga vencer este cabo de guerra cósmico, ela obteve pequenas vitórias locais. As mechas de gás e poeira feitas a partir das rugas originais foram agrupadas em tufos cada vez maiores, mesmo esses tufos estando espalhados pelo universo.

O que acontece quando a gravidade agrupa tufos de gás e poeira? Depende de quão grande é o tufo.

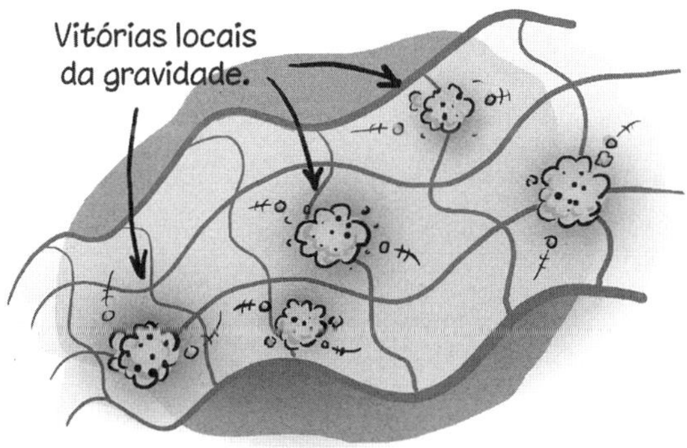

Se você tiver uma pequena bolha de massa, só terá gravidade suficiente para formar algo como um asteroide ou uma grande rocha. Talvez um Frappuccino. A razão da rocha e da sua bebida refrescante não colapsarem em um ponto minúsculo pela ação da gravidade é que elea têm alguma pressão interna vinda das forças não gravitacionais. Os átomos de uma rocha não gostam de ser espremidos e de ficar muito próximos (Alguma vez você já tentou esmagar uma rocha até ela virar diamante? Não é fácil.), e resistem. O que resulta desse processo é um equilíbrio entre o esmagamento da gravidade e a pressão interna da rocha.

Se você tiver uma massa maior, digamos o suficiente para formar um planeta do tamanho da Terra, as forças gravitacionais serão fortes a ponto de comprimir a rocha e transformar os metais de seu centro em lava derretida. A razão do centro da Terra ser tão quente e líquido é devida, inteiramente, à gravidade. A próxima vez que você zombar da fraqueza da gravidade, pergunte-se se é capaz de esmagar uma rocha até formar lava quente.

Pois é.

Se você tiver uma bolha de matéria grande o suficiente, as forças gravitacionais podem criar um plasma tão quente que é capaz de transformá-la em uma estrela. Estrelas são, essencialmente, bombas de fusão explodindo sem parar; a única coisa que as contém é a gravidade. A gravidade pode ser fraca, mas junte a quantidade certa de massa, e ela pode conter bombas nucleares em explosão por bilhões de anos. A razão para essas estrelas não colapsarem imediatamente em objetos mais densos é também a sua pressão. Uma vez que tenham queimado todo o seu combustível e não consigam mais prover a pressão para resistir à força implacável da gravidade, algumas estrelas colapsam em buracos negros.

O equilíbrio entre a gravidade e a pressão funciona para rochas inertes, planetas com núcleo-de-lava-derretida e estrelas movidas-à-fusão parcamente contidas. Também explica por que temos estrelas agrupadas em galáxias, e não estrelas ou buracos negros salpicados aleatoriamente pelo universo.

Lembre-se de que a maior parte da massa no universo não é a do tipo que forma os planetas, as estrelas e os grãos de café: cerca de 80% da massa (27% da energia total) está na forma de matéria escura. A matéria escura pode ter algumas interações que não conhecemos, mas estamos seguros de que sua massa contribui para efeitos gravitacionais. Como ela não interage eletromagneticamente nem via força forte, não tem o mesmo tipo de pressão que a matéria normal, mas continua formando tufos e halos enormes. Onde quer que a matéria escura forme um halo, a matéria normal é puxada para dentro pela forte atração gravitacional. Na verdade, acredita-se, atualmente, que a matéria escura seja responsável pela formação prematura das galáxias na história do universo. Em um universo sem matéria escura, levaria muitos bilhões de anos a mais para as primeiras galáxias se formarem. Em vez disso, vemos a formação de galáxias

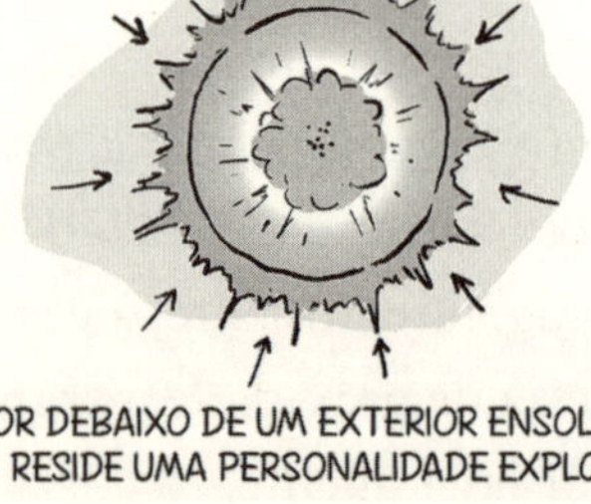

POR DEBAIXO DE UM EXTERIOR ENSOLARADO RESIDE UMA PERSONALIDADE EXPLOSIVA

apenas algumas centenas de milhões de anos após o Big Bang, graças à mão invisível da gravidade da matéria escura.

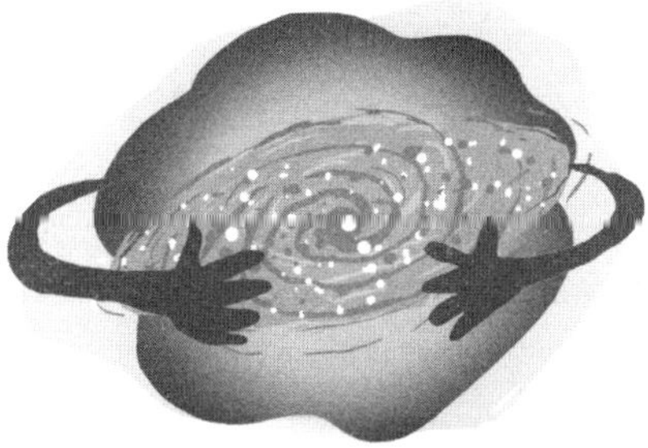

A MATÉRIA ESCURA SÓ QUER ALGUMAS BIJUTERIAS.

As galáxias também foram agregadas pela gravidade, mas resistiram a um colapso total na forma de buraco negro massivo devido às várias formas de pressão, dependendo da galáxia. Galáxias em espiral não colapsam porque estão girando muito rápido e o momento angular resultante mantém, efetivamente, todas as estrelas separadas. Essa é também a razão para a matéria escura não colapsar em tufos mais densos. A velocidade e momento angular das partículas de matéria escura dificultam a ação da gravidade para agrupá-las.

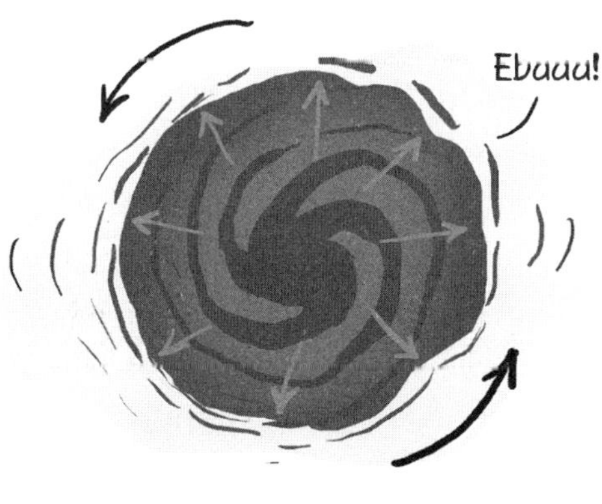

E assim acabamos em um universo repleto de camadas e bolhas feitas de superaglomerados de aglomerados de galáxias, cada uma com centenas de bilhões de estrelas circulando buracos negros, e povoadas por poeira, gás e planetas. E, em pelo menos um desses planetas, seres humanos estão olhando para as estrelas e ponderando sobre sua existência.

Mas até onde isso vai?

Essas folhas e bolhas de tamanhos enormes se estendem para sempre? Ou será a massa total do universo como uma ilha, ou um continente, com bordas que fazem fronteira com o nada ou o infinito?

Simplesmente, *quão grande* é o universo?

O tamanho do universo

Se pudéssemos, de alguma forma, beber um expresso quádruplo e zunir pelo universo infinitamente depressa, aprenderíamos bastante sobre como as coisas estão organizadas e, mais importante, saberíamos até onde as coisas vão.

Infelizmente, o maior tamanho de expresso servido na maioria das cafeterias é duplo,[112] e o universo tem um limite absoluto de quão rápido se pode correr por aí tirando fotos. Isso significa que, até desenvolvermos a velocidade de dobra, teremos que tentar responder a essas perguntas utilizando apenas as informações que chegam à Terra vindas do Enorme Lá Fora.

A luz zune em nossa direção carregando fotografias lindas da estranheza do universo, mas ela só teve 13,8 bilhões de anos para obtê-las. Isso significa que, além dessa distância, qualquer objeto nos é *invisível*. Pode haver dragões azuis do tamanho de galáxias saltando e cuspindo imediatamente além da nossa vista e não faríamos ideia. É claro, nada

112. Eles nos olham de modo engraçado quando pedimos dois expressos quádruplos.

indica que tais dragões existam, mas quais as chances de que o que quer que esteja lá, além da borda da nossa visão, seja exatamente como as coisas que vemos ao nosso redor? A natureza está acostumada a bizarrices e revelações surpreendentes.

Essa esfera que se estende até o nosso horizonte, chamado de universo observável, é bem grande. Se não conseguimos ver o que está fora dela, podemos pensar sobre quão grande ela é. Considere algumas possibilidades:

a. Uma vez que nada consegue viajar mais rápido do que a velocidade da luz, o universo observável deve ter a idade do universo multiplicada pela velocidade da luz, ou 13,8 bilhões de anos-luz em todas as direções.

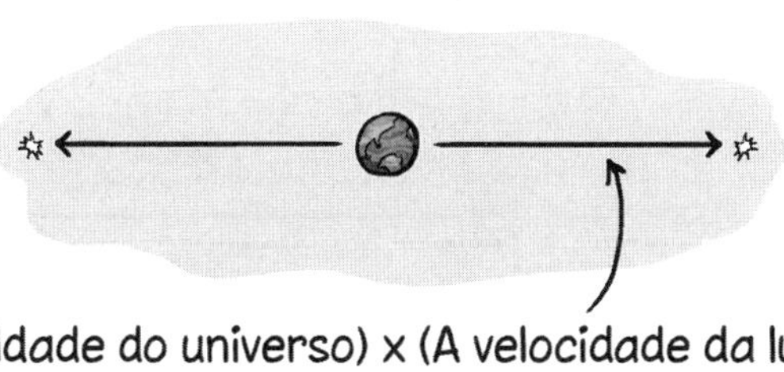

b. Uma vez que o espaço propriamente dito é algo que pode se expandir mais rápido que a velocidade da luz (e o fez), conseguimos ver coisas que costumavam estar dentro do nosso horizonte, mas que agora estão além, cerca de 46,5 bilhões de anos-luz em todas as direções.

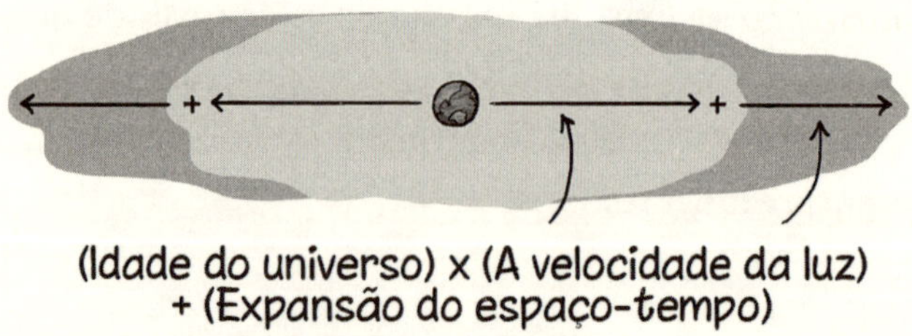

c. O universo observável é a distância entre as duas Starbucks mais distantes, uma incógnita para a ciência devido à rápida construção de novos postos avançados.

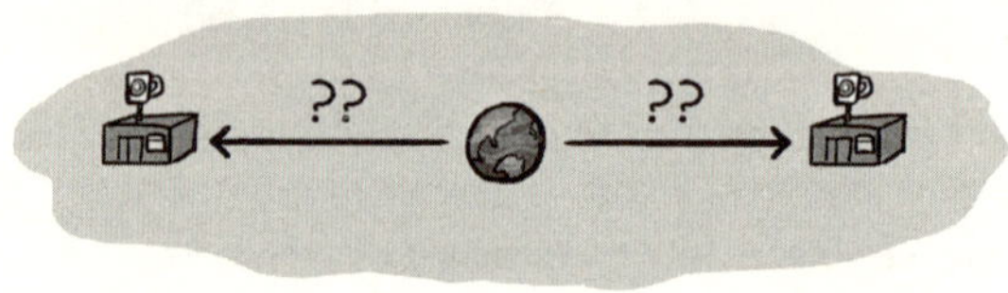

A resposta certa é a (b). Graças à expansão do espaço, podemos enxergar coisas que *eram* mais próximas a nós do que são agora. Assim, o universo observável é muito maior do que a velocidade da luz vezes a idade do universo. Isso inclui o universo que conseguimos ver hoje em dia.

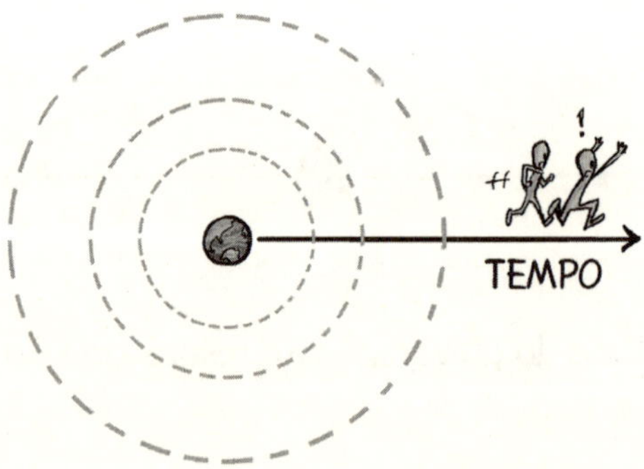

A boa notícia é que conseguimos ver bastante, aproximadamente de 10^{80} a 10^{90} partículas em sextilhões de estrelas em muitos bilhões de galáxias. A outra boa notícia é que, a cada ano, o universo observável

— nosso horizonte visível — cresce por, pelo menos, um ano-luz sem qualquer esforço de nossa parte.[113] E, graças ao poder da matemática, o volume do universo observável cresce ainda mais rápido porque a fatia de espaço que é adicionada a cada ano tem um volume maior que a fatia anterior, o que significa que o número de galáxias com montanhas maravilhosas e que você jamais vai visitar está se tornando difícil de se compreender.

Mas não é assim tão simples. As coisas estão se movendo pelo espaço, para longe de nós, e, *ao mesmo tempo*, o espaço propriamente dito está se expandindo. Há objetos cujas distâncias de nós estão crescendo tão rapidamente que sua luz *jamais nos alcançará*. Em outras palavras, o universo observável pode nunca alcançar o universo verdadeiro, o que significa que talvez nunca vejamos a extensão completa de tudo o que há.

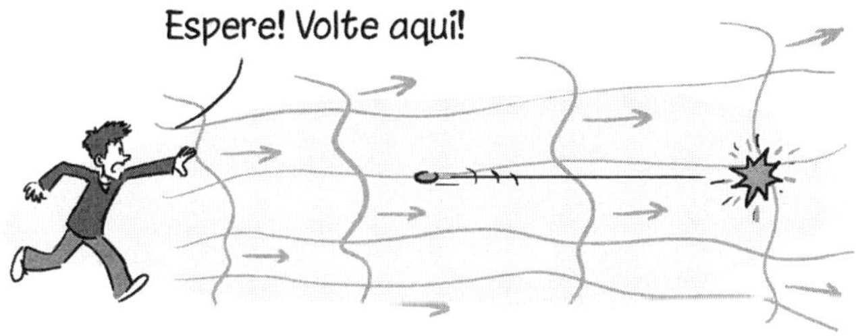

A notícia ruim é que não sabemos ao certo até onde o universo vai. Na verdade, talvez *jamais* saibamos, que é uma notícia horrível para os leitores que quiserem ser cartógrafos cósmicos.

Vamos apenas chutar

Quão grande é o universo inteiro? Há algumas possibilidades.

113. Dependendo da taxa de expansão do espaço, que, atualmente, é maior que zero.

Um universo finito em um espaço infinito

Uma possibilidade é que o universo seja finito em tamanho, mas tenha crescido além do nosso horizonte devido à expansão do espaço. Alguns cientistas têm adotado essa possibilidade e tentaram estimar o tamanho das coisas no universo através de algumas suposições aparentemente razoáveis, tais como:

- Antes da inflação, o tamanho do universo era aproximadamente igual à velocidade da luz vezes a sua idade, uma vez que o espaço ainda não tinha se esticado.
- O número de partículas no universo é muito grande.
- Ninguém consegue, de fato, imaginar números maiores que 10^{20}, então você pode muito bem chutar o que quiser.

Pegue essas suposições e as combine com o nosso entendimento atual de como o espaço se esticou durante o Big Bang e como ainda se estica devido à energia escura, e terá uma estimativa do tamanho do universo inteiro.

Mas, dependendo da natureza de suas suposições, suas respostas poderão variar por mais do que um fator de 10^{20}. Se isso faz parecer que o problema ainda está longe de resolvido, está correto. Se alguém lhe dissesse que sua casa tem entre 200 e 10.000.000.000.000.000.000.000 metros quadrados de área, você iria corretamente supor que essa pessoa está dando um belo chute. Mesmo que você engula as suposições sem justificativa de que a quantidade de coisa no universo é finita, ainda não temos ideia de quão grande o universo seja.

Apesar de toda essa incerteza, há alguns cenários nos quais talvez sejamos capazes de determinar o tamanho do universo.

Um universo finito em um espaço finito

Se a forma do universo for curvada, pode ser que o espaço seja como a superfície de uma esfera, porém em três (ou mais) dimensões. Nesse caso, o espaço propriamente dito é finito. Ele dá a volta em si mesmo de modo que, ao viajarmos em uma direção, retornaríamos, no final, de volta a onde começamos. Por mais surpreendente que possa parecer, pelo menos saberíamos que o universo é finito, e não infinito.

Mas nesse cenário de entortar-o-cérebro, a luz viajando através deste universo também iria dar a volta em si mesma (supondo que o laço é pequeno o suficiente) e poderia passar pela Terra mais de uma vez em sua viagem. Isso é algo que poderíamos, de fato, ver! Você perceberia isso pela observação dos mesmos objetos no céu em múltiplos instantes, uma vez para cada volta da luz.[114] Os cientistas já procuraram tais efeitos, tanto na estrutura das galáxias como na RCF, mas, infelizmente, não encontraram nenhuma evidência. Isso significa que, *se* o universo é finito e dá volta sobre si mesmo, deve ser maior do que podemos ver.

114. Isso é diferente de ver objetos duplicados no céu devido a lentes gravitacionais, que também distorce objetos. Nesse caso, as múltiplas versões não pareceriam distorcidas.

Um universo infinito

É também perfeitamente possível que o espaço seja infinito e preenchido com uma quantidade infinita de matéria e energia. É uma possibilidade de torcer a mente, porque infinito é um conceito estranho. Significa que qualquer coisa que tenha alguma chance de acontecer (não importando quão improvável, desde que a probabilidade não seja zero) estará acontecendo em algum lugar do universo. Em um universo infinito, há alguém lá fora que se parece exatamente com você e está lendo uma versão deste livro que foi impressa em tecido de linho com bolinhas. Há um planeta de dragões azuis, todos chamados Samuel, e todos se confundem. Acha esses cenários improváveis? Você está certo. Mas em um universo infinito, tudo que *pode* acontecer *acontece*. Para determinar quão frequentemente algo acontece em um universo infinito, basta multiplicar sua probabilidade por infinito. Assim, desde que a possibilidade não seja zero, vai acontecer. E não apenas acontecer, mas acontecer um número infinito de vezes. Haveria um número infinito de planetas com dragões azuis confusos. Mente: bugada.

Mas como um universo infinito consegue ser consistente com o que vemos? Poderia um universo ser infinito *e* se expandir após um Big Bang? Sim, mas apenas se você não supuser que o Big Bang tenha começado de um único ponto. Imagine um Big Bang que tenha acontecido *em todo lugar ao mesmo tempo*. É difícil de imaginar sem espalhar seu cérebro inteiro na pessoa ao seu lado enquanto você lê isso, mas é algo totalmente consistente com o que observamos. Em tal universo, o Big Bang explodiu *em todo lugar ao mesmo tempo*.

OS BIGGER BANGS

Quais desses cenários (matéria finita em espaço infinito, matéria finita em espaço finito, matéria infinita em espaço infinito) é a nossa realidade? Não temos ideia.

E por que o universo é tão vazio?

Outro grande mistério sobre a estrutura do universo é o seguinte: por que o universo é *vazio* assim? Por que as estrelas e galáxias não estão mais próximas — ou mais afastadas?

Para lhe dar alguma perspectiva, nosso sistema solar tem aproximadamente 9 bilhões de quilômetros de largura, mas a estrela mais próxima está a 40.000 bilhões de quilômetros de distância. E nossa galáxia tem cerca de 100.000 anos-luz de largura, mas a galáxia mais próxima, a galáxia de Andrômeda, está a cerca de 2.500.000 anos-luz de distância.

Por mais espaço que haja e qualquer que seja seu formato, parece haver bastante lugar para termos as coisas mais próximas. Não é como se algum responsável cósmico tivesse que separar todas as estrelas e galáxias por estarem brigando no banco de trás.

Por sorte, o vazio é uma questão de perspectiva e podemos dividir essa pergunta em duas outras diferentes:

- Por que não conseguimos nos mover mais rápido do que a velocidade da luz?
- Por que o espaço se expandiu durante o Big Bang e por que ainda está se expandindo?

A velocidade da luz é o parâmetro cósmico que define o que queremos dizer por "perto" e "longe". Se a velocidade da luz fosse muito, muito mais rápida, seríamos capazes de ver mais longe, viajar mais depressa e as coisas não nos pareceriam tão distantes. Se a velocidade da luz fosse muito mais lenta, nossas estrelas vizinhas distantes pareceriam ainda mais impossíveis de serem visitadas ou de nos enviar mensagens de texto.[115]

Por outro lado, não podemos jogar toda a culpa na velocidade da luz. Se o espaço não tivesse sido tão esticado durante as primeiras frações de segundo após o Big Bang, tudo estaria muito mais próximo hoje em dia. E se a energia escura não estivesse atualmente afastando ainda mais todas as coisas, os prospectos de uma viagem interestelar não estariam

115. As tarifas de roaming seriam *absurdas*.

ficando piores a cada minuto.[116] Podemos imaginar um universo no qual a inflação tenha se limitado a expandir o universo de uma forma mais razoável do que o fator absurdo de 10^{32}.

Assim, o vazio do nosso universo vem da inter-relação entre essas duas quantidades: a velocidade da luz, que define a escala de distâncias, e a expansão do espaço, que está afastando todas as coisas. Não sabemos porque ambas quantidades são o que são, mas se você as mudasse, obteria um universo bastante diferente do nosso. Assim como muitos dos grandes mistérios, temos apenas um único universo para estudar, de modo que não sabemos se essa é a única forma que o universo poderia ter sido organizado ou se, em outros universos, tenha havido uma expansão pequena e todos se sintam mais próximos do que nós.

Tirando as medidas de tudo

Enquanto você bebe sua bebida quente e cafeinada preferida e olha para o céu noturno, reflita sobre o fato de que tudo o que sabemos sobre o tamanho e a estrutura do universo vem do que nós observamos da Terra. Claro, já enviamos sondas a outros planetas, lançamos telescópios ao espaço e até mesmo colocamos pessoas na Lua, mas, de uma perspectiva cósmica, basicamente não fizemos nada. O que aprendemos sobre o universo foi baseado em suposições obtidas através da observação do nosso canto do cosmos.

116. Vacilo, energia escura. Muito vacilo.

Apesar desse ponto de vista modesto, fomos capazes de responder perguntas antigas (O que são estrelas? Por que elas se movem?), e nos livramos de equívocos de longa data (estamos no centro do universo).

Mas até onde tudo isso vai? Vivemos em um universo finito ou infinito? O que acontecerá com a estrutura do universo em alguns bilhões de anos? As respostas a essas perguntas têm consequências enormes para a vista panorâmica de nós mesmos e nosso lugar no universo.

16.
Existe uma Teoria de Tudo?

Qual é a descrição mais simples do universo?

Apenas recentemente na história humana o mundo ao nosso redor fez sentido.

Antes desses últimos séculos de progresso científico, era muito comum ficar completamente confuso com objetos e eventos do cotidiano. O que os primeiros homens e mulheres pensavam dos relâmpagos? Das estrelas? Das doenças? Do magnetismo? Dos babuínos? O mundo parecia estar repleto de coisas misteriosas, forças poderosas e animais estranhos além da nossa compreensão.

IGUALMENTE MISTERIOSO: O MAGNETISMO DOS BABUÍNOS

Esse sentimento foi substituído, mais recentemente, por uma confiança despojada e relaxada na ciência — o sentimento de que o mundo ao nosso redor pode ser descrito por leis racionais e passíveis de serem descobertas. Essa sensação é relativamente nova no contexto da história humana. Não é frequente encontrar algo completamente misterioso na nossa vida cotidiana. Quase não vemos coisas que nos chocam ou que não tenham explicação. Relâmpagos, estrelas, doenças, magnetismo e até mesmo os babuínos misteriosos são amplamente explicados como fenômenos naturais: coisas inspiradoras, imponentes e belas, mas descritas, em última instância, por leis físicas. Na verdade, a sensação de estarmos perdidos em busca de uma explicação é tão rara e nova que *pagamos* para senti-la novamente; é o que torna um show de mágica tão divertido.

Mais do que simplesmente compreender, temos também um domínio impressionante e detalhado do que nos é adjacente; regularmente conseguimos fazer aviões de quatrocentas toneladas atravessarem oceanos, gerenciar a mecânica quântica de bilhões de transistores em um chip de computador, abrir pessoas e introduzir nelas pedaços de outros corpos e predizer os rituais de acasalamento de babuínos excitados. Vivemos, verdadeiramente, na idade das maravilhas.

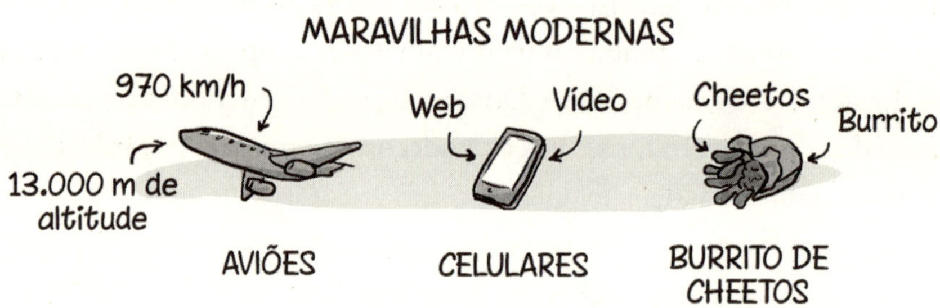

Mas, se somos tão bons assim em explicar as grandes tendências e pequenos detalhes de nosso mundo cotidiano, isso significa que tudo está entendido? Nossas teorias explicam *Tudo* (com T maiúsculo)?

A menos que você tenha pulado os primeiros capítulos deste livro, já terá chegado à conclusão de que a resposta é um não redondo. Estamos basicamente perdidos quanto ao que preenche o universo (a matéria escura) e como descrever as forças mais poderosas que o controlam (energia escura e gravidade quântica). Parece que nosso domínio se aplica a apenas um cantinho minúsculo do universo e que estamos rodeados por um vasto oceano de ignorância.

Como reconciliar estas duas ideias: a de que compreendemos o mundo ao nosso redor e a de que estamos basicamente perdidos quanto ao funcionamento do universo? Quão próximos estamos de descobrir a teoria final: uma *Teoria de Tudo* (ou ToE, a sigla em inglês, cuja tradução é dedo do pé)? Tal teoria existe? Ela representa o fim de todos os mistérios do universo?

Está na hora de ir pé ante pé contra o grande ToE.

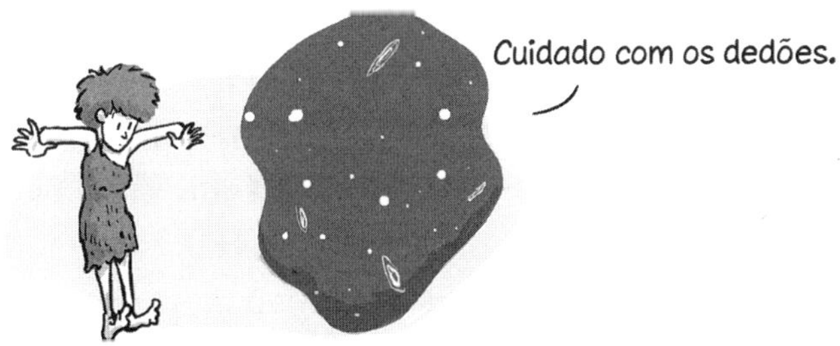

O que é uma Teoria de Tudo?

Antes de gastarmos muito tempo falando sobre ela, vamos nos certificar de que entendemos exatamente o que queremos dizer com "Teoria de Tudo". Simplificando, uma Teoria de Tudo seria *a descrição matemática mais simples possível do espaço, do tempo, de todas as matérias e de todas as forças do universo ao nível mais profundo.*

Vamos destrinchar tudo isso.

Incluímos *matéria* na definição porque essa teoria teria que descrever tudo do que o universo é *feito*, e incluímos *forças* na definição porque queremos que essa teoria descreva mais do que bolhas inertes de coisas. Queremos saber como a matéria interage e o que ela consegue fazer.

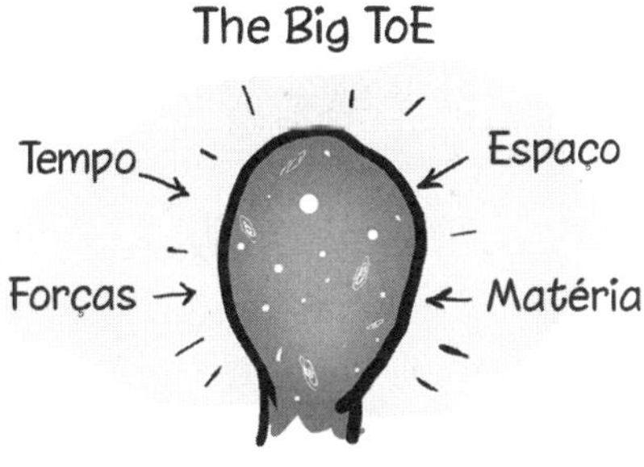

Incluímos ainda *espaço* e *tempo* porque sabemos que ambos são conceitos maleáveis, até certo ponto, e afetam (e são afetados por) a matéria e as forças no universo.

Mais importante, dissemos *mais simples* e *nível mais profundo* porque queremos que essa teoria seja a descrição mais fundamental possível do universo. Mais simples significa que seja irredutível ou essencial (ex., com o menor número de variáveis e constantes sem explicação possível). E *nível mais profundo* significa que ela deva descrever o universo na menor escala possível. Queremos encontrar os menores blocos de Lego indivisíveis, a partir dos quais tudo é feito, e queremos saber os mecanismos absolutamente básicos que usam para se encaixar.

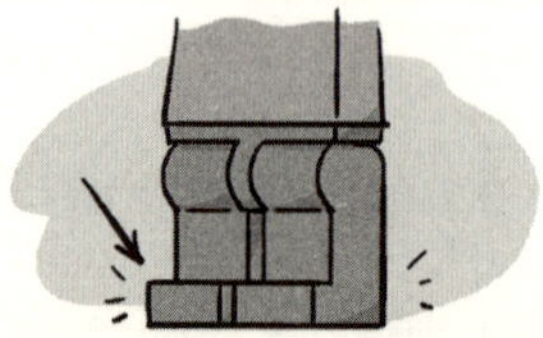

TECNICAMENTE, OS LEGOS TÊM DOIS ToEs.

Veja bem, vivemos em um universo que é como uma cebola. Não porque faz todos chorarem quando fatiamos ou por ser um ingrediente essencial para qualquer sopa maravilhosa, mas porque é feito de camadas e camadas de *fenômenos emergentes*.

Tome, por exemplo, o seguinte modelo do átomo:

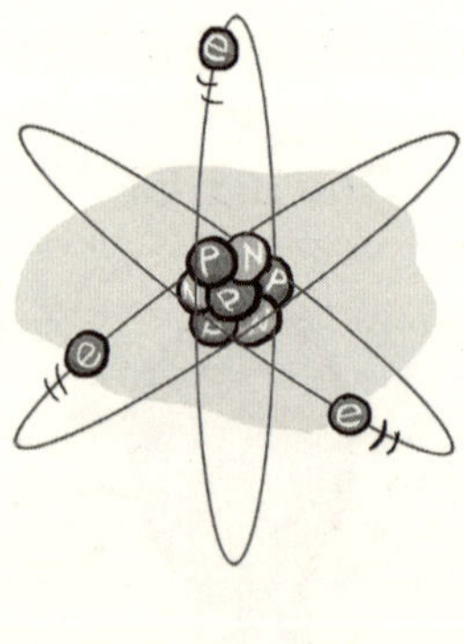

Esse diagrama representa a teoria de que os átomos são feitos de elétrons orbitando núcleos feitos de prótons e nêutrons. É, provavelmente, uma das imagens mais conhecidas da ciência. Chegar a ela foi uma conquista fenomenal, não apenas por uma questão de RP, mas também porque mostra que fomos além da ideia de que os átomos são as unidades fundamentais da matéria, para a ideia mais fundamental e profunda de que eles são feitos de pedaços ainda menores.

Porém, mesmo isso acabou sendo uma história incompleta. Algumas dessas partículas menores são, na verdade, compostas por partes ainda menores em seu interior (prótons e nêutrons são feitos de quarks). Ainda por *cima*, as coisas, a essas distâncias, se comportam de uma forma completamente diferente do esperado. Na verdade, não poderia ser mais diferente. Elétrons, prótons e nêutrons não são como pequenas bolas esféricas com superfícies rígidas que se agrupam e oscilam umas com as outras. São partículas quânticas difusas, definidas por ondas e governadas pela incerteza e pela probabilidade.

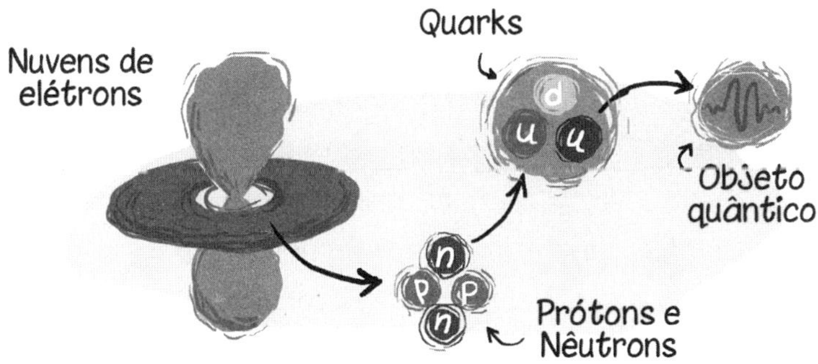

O ÁTOMO, REVISITADO

Mas todas essas ideias funcionam até certo ponto. A representação de átomos como bolas de bilhar funciona para descrever como átomos de gás colidem dentro de um recipiente. A representação de átomos como pequenos agregados sólidos com elétrons oscilando ao seu redor funciona para descrever os elementos da tabela periódica. E a nova visão quântica das partículas funciona muito bem para descrever os fenômenos naturais.

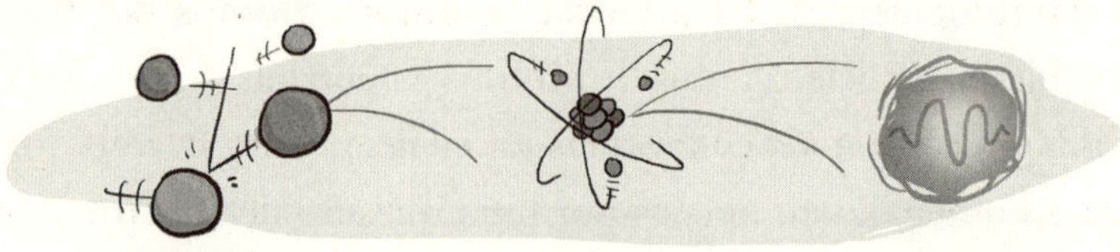

Parece que vivemos em um universo no qual teorias perfeitamente confiáveis conseguem funcionar mesmo que ignorem completamente o que está realmente acontecendo quando as distâncias são pequenas. Em outras palavras, consegue-se prever, acuradamente, a ação coletiva de todas as partes menores, mesmo que não se saiba nada sobre o que essas partes menores estão fazendo (ou se elas sequer existem).

Por exemplo, o campo da economia, que em sua maior parte pode ser descrito matematicamente (supondo que as pessoas contenham seus babuínos interiores e ajam racionalmente), é um fenômeno emergente da psicologia individual. As ações de muitos consumidores individuais e as decisões de compra e venda de muitos negociantes causam mudanças de preços em grande escala, que podem ser descritas com algumas poucas equações. Você pode estudar e descrever a economia de um grupo grande sem compreender as escolhas e as motivações de cada indivíduo.

E há muitos exemplos desse tipo na física. Por exemplo, mesmo que não tenhamos descoberto o elemento mais básico da matéria e que ainda não tenhamos ideia de como a gravidade funciona como uma teoria quântica, conseguimos predizer, muito acuradamente, o que acontecerá se um macaco saltar do telhado para dentro da sua piscina. Temos teorias bastante eficazes que predizem o movimento de projétil do macaco; temos teorias de dinâmica dos fluidos que conseguem descrever o splash resultante; e temos teorias comportamentais que explicam por que você não gosta da sua piscina cheirando a macaco.

Na verdade, há camadas e camadas de teorias como essas no universo, cada uma descrevendo fenômenos emergentes em diferentes níveis. Tivemos uma teoria da evolução bem antes de descobrirmos o DNA e fizemos o homem pisar na lua muito antes de sabermos sobre o bóson de Higgs ou sobre muitas partículas fundamentais que hoje conhecemos e amamos.

Isso é importante porque a *teoria final*, aquela que vai fazer os físicos pendurarem a chuteira, soltar o microfone, lançar as mãos para o alto dizer "É, terminamos" e irem embora (provavelmente desempregados), será aquela que descrever a natureza em seu núcleo mais fundamental. A teoria final não vai descrever algum fenômeno emergente dos blocos básicos de construção do universo; será *sobre* os verdadeiros blocos de construção do universo e como eles se encaixam.

O NOTÓRIO B.I.G. T.o.E.

Isso faz do conceito de uma Teoria de Tudo algo complicado, porque pode ser que jamais saibamos, com 100% de certeza, se alcançamos tal teoria. Pode ser que alcancemos uma teoria que *achamos* ser fundamental, mas que, na verdade, se revele uma descrição de um comportamento coletivo de babuínos minúsculos e submicroscópicos, escondidos sob outra camada da cebola do universo. Como saberíamos a diferença?

Pior ainda, e se o universo tiver um número infinito de camadas? E se uma teoria final sequer for possível? E se forem babuínos *até lá embaixo*?

Babuínos até lá embaixo

Agora que já definimos o que seria uma Teoria de Tudo, vamos explorar os progressos que fizemos na compreensão da natureza em seu nível mais profundo, sendo ou não necessário retirar macacos de sua piscina.

Uma pergunta que podemos sempre fazer é se há uma menor distância no universo. Estamos acostumados a pensar que distâncias têm uma resolução infinita — que você consegue escrever uma distância com 0,00000...00001 no qual o "..." representa um número infinito de zeros. Mas e se esse não for o caso? E se existir uma distância abaixo da qual distâncias menores não forem úteis ou não fizerem sentido, como os pixels na tela de seu computador? Se tal distância existir, nossa teoria descrever objetos e interações nessa escala, poderemos saber, com bastante segurança, que teoria é fundamental porque não pode haver nada menor. Mas caso essa tal distância não exista, e as coisas puderem ficar infinitamente pequenas e se mover para distâncias infinitamente pequenas, talvez jamais tenhamos certeza de que não há nada ainda menor escondido.

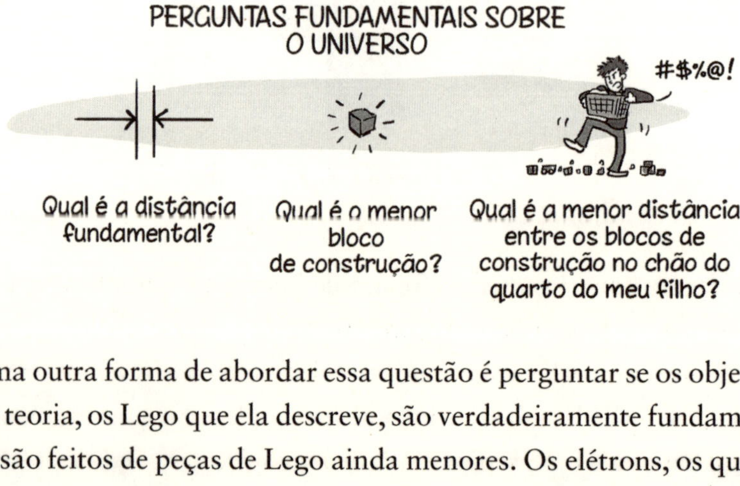

Uma outra forma de abordar essa questão é perguntar se os objetos na nossa teoria, os Lego que ela descreve, são verdadeiramente fundamentais ou se são feitos de peças de Lego ainda menores. Os elétrons, os quarks e as outras partículas que encontramos são os menores pedaços de matéria no universo? *Existe* ao menos uma partícula menor?

Uma questão final é perguntar como esses objetos interagem. Há formas diferentes de interação entre eles (ex., muitos tipos diferentes de força), ou há apenas uma interação que se manifesta de maneiras diferentes? Qual é a descrição mais fundamental das forças no universo?

Vamos começar com a menor distância.

A menor distância

Existe uma menor distância, uma resolução fundamental do nosso universo? A realidade é mesmo *pixelada* em uma escala abaixo da qual não possa ser descrita? Vamos parar um segundo e ponderar sobre quão estranho isso é — a ideia de que a realidade possa ser pixelada.

A mecânica quântica nos diz que não conseguimos saber a posição de uma partícula com precisão infinita. Isso porque, na mecânica quântica, os objetos são, na verdade, excitações ondulatórias e difusas de campos quânticos com propriedades inerentemente aleatórias. Mais do que isso, a mecânica quântica nos diz que a posição exata de uma partícula *não é determinada* e que a informação sobre sua posição abaixo de uma certa distância não existe. Isso é uma pista de que pode haver uma menor distância significativa no universo, uma quantização da distância, que poderíamos imaginar como uma pixelização.

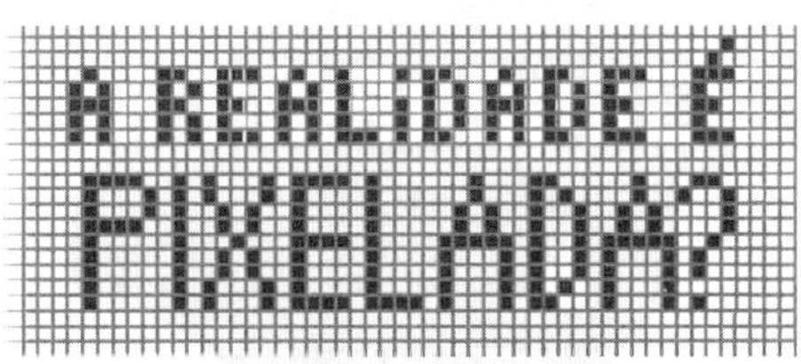

Mas se a realidade é pixelada, quão pequenos sãos esses pixels? Realmente não temos ideia, mas os físicos fizeram uma estimativa bem rudimentar combinando várias constantes fundamentais que nos dizem algo básico sobre o universo. A primeira delas é a constante da mecânica quântica *h*, conhecida por constante de Planck. Esse é um número muito importante porque está conectado com a quantização fundamental da energia, que é como uma pixelização da energia.

Para chegar a um número que define uma distância (com unidades em metros, por exemplo) os físicos multiplicaram a constante de Planck por duas outras constantes: a velocidade máxima do universo (c, velocidade da luz) e a força da gravidade (G). Se combinarmos ambas de uma forma específica, chegamos a um número que tem unidades de distância.[117] Esse número é realmente muito, mas *muito* minúsculo: 10-35 metros, ou 0,0 00000000000000000000000000000001 metros.

Chamamos esse número de comprimento de Planck. O que significa? Realmente não sabemos, mas é *possível* que nos dê uma estimativa grosseira do tamanho genérico do pixel espacial do universo. Não há, na verdade, uma justificativa para combinarmos esses números, exceto que cada um deles representa um componente básico da física que pode estar ativo no nível quântico, de forma que, juntos, eles podem nos dar uma pista sobre a escala fundamental do universo.

Podemos confirmar isso? Ainda não. Nossas ferramentas para explorar distâncias minúsculas avançaram de microscópios óticos, que conseguem sondar a matéria ao nível do comprimento de onda da luz utilizada (cerca de 10^{-7} metros), a microscópios eletrônicos, que podem sondar a 10^{-10} metros. Além disso, colisões altamente enérgicas em aceleradores de partículas têm investigado prótons à distância de cerca de 10^{-20} metros.

Infelizmente, isso significa que estamos *15 ordens de magnitude* distantes de examinar a realidade no comprimento de Planck. Ou seja, estamos ainda deixando passar *muitos* detalhes. Quantos? Imagine que a menor régua que você tivesse, ou a menor coisa que seus olhos conseguissem ver, tivesse 1.000.000.000.000.000 (10^{15}) metros de comprimento. Isso é cem vezes maior que a largura do nosso sistema solar. Se a menor régua que você tivesse fosse essa, haveria uma gama inteira de coisas interessantes acontecendo, sobre as quais você não teria nenhuma pista. Podemos passar muita coisa em 15 ordens de magnitude.

---

117. O comprimento de Planck é $(hG/c^3) = 1.616 \times 10^{-35}$m, onde *h* é a constante de Planck, *G* é a constante gravitacional, e *c* é a velocidade da luz.

Temos alguma esperança de explorar a realidade no comprimento de Planck? Os avanços tecnológicos nos levaram de 10^{-7} (microscópios ópticos) para 10^{-20} (aceleradores de partículas) em um ou dois séculos, então não é fácil prever o que os cientistas do futuro vão inventar para nos dar imagens ainda mais detalhadas da realidade. Mas se conseguirmos, a partir da estratégia dos aceleradores de partículas, enxergar coisas no comprimento de Planck iria exigir aceleradores com energias 10^{15} vezes maiores do que os que temos hoje. Infelizmente, tais aceleradores precisariam ser 10^{15} vezes maiores, o que custaria 10^{15} vezes mais, que por sua vez é 10^{15} mais do que podemos pagar.

Então, não temos nenhuma *prova sólida* de que haja pixelização nas menores distâncias do universo, mas a mecânica quântica e as constantes universais que medimos até o momento sugerem que talvez haja, e que ela seja super-hiper minúscula.

As menores partículas

Os elétrons, quarks e outras partículas "fundamentais" que encontramos são as *mais* fundamentais no universo? Provavelmente não.

Parece ser bastante provável que o elétron, os quarks e todos os seus primos sejam na verdade apenas fenômenos emergentes de... alguma coisa. Pode ser que sejam o resultado de uma partícula, ou grupo de partículas, menor e mais fundamental.

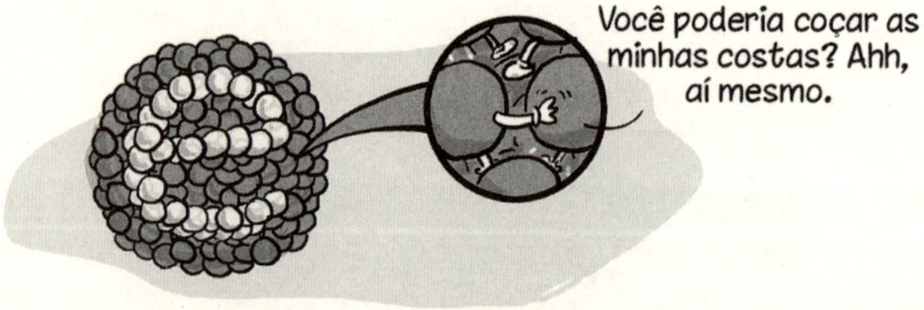

A razão para pensarmos assim é que todas as partículas que encontramos até agora parecem se encaixar perfeitamente em uma espécie de tabela periódica. Lembre-se, de acordo com o Capítulo 4, de que as menores partículas que já encontramos até hoje podem ser organizadas em uma tabela que se parece com esta:

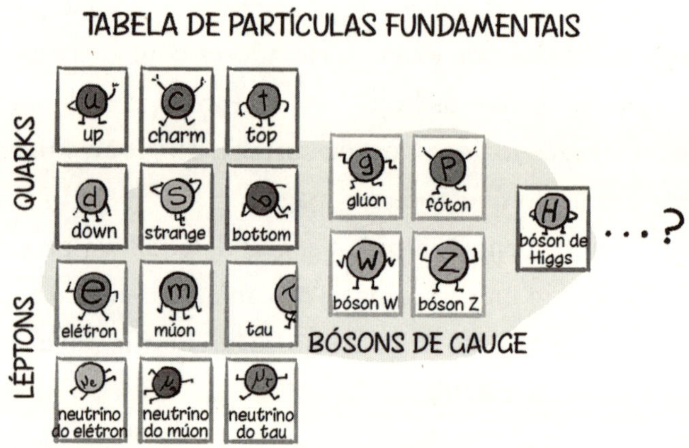

Essa organização elegante e os padrões que ela parece sugerir nos dizem que pode haver algo mais acontecendo. Lembre-se de que a tabela periódica original dos elementos (aquela com oxigênio, carbono, etc.) deu pistas aos cientistas de que todos os elementos eram configurações diferentes de elétrons, prótons e nêutrons. De modo similar, essa tabela faz os físicos suspeitarem de que as partículas que encontramos sejam feitas de partículas ainda menores, ou que elas possam ser a combinação de algum tipo de partícula menor e alguma lei ou regra, ainda por ser determinada, que crie todas as diferentes variações de partículas. De qualquer jeito, as pistas estão aí.

Como saberemos o que há dentro de elétrons e quarks? Temos que continuar a colidir coisas.

Se uma partícula é, na verdade, composta (feita de partículas menores), as partículas menores devem estar sendo mantidas juntas por algum tipo de ligação, com sua energia de ligação própria. Por exemplo, um átomo de hidrogênio é, na verdade, um próton e um elétron, presos um ao outro por uma atração eletromagnética entre eles. Da mesma maneira, um próton é feito de três quarks mantidos juntos pela força forte entre os quarks.

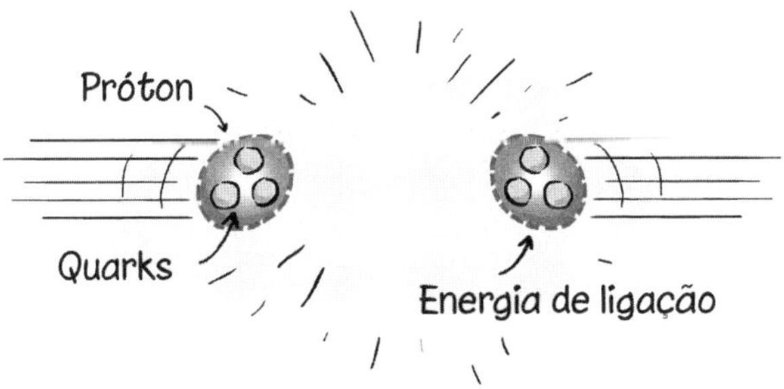

Se você colidir uma partícula composta com uma energia *menor* que a energia de ligação entre as partículas menores, ela vai parecer uma partícula sólida. Por exemplo, se um babuíno jogasse uma bola de beisebol com pouca força no seu carro, você veria a bola ricochetear, e tanto você como o babuíno poderiam concluir que seu carro é uma única partícula gigante. Mas se o babuíno jogasse a bola com *muita* força e a energia da bola de beisebol fosse maior do que a energia que está mantendo todas as peças do seu carro unidas, ela poderia quebrá-las e você conseguiria perceber que seu carro foi montado a partir de pedaços menores e, provavelmente, feito na América.

Assim, uma maneira de saber se elétrons e quarks são feitos de partículas menores é colidi-los com energias cada vez maiores. Se alcançarmos uma energia de colisão que seja maior do que aquela que possa estar mantendo o elétron ou os quarks juntos, eles quebrariam e saberíamos que são feitos de peças menores.

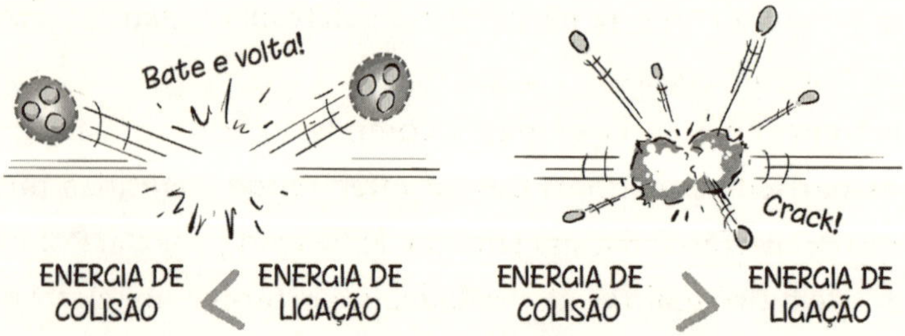

Mas não sabemos, de fato, se os elétrons e os quarks são feitos de pedacinhos menores e não temos ideia de qual energia seria necessária para quebrá-los, caso eles *sejam* feitos de pedaços menores. Até agora, nossos aceleradores, até mesmo aquele bem caro em Genebra, não conseguiram alcançar energias altas o suficiente para encontrar quaisquer partes menores que o elétron, os quarks e seus primos.

Outra maneira de decifrarmos os padrões na tabela periódica de partículas fundamentais é encontrar partículas *novas* que se encaixem na tabela. Se encontrarmos *mais* primos do elétron e dos quarks, poderemos ser capazes de deduzir o que significam os padrões na tabela, o que poderia levar a pistas sobre qual é a sua estrutura subjacente. Essa estrutura pode nos dizer se há pedaços menores escondidos no nosso conjunto atual de partículas.

As forças mais fundamentais

A peça final na construção de uma Teoria de Tudo é uma descrição das forças fundamentais do universo.

Sabemos que há várias maneiras de interação entre partículas de matéria, mas quantas forças há? Poderiam todas elas fazer parte do mesmo fenômeno?

Encontrar a descrição mais fundamental das forças no universo não é questão de tamanho (ex., encontrar a "menor" força que existe); é questão de encontrar quais das forças que conhecemos são, na verdade, partes da *mesma coisa*.

Por exemplo, se você tivesse pedido aos seus cientistas pré-históricos das cavernas, Ook e Groog, que enumerassem todas as forças no universo, eles talvez acabassem fazendo uma lista como esta:

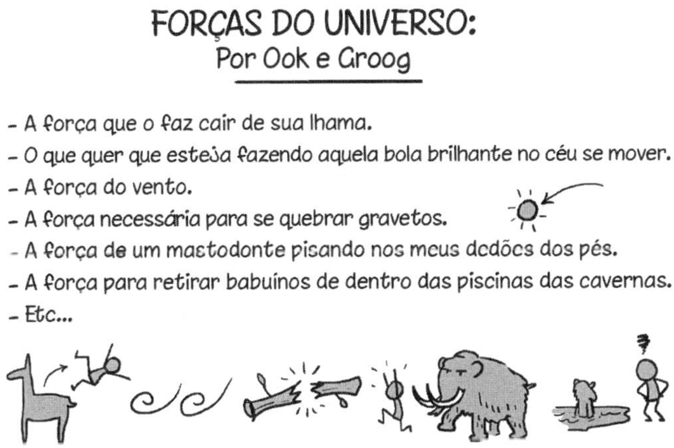

Essa lista pode conter muitas experiências aparentemente não relacionadas. Mas, através dos anos, os cientistas começaram a entender que muitas dessas forças *são* relacionadas; muitas coisas podem ser descritas pelo mesmo número limitado de forças. Por exemplo, sabemos que a força que o faz cair de sua lhama é a mesma que faz aquela bola brilhante no céu (o Sol) parecer se mover: a gravidade. E sabemos, por exemplo, que as forças através das quais os objetos (vento, gravetos, mastodontes) tocam ou empurram uns aos outros são, de fato, uma força: a força eletromagnética entre os átomos que se aproximam uns dos outros.

Na verdade, a própria ideia de que as forças elétrica e magnética sejam, de fato, uma força (eletromagnetismo) apareceu relativamente há pouco tempo, no século XIX. James Maxwell percebeu que correntes elétricas produzem campos magnéticos e que, ao movermos ímãs, podemos gerar correntes elétricas. Então ele escreveu todas as equações conhecidas de eletricidade e magnetismo (lei de Ampère, lei de Faraday e lei de Gauss), percebeu que elas tinham uma simetria perfeita e conseguiu reescrevê-las de uma maneira na qual a eletricidade e o magnetismo são tratados como um único conceito. Não são coisas distintas; são dois lados de uma mesma moeda.

Mais recentemente isso foi feito com as forças fraca e eletromagnética. Duas forças bem diferentes se revelaram também dois lados de uma mesma moeda: elas puderam ser escritas de uma forma bem simples como uma única força (chamada, criativamente, de força "eletrofraca") e com uma construção matemática similar. O fóton, que todos conhecemos e amamos, é, na verdade, apenas mais uma característica de uma força mais profunda que também é capaz de produzir os bósons W e Z, que transmitem força fraca.

Pouco a pouco, fizemos progressos em reduzir a longa lista de forças do universo de Ook e Groog para quatro forças e, agora, apenas três.

FORÇAS	PARTÍCULA PORTADORA DE FORÇA
ELETROFRACA	FÓTON E BÓSONS W E Z
FORÇA FORTE	GLÚON
GRAVIDADE	GRÁVITON (PREVISTO TEORICAMENTE)

Quanto mais podemos reduzir o número de forças? Será possível que todas essas forças sejam partes de uma *mesma força*?

Há apenas *uma* força no universo? Não temos ideia.

Quão longe estamos de uma Teoria de Tudo?

Uma Teoria de Tudo precisa descrever tudo que existe no universo da forma mais simples e fundamental possível. Isso significa que ela deve funcionar até nas menores distâncias do universo (se tal pixel cósmico existir); deve catalogar as menores peças de Lego no universo; e precisa descrever todas as interações possíveis entre as peças de Lego na forma mais unificada possível.

Até agora, temos algumas dicas e ideias sobre qual deve ser essa menor distância no universo (o comprimento de Planck). Temos um catálogo bem razoável de 12 partículas de matéria que, até o momento, não conseguimos quebrar (o Modelo Padrão). E temos uma lista de três maneiras através das quais essas partículas podem interagir (as forças eletrofraca, forte e a gravidade).

Quão distantes estamos de uma Teoria de Tudo definitiva? Não temos ideia. Mas nada nos impede de especular à vontade.

Se você continuar nessa direção, a descrição mais simples da matéria, das forças e do espaço vai, provavelmente, descrever *uma partícula* e *uma força* e, também, descrever a resolução mínima do espaço ou confirmar que isso não existe.

A partir dessa teoria, você deveria ser capaz de rastrear *tudo no universo* (objetos, comportamentos, babuínos) através de todas as camadas de fenômenos emergentes, e explicar tudo em termos dos movimentos e comportamentos dessas únicas partículas e forças.

Então parece que ainda temos bastante caminho pela frente. E, no caso de termos esquecido: as teorias que temos até agora cobrem apenas 5% do universo! Ainda não temos ideia de como vamos expandir o que conhecemos para os outros 95%. Literalmente falando, estamos apenas fazendo cócegas nos nossos ToEs.

Juntando a gravidade com a mecânica quântica

Um dos maiores obstáculos para chegarmos a uma Teoria de Tudo é juntar a gravidade com a mecânica quântica. Vamos falar sobre isso.

No momento, temos duas teorias (duas estruturas teóricas, na verdade) para compreender o universo: a mecânica quântica e a relatividade geral. Em mecânica quântica, tudo no universo, até mesmo as forças, são partículas quânticas.[118] As partículas quânticas são perturbações minúsculas da realidade que têm propriedades ondulatórias que lhes dão uma incerteza inerente. Essas perturbações se movem em um universo fixo e, quando interagem (quando uma delas puxa ou empurra outra), elas trocam outros tipos de partículas ondulatórias entre si. Há teorias quânticas para a força forte e a força eletrofraca, mas não há teoria quântica para a gravidade.

A relatividade geral, por outro lado, é uma teoria clássica, o que significa que foi inventada *antes* da mecânica quântica. Ela não supõe que o mundo seja quantizado ou até mesmo que a matéria e a informação sejam quantizadas. Mas uma coisa na qual a relatividade geral *é* muito boa é na modelagem da gravidade. Na relatividade geral, a gravidade não é uma força que duas coisas com massa exercem uma sobre a outra, mas uma dobra do espaço. Quando alguma coisa tem massa, produz uma distorção do espaço e do tempo ao seu redor, de modo a fazer com que qualquer coisa que esteja na sua vizinhança se curve em direção a este objeto.

---

118. Uma descrição mais moderna e poderosa da mecânica quântica é a teoria quântica de campos, em que os elementos básicos do universo são campos que existem por todo lado e as partículas são lugares nos quais os campos são animados, mas isso está além do escopo deste livro.

Então temos uma teoria ótima para partículas, que cobre a maior parte das forças fundamentais (a mecânica quântica) e uma teoria ótima para a gravidade (a relatividade geral), que é outras das forças fundamentais. Só há um problema: essas duas teorias são quase que completamente incompatíveis entre si.

Seria ótimo se conseguíssemos mesclar as duas porque, então, teríamos uma estrutura teórica comum sobre a qual poderíamos construir uma Teoria de Tudo. Infelizmente, isso ainda não aconteceu, e não é por falta de tentativas.

Quando os físicos tentam unir a mecânica quântica à relatividade geral, dois grandes problemas aparecem. Primeiro, há o fato de que a mecânica quântica parece funcionar apenas num espaço plano, chato e que não entorta. Se você tentar fazer a mecânica quântica funcionar para a gravidade num espaço curvo e instável, coisas esquisitas começam a acontecer.

Veja só, para fazer a mecânica quântica funcionar, os físicos têm que aplicar, para início de conversa, um truque matemático especial chamado de renormalização. É o que permite à mecânica quântica lidar com infinitos estranhos, como uma densidade de carga infinita em um elétron pontual ou o número infinito de fótons com baixa energia que um elétron pode irradiar. Através do uso da renormalização, os físicos conseguem varrer todos esses infinitos para debaixo do tapete e fingir que não há cadáveres escondidos ali.

Infelizmente, quando tentamos aplicar a renormalização à teoria da gravidade quântica com espaço torto, ela não funciona. Assim que nos livramos de um infinito, outro aparece. Não importa quantos tentemos esconder, parece haver um número infinito de infinitos. Isso significa que todas as teorias da gravidade quântica até o momento fazem predições loucas que envolvem infinitos, o que significa que não se pode testá-las. O motivo, até onde todos compreendem, é que a gravidade tem um tipo de efeito de feedback. Quanto mais o espaço se curva, mais gravidade há ali e mais as massas são atraídas. Assim, existe um efeito não linear de feedback evidente na gravidade que não há nas descrições quânticas das forças eletrofracas e forte.

O segundo problema com a integração entre a relatividade geral e a mecânica quântica é que ambas teorias enxergam a força da gravidade muito diferentemente. Se fôssemos incorporar a gravidade como uma força da mecânica quântica, deveria haver uma partícula quântica que a transmita mas que ninguém jamais viu. Tecnicamente, até pouco tempo não tínhamos a tecnologia para detectar tal partícula (se lembra do gráviton do Capítulo 6?), mas, até agora, ela ainda não foi encontrada.

Assim, nossas duas teorias de como o universo funciona são difíceis de serem unidas e não sabemos sequer se essa união *pode* ser realizada. Não temos ideia de como o gráviton vai parecer e todas as predições que uma teoria unificada da gravidade quântica fizeram se inclinaram para o infinito, o que não faz nenhum sentido.

Ou não temos a matemática adequada para unir as duas teorias ou a maneira com a qual as estamos juntando está errada. É uma das duas opções — ou ambas! Sabemos como calcular forças na mecânica quântica, mas não sabemos como usar isso para calcular a curvatura do espaço.

Como saberemos que terminamos?

Vamos imaginar que os cientistas consigam, um dia, construir um acelerador de partículas do tamanho do sistema solar (vamos chamá-lo de RLHC: Ridiculamente Grande Colisor de Hádrons). E vamos supor que os dados desse acelerador de energias absurdamente altas revele o elemento fundamental da matéria no comprimento de Planck, a menor unidade de distância significativa.

Vamos supor ainda que, uma vez que tenhamos esse elemento da matéria, nós consigamos explicar como esse pedaço básico da matéria interage consigo mesmo e como se agrupa para formar os fenômenos emergentes da natureza em distâncias maiores.

Isso significaria que terminamos?

Desde William de Ockham,[119] os cientistas e filósofos têm preferido explicações simples e mais compactas, em detrimento de outras, maiores e mais complexas. Por exemplo, suponha que você chegue à sua casa algum dia e que sua piscina esteja cheirando a babuínos. Faria sentido supor que uma organização internacional criminosa tivesse colocado gotas de perfume de babuínos na sua piscina, como parte de um esquema complicado envolvendo o Justin Bieber e três jogadores de basquete profissionais, ou faria mais sentido simplesmente admitir que seu babuíno de estimação desobedeceu às suas ordens e pulou na piscina para se refrescar?

Se você tem duas teorias concorrentes, e ambas explicam os dados, a mais simples é mais provável de estar correta (supondo que você tenha um

119. No século XIV, William inventou a navalha de Ockham (também conhecida como navalha de Occam), uma inovação na tecnologia de barbear e a primeira expressão da ideia de que explicações simples devem ter prioridade.

babuíno). Os físicos têm tido bastante sorte em simplificar sucessivamente nossas teorias ao perceber quando fenômenos diferentes são, na verdade, lados complementares da mesma moeda, como o trovão e o raio.

Mas, assim como nos perguntamos "Existe uma partícula menor?", podemos nos perguntar "Há uma teoria mais simples?". Talvez sejamos capazes de provar que o universo tem uma menor distância, e talvez uma menor partícula, mas será que conseguiríamos *provar* que temos a teoria mais simples? Como saberemos se chegamos ao fim? Podemos pensar que conseguimos e, então, conhecer uma raça alienígena cujos físicos tenham uma teoria ainda mais simples.

A primeira coisa a se considerar é como medimos a simplicidade de uma teoria. A simplicidade é uma medida de quão compactamente conseguimos escrever a teoria? De quão belas e simétricas suas equações são? Será que cabe em uma camiseta?

Um critério importante é o número de números que ela contém. Por exemplo, vamos supor que você encontre uma teoria de tudo e, em sua fórmula, haja um número. Não importa qual é o valor deste número, mas digamos que ele seja importante, como a massa da partícula mais fundamental, o "minúsculon". E vamos supor que, para que você possa usar a teoria (digamos, para prever quanto tempo dura a sua queda de cima de uma lhama), você precise conhecer o valor desse número. Naturalmente, você iria até o seu acelerador e o usaria para medir a massa do minúsculon, que, então, se tornaria um dado em sua teoria. Voilà, sua teoria está completa e você pode se sentar no carro amassado e esperar pelo comitê do Prêmio Nobel anunciar a sua condecoração iminente.

Agora, suponha que uma pessoa apareça do nada dizendo que *também* tem uma Teoria de Tudo. Mas a teoria *dela* funciona de outro jeito: é agregada ao valor exato da massa do minúsculon, e não funcionará a menos que contenha esse único valor exato. A pessoa não vai precisar medir tal valor, a equação vai lhe *dizer* que valor é esse. A teoria dela tem um valor arbitrário a menos que a nossa.

Apesar de sua equação parecer mais geral do que a da outra pessoa, na verdade, a dela nos diz mais sobre o universo. Isso porque a equação dela nos diz *por que* a massa do minúsculon tem o valor que tem (de outra forma a teoria não funcionaria). Contém menos números, o que significa que é mais simples e, por sua vez, mais fundamental. Adeus, Prêmio Nobel.

Uma maneira de sabermos se alcançamos a Teoria de Tudo definitiva é contando quantos números arbitrários ela tem. Quanto menos números, mais próximos estaremos do centro da cebola.

Pode ser que *não haja* números no centro. Talvez no núcleo dessa raiz bulbosa do universo haja apenas matemática sofisticada e todos os números que conhecemos (como a constante gravitacional, o comprimento de Planck ou o número de vezes que mastodontes pisaram nos seus pés) possam ser derivados elegantemente dessa matemática.

Atualmente, o Modelo Padrão contém muitos desses parâmetros — 21 deles descritos na lista a seguir — e ele nem tem pretensões de descrever a gravidade, a matéria escura ou a energia escura:

- Doze parâmetros para as massas dos quarks e dos léptons;
- Quatro ângulos de mistura que determinam como os quarks se transformam uns nos outros[120];
- Três parâmetros que determinam a intensidade das forças eletrofraca e forte;
- Dois parâmetros para a teoria de Higgs;
- Uma perdiz numa pereira (em teoria).

A verdade é que não temos ideia de como determinar se uma teoria é a teoria final. Pode ser que não haja números arbitrários no universo. Ou pode ser que haja e que tenham um significado profundo. Se descobrirmos o que parece uma teoria final e ela contiver o número quatro, significa que há algo profundamente importante sobre o número quatro?

Ou talvez tais números básicos tenham sido determinados aleatoriamente durante os primeiros instantes do nosso universo e em outros universos-ilha tenham valores diferentes. Veja o Capítulo 14 para uma discussão sobre multiversos, mas avisamos que a maioria dessas teorias se afasta de hipóteses científicas verificáveis e mergulha fundo em teorias filosoficamente intestáveis.

Recorrendo aos nossos ToEs

Como estamos quinze ordens de magnitude longe de explorar o comprimento de Planck e ainda estamos lutando para encontrar uma teoria unificada que consiga descrever meros 5% do universo, talvez seja a hora de tentar uma abordagem diferente.

E se, em vez de perfurar as camadas da cebola, começássemos pelo centro?

Nesse momento estamos tão longe do centro da cebola que podemos especular livremente sobre como é a realidade lá no centro.

---

120. Descobertas recentes de que neutrinos também se transformam uns nos outros significam quatro parâmetros a mais.

Pode ser que o universo seja feito de um tipo de partícula minúscula, salsichas enlatadas pequenas ou babuínos em miniatura.

Desde que a sua ToE hipotética termine predizendo as partículas e as forças que vemos hoje, não há, tecnicamente, nada que contradiga a sua teoria. Se isso soar como se a natureza do universo fosse apenas um vasto parque intelectual sem regras, é isso mesmo, mas apenas se você for um filósofo ou um matemático. Se quiser um viés científico (cof-cof, físicos), sua teoria de babuínos em miniatura precisa fazer mais do que descrever como os elétrons são feitos de "babunitos". Também precisa fazer algum tipo de predição testável para que possamos verificá-la e distingui-la das teorias sobre minúsculons e salsichons.

Teoria de cordas

Provavelmente a abordagem mais popular e controversa na física teórica moderna é a teoria de cordas, que sugere que o universo tenha dez ou onze dimensões de espaço-tempo, senão mais. Muitas dessas novas dimensões não são visíveis porque estão enroladas ou são muito pequenas (veja o Capítulo 9 para mais discussões sobre como isso não é só mais uma bobagem completamente inventada) e estão preenchidas com cordas minúsculas.

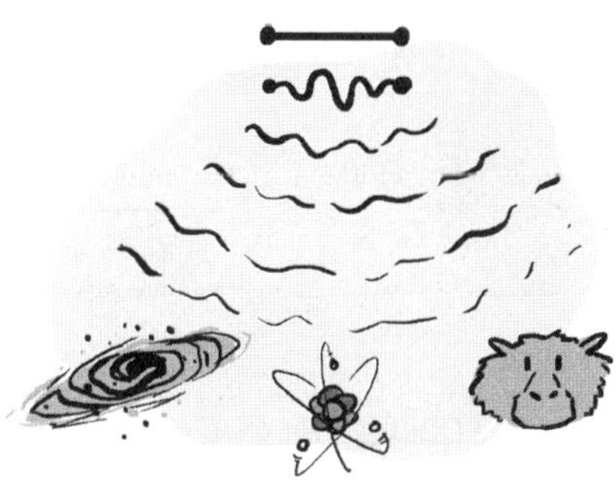

Essas cordas vibram e, dependendo de como estejam vibrando, podem se parecer com qualquer uma das partículas que já descobrimos. Conseguem, até mesmo, descrever partículas que ainda não vimos, como o gráviton. Melhor ainda, a teoria de cordas foi feita para ser matematicamente bela e teoricamente fascinante. A teoria de cordas é uma ToE verdadeira porque unifica todas as forças e descreve a realidade em seu nível mais básico. Antes de você escrever seu nome na lista dos seguidores da Igreja da Teoria de Cordas, você precisa ficar a par de alguns pequenos detalhes. Ou podemos chamá-los de questões. Ok, preocupações. Bem, talvez sejam problemões.

O primeiro problema é que, embora a teoria de cordas *consiga* descrever o universo inteiro, ainda não o fez. Até o momento, os físicos não encontraram nenhuma razão para que a teoria de cordas *não possa* ser uma ToE, mas ela ainda está longe de estar completa. A matemática ainda está sendo desenvolvida e algumas peças ainda precisam se encaixar antes que seja considerada uma teoria descritiva completa.

E isso nos traz ao segundo problema: a teoria de cordas ainda é apenas uma teoria *descritiva* e não consegue fazer nenhuma predição que possamos testar. Só porque uma teoria é amplamente consistente e matematicamente atraente não significa que seja uma hipótese científica válida.

Para saber se os menores pedacinhos do universo são pequenos minúsculons ou cordas vibrantes, cada teoria precisa fazer uma predição testável. Até agora, como a teoria de cordas lida apenas com objetos no comprimento de Planck, ainda não se pode testá-la cientificamente. Assim como a teoria do gatinho espacial, pode ou não ser verdadeira, mas acreditar sem verificações experimentais é uma questão de filosofia, matemática e fé, não de física.

A TEORIA DE CORDAS É, NA VERDADE,
A TEORIA DE BIGODE DE GATO.

É certamente possível que um dia, no futuro, técnicas experimentais melhorem amplamente ou que teóricos mais espertos encontrem uma característica do universo em distâncias testáveis que seja uma predição única (e, assim sendo, um teste) da teoria de cordas. Mas ainda não.

O problema final com a teoria de cordas é um dos parâmetros. As dinâmicas previstas por ela são determinadas pelo número e formato das dimensões do espaço-tempo.

E há muitas maneiras diferentes que poderíamos escolher essas dimensões. Muitas é pouco — algo em torno de 10^{500}, o que é 10^{410} a mais do que o número de partículas no universo e 10^{497} a mais do que o número de amigos que você tem no Facebook. Há esperança de que novas formulações da teoria de cordas consigam reduzir o número de escolhas arbitrárias, mas se você quiser julgar a completeza de uma teoria pelo seu número de parâmetros, isso ainda está longe de acontecer.

Entrando no laço

Uma abordagem completamente diferente imagina que, no nível mais básico, o espaço é quantizado. Nessa teoria, o espaço é feito por unidades minúsculas e indivisíveis chamadas de laços, que são do tamanho do comprimento de Planck, ou 10^{-35} metros. Se você entrelaçar um número suficiente desses laços, é possível derivar todo o espaço e matéria.

Essa teoria, chamada de gravidade quântica de laço, consegue unificar a gravidade com as outras forças e explicar a natureza do universo até seus menores pedacinhos. Infelizmente, ela sofre da mesma dificuldade que a teoria de cordas: sem uma maneira de verificá-la, não pode ser promovida a uma teoria científica. Mas *há* uma predição específica que ela faz, que é a de que o Big Bang faz parte de um ciclo chamado Big Bounce, ou o Grande Rebote, em que o universo se expande e se contrai repetidamente. Mas, se por um lado talvez haja uma maneira de validar essa teoria, por outro você teria que esperar bilhões de anos pelo próximo Big Bounce antes de reivindicar aquele Prêmio Nobel cobiçado.[121]

121. Não é concedido postumamente, então, se você morrer tentando provar sua teoria, vai ser um aborrecimento duplo.

A TRAMA DA TEORIA
DE TUDO

Esses são apenas os primeiros degraus tentativos. Baseados nessas ideias, ou inspirado por elas, ou após uma sessão louca de meditação rodeado de babuínos pensativos, esperamos que algum físico construa uma Teoria de Tudo que explique tudo e que faça predições testáveis.

Seria, ao menos, útil?

Quão útil seria a Teoria de Tudo na explicação das perguntas sobre os objetos cotidianos?

Na prática, não muito.

Mesmo que uma Teoria de Tudo nos revelasse o funcionamento interno do universo em seu nível mais fundamental, ela provavelmente não nos seria muito útil para fins práticos, como projetar redes à prova de macacos para cobrir a sua piscina.

O que é interessante sobre a ideia de um universo como uma cebola com multicamadas de fenômenos emergentes é que diferentes teorias, em diferentes níveis, podem estar todas certas *ao mesmo tempo*. Por exemplo, suponha que você queira descrever o movimento de uma bola quicando. Você pode descrevê-lo usando a física Newtoniana (do tipo que aprendeu no ensino médio) e tratar a bola inteira como um objeto sendo puxado pela força da gravidade. Nesse caso, você obteria um movimento parabólico simples que pode ser escrito em uma única equação matemática.

Alternativamente, você também pode descrever a bola quicando usando a teoria quântica de campos. Você poderia modelar a mecânica quântica de cada uma das 10^{25} partículas dentro da bola e rastrear o que acontece com cada uma delas a medida que elas interagem umas com as outras e com o ambiente. *Totalmente impraticável*, mas possível, a princípio. Em teoria, isso teria que dar o mesmo resultado que o obtido acima, mas, na prática, é algo quase impossível de se fazer.

Se tivéssemos uma teoria correta da realidade no nível mais profundo, poderíamos *a princípio* derivar a formação das galáxias, a mecânica dos fluidos ou a química orgânica dessa teoria. Mas isso seria praticamente ridículo e não é uma forma muito útil de se fazer ciência.

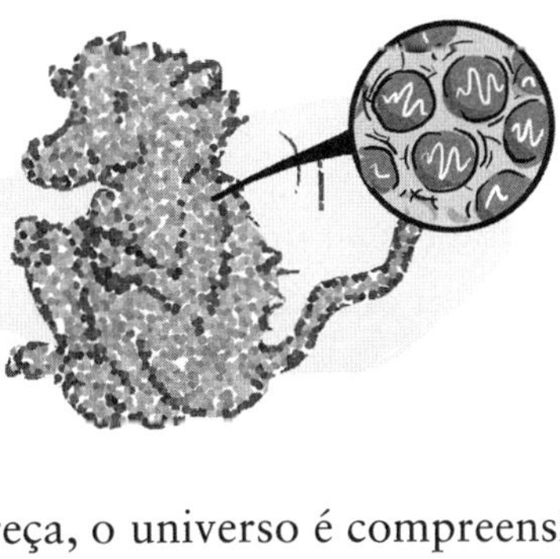

Por incrível que pareça, o universo é compreensível e descritível em diversos níveis. Você não precisa começar do nível mais baixo para fazer química orgânica ou compreender nossa obsessão por babuínos. Seria um esforço gigantesco, certo? Ninguém espera que uma surfista entenda a teoria de cordas e calcule o movimento de 10^{30} partículas em uma onda para ficar em pé na prancha. Analogamente, ao fazer um bolo, você não gostaria que sua receita estivesse escrita em termos de quarks e elétrons.[122]

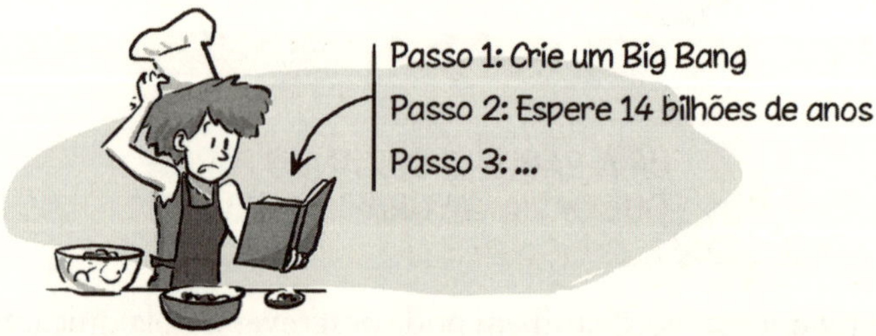

NINGUÉM QUER UM LIVRO DE RECEITAS ACURADO.

Se os primeiros cientistas tivessem sido obrigados a partir dos princípios mais básicos desde quando a humanidade começou nossa jornada de descobertas, não teríamos chegado a lugar nenhum.

Da cabeça ao ToE

A busca para encontrar uma Teoria de Tudo é uma tentativa de fazer algo que jamais conseguimos em ciência: revelar a verdade mais profunda e básica do nosso universo.

Até agora, provamos sermos muito bons em construir descrições úteis do mundo ao nosso redor. Da química à economia e à psicologia símia, fizemos várias dessas descrições funcionar melhorando a nossa vida e nos ajudando a construir sociedades, curar doenças e conseguir conexões à internet mais rápidas. O fato de essas descrições não serem fundamentais e apenas se aplicarem a fenômenos emergentes não as torna menos úteis ou eficientes.

Mas o que essas teorias não conseguiram foi a satisfação de revelar como o universo *realmente* funciona.

E queremos saber a verdade mais profunda. Não porque nos ajudaria a resolver problemas de comportamento de babuínos ou a melhorar nossas

122. Seu supermercado local vende vários quarks e elétrons, mas eles não são empacotados individualmente.

maratonas de Netflix, mas porque iria nos ajudar a compreender nosso lugar no universo.

Infelizmente, assim como qualquer das grandes questões do universo, não temos ideia de como a Teoria de Tudo seria. No momento, suspeitamos de que as partículas mais minúsculas que conhecemos (elétrons, quarks, etc.) possam ser 10^{15} *vezes* maiores que os blocos básicos de construção do universo. Imagine ser do tamanho de uma galáxia e pensar que uma estrela seja a menor coisa no universo. É longe assim que devemos estar de uma Teoria de Tudo verdadeira.

E ainda não tivemos sucesso em descrever todas as forças em termos de uma única teoria. A gravidade ainda não sabe brincar com a mecânica quântica, apesar de séculos de meditação e terapia. Não temos sequer a garantia de que haja uma Teoria de Tudo no universo.

Mas nada disso deveria nos dissuadir de buscá-la. Até agora, toda vez que retiramos uma camada de realidade, cada vez que damos um passo na direção do núcleo do universo cebola, estruturas novas e bizarras são reveladas e nos fazem pensar diferente sobre a forma que vivemos a vida.

17.
Estamos sozinhos no universo?

Por que ninguém veio nos visitar?

Se você viajar para um país estrangeiro, fará a descoberta fascinante de que há muitas diferenças entre os modos de vida local e o seu próprio.

Lá, uma xícara de café é enorme e aguada ou minúscula e forte de arrepiar os cabelos? Os banheiros têm cubículos com portas para maior privacidade ou apenas baias precárias que não conseguem disfarçar a sua indigestão de viajante? Balançar a cabeça para cima e para baixo significa sim, não, ou que você deseja lóbulos oculares e tentáculos extras na sua vitamina? Eles comem com garfos, pauzinhos, as mãos, ou usam borboletas adestradas? Dirigem do lado esquerdo, direito ou de todos os lados?[123] Mais importante ainda, eles têm como objetivo de vida acumular dinheiro, encontrar o amor, ou perturbar seus parentes?

UM ESTRANHO NUMA BAIA ESTRANHA

123. Estamos de olho em você, Itália.

Por outro lado, você perceberá que várias coisas são parecidas com o seu estilo de vida em casa: lá, eles ainda comem, dormem e conversam uns com os outros. Talvez o café da manhã deles contenha lóbulos oculares que os olham fixamente ou eles bebam café fraco servido dentro de um sapato, mas, no final, comem e bebem assim como você.

O importante é que, ao visitar outras culturas, você aprende quais partes da sua cultura são *universais* aos humanos, uma vez que elas vêm de necessidades fundamentais da humanidade (comer, dormir, cafeína, etc.) e quais são escolhas aleatórias *locais* que podem parecer fundamentais (baias de banheiro, utensílios, tentáculos no café da manhã, etc.), mas que poderiam muito bem ser diferentes. Observar outra cultura é a melhor forma de aprender quais são as coisas que você pensava que eram fundamentais, mas que são, na verdade, locais.

O mesmo princípio que se aplica às comidas de café da manhã também é verdadeiro para a ciência. Muitos dos nossos equívocos sobre o universo vêm da generalização excessiva de nossa minúscula percepção local. Por exemplo, durante milênios os humanos achavam que estávamos no centro do universo, ou, pior ainda, que nosso mundo *era* todo o universo, no qual as estrelas e o Sol eram adereços feitos só para nós. Essas eram ideias absolutamente razoáveis, dada a nossa percepção local.

Pode ser que, daqui há cinco mil anos, olhemos para as nossas opiniões atuais como vergonhosamente ingênuas. A astronomia já nos deu a difícil lição de que somos apenas pessoas insignificantes, num grão minúsculo, em um canto não muito especial de um universo gigantesco. Sobre o que mais estivemos equivocados por estarmos vendo o universo unicamente a partir dessa posição estratégica? O que mais, sobre o universo, supusemos ser universal quando é, de fato, apenas algo local? Será que é sequer possível conseguir um bom lóbulo ocular cozido para viagem, às três da madrugada, perto de Alfa Centauro?

Mas, talvez, a pergunta mais importante que podemos fazer sobre a universalidade de nossa percepção é a pergunta sobre a vida propriamente dita: a vida no universo é comum ou rara?

O universo está repleto de vida ou somos os únicos por aqui? Como exploramos apenas a Terra e a sua vizinhança imediata, fica difícil concluir se estamos ou não a sós no universo. Somos como uma tribo primitiva e não contatada, vivendo no meio de uma selva e que é ignorante acerca da vasta civilização ao nosso redor? Ou somos mais como um oásis de vida isolado no meio de um deserto estéril e enorme? Infelizmente, ambas as possibilidades estão de acordo com as nossas percepções, de modo que não temos como saber a diferença.

Se houver vida inteligente por aí — um enorme se — a segunda pergunta a ser feita é: por que nunca os encontramos? Por que nunca recebemos mensagens, cartas ou convites para festas de aniversário? Somos os únicos acordados no universo ou há outras civilizações simplesmente distantes demais, ou que estejam nos ignorando propositalmente para nos excluir desse jogo de queimado galáctico?

Finalmente, se fôssemos contatados por vida tecnológica inteligente, o que poderíamos aprender com eles? O que já compreenderam sobre o universo que ainda não compreendemos? Nós usamos principalmente a radiação eletromagnética (ex., luz) para explorar o universo porque é o que usamos para explorar com os nossos olhos. Talvez esses alienígenas tenham descoberto que o universo é banhado por alguma outra forma de informação (neutrinos ou alguma partícula que não conhecemos ainda) e tenham uma visão completamente diferente de como tudo funciona. Talvez nem tenham olhos! Isso é tudo especulação, mas todos esses cenários são possíveis e não temos ideia de qual cenário correspondente ao nosso universo.

Até mesmo a ideia de aprender com alienígenas faz várias suposições de quão conscientemente a vida conduz suas atividades. Eles escrevem livros ou simplesmente zapeiam as informações uns para os outros, via conexão cerebral direta? A matemática é parte de sua maneira de pensar ou é uma invenção humana? Eles sequer fazem ciência? Fizemos zero ciência até um embaraçoso recentemente. Mesmo hoje, nossa ciência é principalmente beber café com algum flash ou insight ocasional e um avanço vespertino raro.

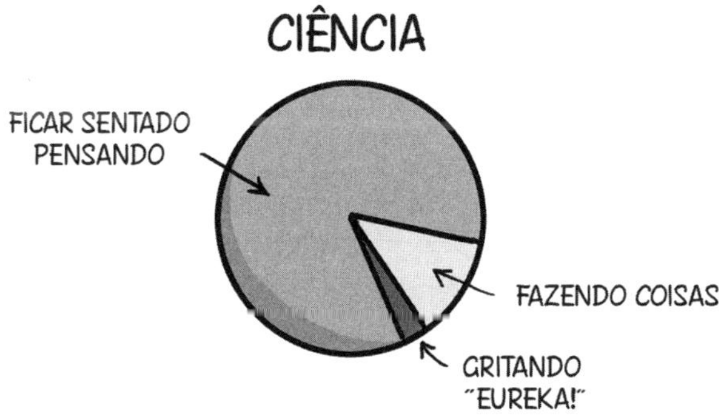

Neste capítulo discutiremos a situação do nosso conhecimento e ignorância que envolvem algumas das perguntas mais profundas sobre a vida propriamente dita: estamos sós? Se não estamos sós, por que ninguém nos contatou? Queremos contatá-*los*? Se eles nos contatassem, o que poderíamos aprender sobre a vida, o universo e tudo mais?[124]

Eles estão por aí?

Se formos a única forma de vida em todo o universo, há algo bem estranho sobre a nossa percepção e nosso planeta. Estar só, em um tal cosmos assim tão vasto, significa que a vida é extremamente rara. Se o universo for infinito, ser o único exemplo de algo é mais do que raro, é praticamente impossível. Em um universo infinito, qualquer coisa com uma probabilidade minúscula de acontecer acontece. Na verdade, qualquer coisa com

124. Além do "42".

uma probabilidade finita ocorrerá com frequência infinita. Apenas coisas com probabilidades infinitamente pequenas ocorrerão exatamente uma única vez.

Por outro lado, se não estivermos sós, isso vai fortalecer o sentimento de que a vida, e talvez até mesmo nossa inteligência e civilização, não nos garanta um lugar especial no universo. Isso implicaria que, de toda a nossa percepção humana, muito pouco poderá revelar qualquer coisa profunda ou interessante sobre o universo propriamente dito. Isso é humilde e empolgante ao mesmo tempo.

Qual dos dois será? Somos especiais ou entediantes?

O problema é que é muito difícil sair da nossa percepção de planeta único para uma compreensão mais geral. Há duas possibilidades e não conseguimos distinguir entre elas: ou (1) somos a única forma de vida no universo, ou (2) o universo está repleto de vida que não fomos capazes de ver, ou porque esteja longe demais, ou porque seja alienígena demais para que possamos percebê-la ou reconhecê-la.

Imagine que você seja um estudante do ensino fundamental. E, certo dia, seu teste de matemática de sempre venha, inesperadamente, acompanhado de uma folha com as respostas! A princípio você fica animado, mas então começa a pensar: será que você foi o único que recebeu a folha com as respostas? Pode ser que tenha sido um simulado e ninguém o avisou. Ou talvez haja outras crianças que tenham recebido o gabarito, mas tampouco querem que os outros saibam. Você não faz ideia se é o único estudante afortunado ou se todos os outros têm as respostas. Se nenhum dos outros estudantes tiver a folha com as respostas, eles jamais irão perceber. Só por ter a folha, não há como saber se você é especial ou não. Você não tem como saber tudo sobre o panorama completo a partir de sua percepção local.

No caso da vida, a coisa é um pouco melhor, mas não muito. Por exemplo, podemos observar a Terra e estudar as várias formas de vida que existem. Se houver características que variem amplamente de organismo para organismo (ex., cor da pele, sabor preferido de sorvete), podemos estar certos de que não são essenciais ou fundamentais para a vida e que a vida em outros planetas pode ser completamente diferente (talvez sorvete de alho faça muito sucesso no planeta Zlybroxxia). Por outro lado, se houver coisas que sejam constantes para todas as formas de vida na Terra (ex., a necessidade de uma fonte de energia e água), podemos especular que sejam comuns à vida em todo lugar. Esse argumento é especialmente forte porque podemos mostrar que elementos comuns da vida se desenvolveram muitas vezes independentemente — lóbulos oculares, por exemplo (sem brincadeira!).

Pode ser útil separar algumas dessas questões e colocá-las no papel na forma de um problema matemático. Por exemplo, se quisesse estimar o número de pessoas em seu bairro, você poderia fazer uma pesquisa exaustiva de porta em porta, *ou* simplesmente multiplicar o número de casas em seu bairro pelo número médio de pessoas em uma casa típica.

De modo semelhante, podemos estimar o número (N) de espécies inteligentes com as quais poderíamos, potencialmente, conversar como uma equação matemática que se pareça assim:

$$N = n_{estrelas} \times n_{planetas} \times f_{habitáveis} \times f_{vida} \times f_{inteligente} \times f_{civ} \times L$$

Na qual os fatores representam:

$n_{estrelas}$: O número de estrelas na galáxia

$n_{planetas}$: O número médio de planetas por estrela

$f_{habitáveis}$: A fração desses planetas que poderia abrigar vida

f_{vida}: A fração dos planetas habitáveis que de fato desenvolvem vida

$f_{inteligente}$: A fração de planetas com vida que abriguem vida inteligente

f_{civ}: A fração das espécies inteligentes que desenvolvem uma civilização tecnológica e que mandam mensagens ou espaçonaves para o espaço

L: A probabilidade que estejam por aí ao mesmo tempo que nós

Essa é uma fórmula matemática bastante simples (conhecida por equação de Drake), mas é útil porque quebra o problema em partes e mostra que, se apenas *um* desses fatores for zero, jamais teremos notícias de alienígenas, mesmo que eles existam.

Mas tenha em mente que isso é apenas uma estimativa baseada na nossa percepção local de vida. No fim, somos fundamentalmente limitados pela nossa falta de turismo interplanetário. Poderíamos fazer uma lista cuidadosa dos requerimentos mais gerais para a vida, mas seriam apenas para a vida que conhecemos. É perfeitamente possível que a vida tenha formas que não conseguimos imaginar atualmente, com metabolismos incrivelmente lentos e ciclos de vida que pareçam impossivelmente longos, ou organismos que sejam absurdamente vastos, cujas fronteiras com seu ambiente, ou uns com os outros, sejam difusas. Então, tenha em mente que podemos estar completamente enganados sobre os requerimentos para vida inteligente e que a única forma de saber com certeza é encontrar exemplos em outras partes do universo.

Dado esse aviso, vamos atacar os fatores dessa equação um a um.

Número de estrelas ($n_{estrelas}$)

Os astrônomos concluíram que há um número enorme de estrelas na nossa galáxia: 100 bilhões. É encorajante começarmos a partir de um número grande, porque o resto das partes dessa equação podem, todos, se resumir a probabilidades minúsculas.

Mas por que focarmos apenas em nossa galáxia? Estima-se que haja em torno de um ou dois trilhões de galáxias em nosso universo observável. A razão para começarmos pela Via Láctea é a seguinte: se por um lado as estrelas em nossa galáxia estão bastante afastadas, as outras galáxias estão depressivamente distantes. Além disso, viagens ou comunicações nessas escalas parecem praticamente impossíveis, a menos que façamos uso de brechas como buracos de minhoca ou viagens em velocidade de dobra. Vamos nos concentrar em nossa galáxia por enquanto e guardar esse fator extra de alguns trilhões de outras galáxias no bolso de trás, para dar uma melhorada nos números, caso fiquemos desestimulados.

Número de planetas habitáveis
($n_{planetas}$ X $f_{habitáveis}$)

De todas as estrelas em nossa galáxia, quantas têm planetas que possam abrigar vida? E que tipo de planeta pode abrigar vida? Planetas rochosos como a Terra são os únicos, ou há outros tipos possíveis de lares para a vida?

Por exemplo, pode ser que haja formas de vida que consigam viver bem no topo das atmosferas de enormes gigantes gasosos congelados, ou talvez haja formas de vida que consigam nadar em lava, na superfície fundida de planetas quentes e minúsculos.

Por ora, vamos concentrar nossa busca pelo número de planetas semelhantes à Terra, ou seja, planetas rochosos, em vez de gasosos, e aqueles de tamanho parecido, com uma quantidade de energia solar parecida. Pode ser bem restritivo pensar dessa maneira, mas é também mais realista, dado que a Terra é o único planeta que conhecemos que tem vida.

Então, quantos planetas aconchegantes como o nosso há em nossa galáxia? Nossos telescópios não são poderosos o suficiente para ver as minúsculas rochas que podem estar orbitando estrelas brilhantes e distantes. Além disso, esses planetas não apenas estão tão distantes que nos são essencialmente invisíveis, mas também estão tão mais próximos das suas estrelas, do que de nós, o que os torna irremediavelmente ofuscados. Se você estiver olhando para um enorme ponto brilhante, jamais vai perceber um pequenão grão de rocha ao seu lado.

É por isso que não fazíamos ideia, até recentemente, de quantos planetas havia ao redor de uma estrela típica e quantos eram similares à Terra. No entanto, na última década os astrônomos desenvolveram algumas técnicas bastante inteligentes para detectar planetas indiretamente. Eles podem procurar pequenas oscilações na posição da estrela, o que significa que a estrela está sendo levemente puxada pela força gravitacional do planeta. Também podem procurar reduções periódicas no brilho da estrela, o que significa que o planeta que a orbita está passando na frente dela. Através dessas e outras técnicas os astrônomos descobriram algo incrível: cerca de *uma a cada cinco* estrelas em nossa galáxia contém um planeta rochoso com tamanho similar ao da Terra e uma quantidade similar de energia solar em sua superfície. Isso significa que o número de Terras possíveis, apenas em nossa galáxia, está na casa dos *bilhões*. Uhuuu! Boas notícias, até agora, para a indústria de turismo alienígena emergente.

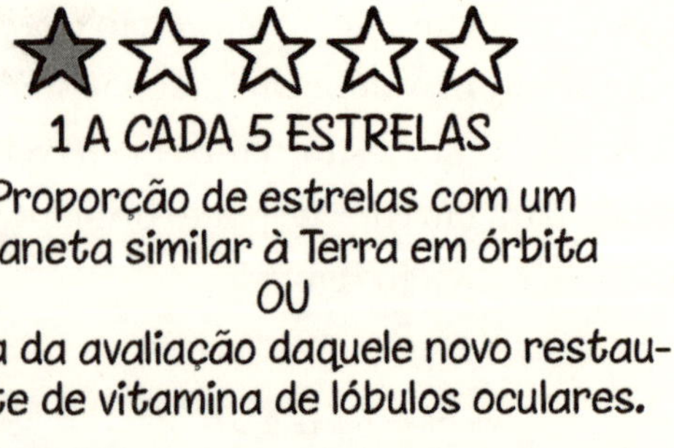

Número de planetas habitáveis com vida (f_{vida})

Se nos restringirmos apenas à nossa galáxia, teremos cerca de 100 bilhões de estrelas, com cerca de 20 bilhões de planetas similares à Terra. Vinte bilhões são muitas placas de Petri para a criação da vida. Os números parecem, portanto, animadores, mas agora chegamos a águas mais profundas: quantos dos planetas habitáveis *têm*, de fato, vida?

Para começar, podemos nos perguntar primeiro: quais são os ingredientes necessários à vida? Foi a partir do estudo da enorme variedade de vida na Terra que concluímos que a vida parece sempre exigir a existência de água, para realizar boa parte do transporte e da química complexa, e também abundância de carbono, para construir muitas substâncias químicas complexas e prover suporte estrutural, como paredes celulares e ossos. Além disso, a vida precisa de nitrogênio, fósforo e enxofre, principalmente para confeccionar o DNA e proteínas críticas.

Poderia a vida, assim como a conhecemos, se formar sem esses elementos? Algumas especulações sugerem que o silício poderia ser utilizado no lugar do carbono. Esse é um exemplo divertido da tentativa de pensamento abrangente, mas como o silício é muito mais pesado e complicado (quatorze prótons) do que o carbono (seis prótons), provavelmente não é abundante o suficiente para abrir novos caminhos para a vida.

Uma pergunta ainda mais capciosa é se tais ingredientes são suficientes para a vida. Se existir um belo planeta, em algum lugar, com temperaturas apropriadas, enormes oceanos e abundância desses elementos em constante movimento e colidindo uns com os outros, quais a chances de que a vida começará? Essa é uma das perguntas mais profundas e elementares da biologia, mas que é muito difícil de responder. Aqui na Terra sabemos que a vida começou poucos milhões de anos após o aparecimento de água na superfície. Mas sabemos pouco sobre os detalhes e certamente não sabemos se é usualmente um intervalo de tempo curto ou longo para se mexer a sopa química e esperar.

Os cientistas têm tentado reproduzir alguns dos passos que se imaginam serem necessários para irmos de uma sopa estéril até organismos vivos. Um experimento famoso começou com uma sopa dessas substâncias químicas e juntou uma faísca elétrica para simular os efeitos dos golpes dos raios em uma Terra primitiva. Nenhum Frankenstein foi criado, mas algumas moléculas complexas necessárias para a vida se formaram. Isso sugere que — para alguns dos passos, pelo menos — talvez apenas precisemos ter as peças espalhadas e esperar a injeção certa de energia através de calor geotérmico, golpes de raios ou armas alienígenas a laser.

Assim, compreendemos, até o momento, muito pouco sobre como a vida foi criada a partir de um ambiente estéril na Terra.[125] Se soubéssemos mais, poderíamos construir algum argumento razoável sobre a probabilidade da vida como conhecemos começar em outros planetas com condições parecidas. Até lá, simplesmente não temos ideia se uma configuração como a nossa resulta em vida toda hora ou apenas uma a cada milhão ou quadrilhão de vezes. E, lembre-se, pode haver outras formas de vida drasticamente diferentes, cada uma com sua própria probabilidade de começar a partir de uma sopa estéril.

---

125. Principalmente esses autores, pois nenhum deles é biólogo, mas até mesmo biólogos que conhecemos admitem ignorância parecida.

Acontece que a Terra não é o único lugar da vizinhança onde existem blocos químicos que fazem vida. Muitos também foram encontrados em Marte (inclusive água no estado líquido!), mas até então nunca se encontrou evidência de vida, pequena ou grande.

Outros lugares do nosso sistema solar podem não ocupar as cinco primeiras posições da sua lista de locações preferidas para viajar nas férias, mas são candidatos razoáveis para abrigar a vida. Acredita-se que a lua de Júpiter, Europa, tenha oceanos subterrâneos enormes e a lua de Saturno, Titan, uma atmosfera e oceanos de substâncias químicas que poderiam ser utilizados para se construir formas de vida primitivas. Nem de perto isso quer dizer que encontramos vida lá fora, mas ao menos os ingredientes parecem estar espalhados.

Aproveitando essas especulações sem embasamento, quão certos estamos de que foi na Terra que a vida começou? De todas as possibilidades implausíveis, uma que soa como ficção cientifica, mas que tem uma probabilidade não nula de ser verdade, é que *a vida começou em outro lugar* e viajou até a Terra via meteoritos.

Escutamos você zombando dessa ideia, provavelmente porque está imaginando micróbios construindo microfoguetes e enfrentando viagens de zilhões de anos de duração até aterrissar na Terra. Na verdade, micróbios não precisam construir seus próprios foguetes para se movimentar entre planetas e estrelas. Quando algo grande (como um asteroide enorme) atinge um planeta, o impacto consegue lançar pedaços do planeta espaço afora. Esses pedaços vagueiam por algum tempo — algumas vezes por muito tempo. Às vezes ficam à deriva pelo espaço por bilhões de anos e às vezes são fritados ao passar muito próximos à uma estrela. Mas, ocasionalmente, caem em outro planeta. Os cientistas encontraram rochas na Terra que, quase certamente, vieram de Marte através desse mecanismo. Assim, é perfeitamente possível rochas serem ejetadas de um planeta para outro. Se essas rochas abrigarem organismos vivos, micróbios minúsculos ou até mesmo microanimais que consigam sobreviver no vácuo do espaço,[126] não é impossível (ainda que de certa forma implausível) que a vida microbial consiga saltar de planeta para planeta.

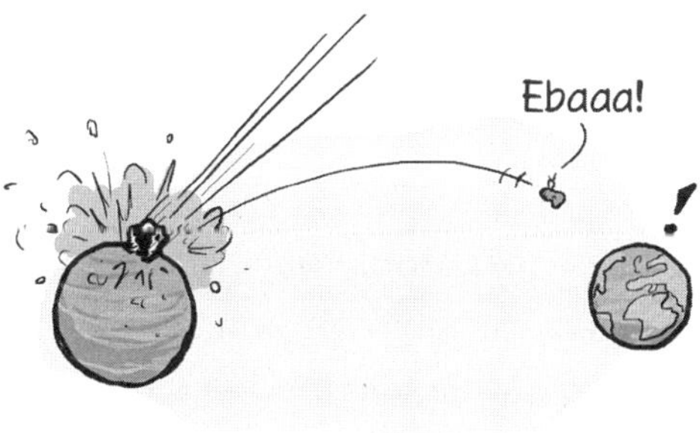

Se isso fosse verdade — e não temos nenhuma evidência que comprove —, significaria que alienígenas existem: somos *nós*! Na verdade, os cientistas já encontraram uma rocha, que certamente veio de Marte, e que continha em seu interior formas estranhas inexplicavelmente parecidas com formas de vida. Essas formas lembravam, muito grosseiramente, a vida microbial na Terra, mas muitos cientistas estão profundamente céticos de que sejam evidências de vida Marciana. Entretanto, isso demonstra que, se houvesse vida em Marte (ou em algum outro lugar), poderia ter pegado carona até uma Terra jovem e a semeado com vida.

Mais do que especular sobre se os nossos tatara-tatara-tataravós eram extraterrestres, essa ideia nos dá uma oportunidade. Se existe vida em outros planetas, podemos ser capazes de obter evidências de sua existência examinando asteroides. Esses pedaços de tralha interplanetária podem não ter condições para criar vida, mas se tiverem sido ejetados de um planeta muito distante, podem transportar evidências de vida destes mundos distantes.

126. Procure a palavra "Tardígrado" no Google e prepare-se para ficar chocado.

Número de planetas habitáveis com vida inteligente ($f_{inteligente}$)

Depois de colocar a vida microbial em andamento, quais outras condições são necessárias para se formar vida complexa e, então, vida inteligente?

Certamente precisa-se de tempo, o que significa que são necessários longos períodos entre eventos que possam destruir uma colônia inicial frágil. Na Terra, a vida inteligente surgiu entre cinquenta mil e um milhão de anos atrás, dependendo do limiar de inteligência de que estamos falando (alguns podem argumentar que não o alcançamos ainda). Isso é bilhões de anos após o início da vida, então não é um processo rápido.

Introduz algumas restrições sobre onde a vida pode ser possível. Por exemplo, se o seu planeta for muito próximo do centro da galáxia, será banhado por radiação muito pesada do buraco negro central e estrelas de nêutrons. Essa radiação poderá dizimar a química delicada da vida.

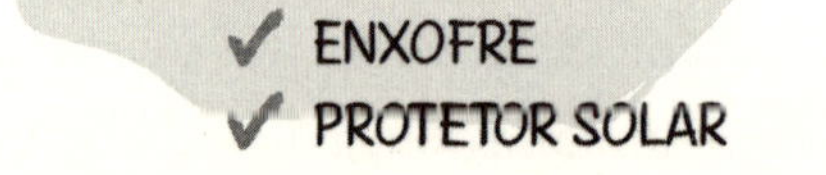

Há outra boa razão para você não querer se encontrar muito próximo a estrelas mais velhas e centros de galáxias densos: todos os objetos vizinhos podem esbarrar ou perturbar gravitacionalmente as órbitas de grandes meteoros e asteroides em seu sistema solar, causando eventos de extinção quando algum deles cair na superfície de seu planeta. Alguns cientistas especulam que, em nosso sistema solar, ter dois planetas massivos (Saturno e Júpiter), com órbitas mais afastadas do sol do que a nossa, funciona como um tipo de aspirador de pó cósmico, recolhendo muitos objetos que poderiam ser perigosos para a Terra.

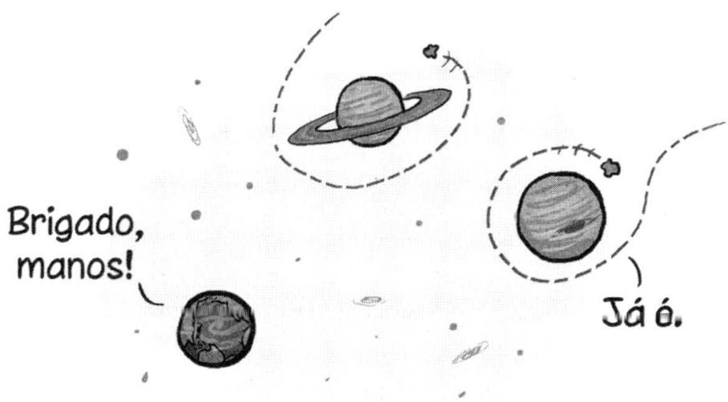

Por outro lado, você não pode estar muito afastado do centro da galáxia porque precisa dos elementos mais pesados para realizar a química complexa. Esses elementos só podem ser formados através da fusão no interior de estrelas e então dispersados quando essas estrelas colapsam e explodem. Essas estrelas são mais raras próximas às bordas das galáxias e, portanto, o planeta não pode estar assim tão afastado do centro da galáxia. Mas você precisa de mais do que tempo suficiente; talvez a vida inteligente não seja inevitável e exija sorte ou circunstâncias especiais. É necessário que a inteligência tenha mãos habilidosas para desenvolver ferramentas e manipular o ambiente? A civilização tecnológica exige grupos sociais complexos para desenvolver linguagem e pensamento simbólico? Se os dinossauros não tivessem sido extintos por aquele enorme asteroide, será que a vida inteligente existiria na Terra hoje ou em algum dia? Não temos ideia.

Resumindo, não temos quase nenhuma informação sobre com que frequência a vida se torna complexa ou desenvolve inteligência ou tecnologia. Muitas pessoas especulam a respeito dessas perguntas, algumas até mesmo propondo argumentos bastante razoáveis sobre o porquê de a vida ser rara ou comum. MAS, no final, a maior parte desses argumentos partem de nossa percepção local e sofrem das mesmas falhas: não sabemos quais aspectos da nossa vida inteligente são locais e não essenciais, ou universais e essenciais.

É muito fácil examinar os detalhes específicos da evolução da vida tecnológica inteligente na Terra e concluir que todos esses detalhes são necessários. Alguns certamente são idiossincráticos e talvez até extremamente raros no universo. Isso significa que a vida é rara? Não necessariamente. A pergunta crítica é se a nossa percepção representa o único caminho possível para a vida como a conhecemos, um entre vários caminhos para a vida como a conhecemos, ou um de vários caminhos possíveis para a vida como jamais a imaginamos.

Este fator, $f_{inteligente}$, poderia ser 1, 0,1, 0,0000000000001, ou ainda menor.

Número de civilizações com tecnologia de comunicações avançada (f_{civ})

Por uma questão de argumentação, vamos imaginar que as partes que consideramos até agora ($n_{estrelas} \times n_{planetas} \times f_{habitáveis} \times f_{vida} \times f_{inteligente}$) ainda nos dão um número grande de espécies inteligentes em nossa galáxia. Não temos nenhuma boa razão para esperar que isso seja verdade, a não ser a de que nos permite continuar pensando sobre as outras partes e evita um final abrupto deste capítulo.

Se houver outra vida inteligente na galáxia, até mesmo vivendo perto de estrelas próximas, como poderemos detectá-la? Exploramos o universo basicamente através do amplo espectro da radiação eletromagnética (EM): ondas de rádio, luz visível, raios X, etc. Nossa preferência pela utilização da radiação EM está enraizada no nosso amor pela visão, porque é o que nossos olhos usam. Mas o que será que os alienígenas usam? Talvez eles prefiram enviar mensagens através de feixes de neutrinos, ondas de choque de matéria escura ou rugas no espaço. Não temos ideia de qual seja seu órgão sensorial primário (ou se têm órgãos sensoriais) e ao que eles podem ser sensíveis.

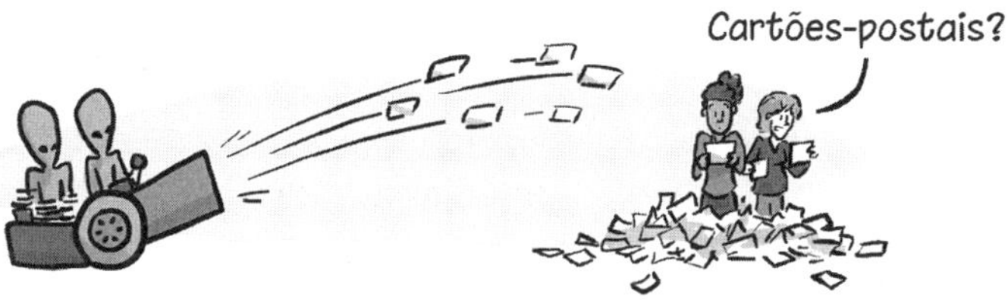

Outra possibilidade inteiramente diferente é que eles não se comuniquem através da radiação, mas usem sondas robóticas para explorar a galáxia. Se essas sondas tiverem a habilidade de minar asteroides e se reproduzir, podem crescer exponencialmente e explorar a galáxia inteira em algo como de dez a cinquenta milhões de anos. Isso pode soar como um longo tempo, mas é curto comparado ao tempo de vida da galáxia.

Porém, mais uma vez, por nenhuma razão, a não ser continuar nossa linha de pensamento, faremos a suposição simplificadora de que eles usam a radiação EM e adicionaremos isso à nossa lista mental de coincidências necessárias com probabilidade desconhecida.

Se eles não estiverem nos enviando mensagens, mas, simplesmente, as transmitindo cegamente através do espaço, ou apenas vazando radiação EM dos equivalentes locais deles a uma transmissão de TV ou de rádio, é bastante improvável que os escutemos, a não ser que eles estejam muito, muito, muito próximos, ou que construamos telescópios muito maiores. O sinal seria fraco demais. Nosso telescópio mais poderoso, em Arecibo, Porto Rico, somente conseguiria escutar tal sinal fraco transmitido tão vastamente se estivesse cerca de um terço de ano-luz de nós. Mas a estrela mais próxima está a mais de dez vezes essa distância. Para recebermos uma mensagem de uma estrela distante ela precisaria ter sido quase que certamente mirada diretamente em nosso quintal cósmico, e não transmitida às cegas.

Chance de estarmos aqui na mesma época (L)

O universo não é simplesmente um lugar grande, é positivamente antigo. Mais de 14 bilhões de anos de história cósmica é tempo suficiente para estrelas se formarem, queimarem, apagarem e morrerem várias e várias vezes. Qualquer um desses ciclos estelares (uma vez que elementos pesados tenham se formado) são bons candidatos para criarem planetas semelhantes à Terra e condições hospitaleiras à vida. Isso significa que o intervalo de tempo em que uma raça alienígena possa existir é extremamente longo. Mas para que consigamos falar com eles, precisamos existir na mesma época.

Por quanto tempo as sociedades tecnológicas sobrevivem? Nossa percepção limitada dificulta uma extrapolação, mas mesmo a história da humanidade está cheia de ciclos de civilizações e colapsos, em escalas de tempo de centenas de anos. Nossa sociedade é muito mais bem equipada para se autodestruir do que qualquer outra que tenha vindo anteriormente. Estaremos tentando escutar mensagens em 500, 5.000 ou 5 milhões de anos? Vamos ao menos existir?

É perfeitamente possível que alienígenas tenham vivido, florescido, enviado mensagens ao espaço e, então, se autodestruído milhões ou bilhões de anos atrás... ou no futuro. Para falarmos com alienígenas, eles precisam ser bastante comuns ou sobreviver por muito tempo.

Imagine que você ainda estivesse no ensino fundamental e, em vez de todos os estudantes saírem para o recreio ao mesmo tempo, sua escola atribuísse recreios aleatoriamente para cada aluno. Qual é a chance de que você consiga recrear ao mesmo tempo que seus colegas? Ou qualquer outra pessoa? Se o seu recreio durar cinco segundos e houver apenas dois alunos na sua escola, você terá que ficar jogando queimado sozinho. Se o seu recreio durar cinco horas ou sua escola tiver 20 bilhões de alunos, você estará feito.

Então, onde eles estão?

Mesmo que utilizemos valores otimistas para todos os números na equação de Drake e suponhamos que a galáxia esteja cheia de raças alienígenas tecnológicas de vida longa, ainda temos mais perguntas a responder.

Será que os alienígenas *querem* falar conosco? Da nossa perspectiva a pergunta pode parecer absurda: quem não iria querer se comunicar com uma inteligência alienígena? Pense em todas as coisas que poderíamos aprender! Mas isso pressupõe uma vasta base cultural comum. Não temos ideia do que esses alienígenas hipotéticos possam querer. Talvez eles já tenham se comunicado com outras espécies e essa experiência não tenha acabado bem, e eles estejam agora dando um tempo de dez mil anos sem checar e-mails nem atualizações do Spacebook.

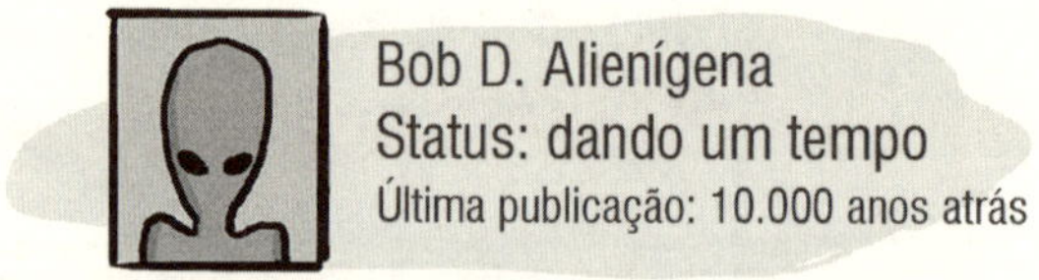

Mesmo em um cenário fortuito e maluco, no qual uma inteligência alienígena existe, use comunicação de rádio, esteja próxima e enviando mensagens diretamente a nós, como saberíamos? Se por um lado temos telescópios de rádio escutando os céus, por outro, não é óbvio que saberíamos como o tipo de mensagem deles se pareceria. Claro, sabemos como *nós* enviaríamos uma mensagem, mas para que os alienígenas nos enviem uma mensagem que sejamos capazes de reconhecer, precisaríamos de uma vasta gama de coisas intelectuais em comum: comunicação baseada em símbolos, sistema de codificação matemático, percepções similares de tempo, etc. Os alienígenas podem pensar rápido demais ou devagar demais para que possamos reconhecer suas mensagens (e se nos enviarem um bit a cada dez anos?). Existe a possibilidade de que estejam nos enviando mensagens *agora mesmo*, mas que não consigamos distingui-las de puro ruído.

Em 1977, um telescópio de rádio em Ohio detectou um sinal estranho. Durou 22 segundos e se originou de algum lugar na direção da constelação de Sagitário. Foi tão poderoso e tão variado em intensidade, como se esperaria da variação de um sinal proveniente do espaço sideral, que o cientista de plantão naquela noite fez imediatamente um círculo ao redor do sinal impresso e escreveram "UAU!" na folha. Infelizmente, o sinal UAU!

jamais foi escutado novamente (não pela falta de ouvintes) e, mesmo que nenhuma explicação terrestre exista, não pode ser interpretado de maneira não ambígua como uma mensagem extraterrestre. (Isso não impediu que os cientistas enviassem uma resposta em 2012, por via das dúvidas).

Ainda piores são os cenários paranoicos que não conseguimos eliminar. Talvez estejamos rodeados por raças alienígenas antigas que evitam nos contatar para observar nossa progressão natural, como se estivéssemos em um zoológico cósmico absurdo. Ou talvez haja várias raças tecnológicas, mas todos estejam escutando sem responder por uma precaução exagerada e medo de invasão. Ou pode ser que eles já tenham nos visitado, mas em modo bastante furtivo. Como não sabemos nada sobre a tecnologia hipotética desses alienígenas hipotéticos que podem existir hipoteticamente, qualquer coisa é possível.

Onde estão todos?

Por que ainda não encontramos vida em outros planetas? Será possível que todas as formas de vida sejam raras, ou que micróbios sejam comuns mas a vida complexa seja rara, ou que a vida complexa esteja em todo lugar, mas que inteligência e civilização sejam incomuns, ou que alienígenas usuários de iPad e bastante experientes com tecnologia estejam espalhados por toda a galáxia, mas não estejam se comunicando conosco, ou que viveram milhões de anos atrás, ou que estejam se comunicando conosco de um jeito que não compreendemos?

Por mais tentador que seja imaginar as coisas que poderemos aprender de tal encontro, os perigos de um contato inicial também são reais. Considere o que acontece, na história da humanidade, quando uma cultura poderosa encontra uma cultura mais fraca: raramente acaba bem para o lado mais primitivo. Como ainda não temos a capacidade de visitar outros planetas ou estrelas, deveríamos estar transmitindo nossa presença e convidando qualquer um da nossa vizinhança galáctica para nos visitar e se servirem dos restos de torta em nossa geladeira (ou, pior ainda, de nós)?

Poderíamos aprender física com eles?

Colocando de lado contato físico verdadeiro, devido às dificuldades de viagens interestelares humanas (ou alienígenas) tripuladas, que tal apenas uma conversa?

Imagine como seria uma conversa dessas. Cada mensagem levaria anos (ou décadas, ou séculos) para ser transmitida, por causa das grandes distâncias, e, no cenário mais otimista, em que as mentes deles funcionem de maneira similar à nossa, precisaríamos de várias mensagens para estabelecer um protocolo comum básico. O tamanho enorme do universo e o baixo limite de velocidade significam que tal conversa poderia durar gerações. Com a taxa com a qual a nossa sociedade está mudando e nossas visões de ciência estão se desenvolvendo, poderíamos achar nossas próprias perguntas bobas, ou mal escolhidas, na ocasião da chegada das respostas.

Estamos sós?

Talvez um dia você vai ter em mãos um guia do Planeta Solitário para outros planetas (mas quando esse dia chegar eles vão precisar mudar o nome para Galáxia Solitária), um livro no qual os mochileiros consigam obter ótimas recomendações sobre o que levar para uma festa Hzrxypod em Alfa Centauro ou onde conseguir os melhores picoles com sabores de tentáculos no planeta Kepler 61b. Quão grande este livro seria? Teria cem páginas, catalogando os zilhões de exemplos diferentes de vida que já se desenvolveu em uma miríade de maneiras estranhas através do universo? Ou teria uma única página solitária descrevendo apenas a vida na Terra?

Esse continua sendo um dos grandes mistérios da ciência: quão improvável e incomum é a vida?

Por um lado, nosso tipo particular de vida *parece* bastante improvável. Pense em todas as coincidências loucas que tiveram que acontecer para que você pudesse estar lendo este livro premiado.[127] Nossa estrela precisou ter o tamanho e temperatura certos, nosso planeta precisou estar na órbita certa e água precisou aterrissar aqui miraculosamente, provavelmente lançada das profundezas do espaço em forma de cometas ou asteroides de gelo. E, neste planeta, a combinação certa de átomos precisou se formar até que, um dia, um raio a atingiu para criar a primeira faísca de vida. Quão improvável é que tal faísca tenha florescido? Que dificuldades incríveis ela deve ter superado, em uma geografia rochosa indiferente, até crescer

127. Eles dão prêmios para livros de física com piadas de pum, certo?

e um dia levar a... nós? Os mecanismos intricados da vida parecem ser um fenômeno improvável, para dizer o mínimo.

Porém, isso diz respeito ao nosso tipo particular de vida. É verdade que uma longa sequência de eventos teve que conspirar para especificamente produzir humanos, mas no caso de algum desses eventos ter falhado, talvez outra espécie ou outra forma de vida estaria em nosso lugar. Dizer que a vida é incomum requer demonstrar que qualquer outra sequência de eventos teria levado a um planeta estéril. Mas como não sabemos todas as formas que a vida pode ter, não podemos realizar essa demonstração.

A razão pela qual não sabemos como estimar acuradamente as condições que levaram à vida é que temos apenas uma amostra de dados: nós. Como você mediria a probabilidade de um raio cair, se o tiver visto cair apenas uma vez? Talvez estejamos inclinados demais pela nossa própria experiência de como a vida começou na Terra e estejamos totalmente cegos a milhões de outras maneiras em que a vida possa ter começado. Pode ser que *nossa* vida tenha começado como um raio acidental e improvável, mas talvez haja tomadas elétricas convenientes espalhadas por todo o universo. Não temos ideia!

E, lembre-se, mesmo que a vida seja improvável, vivemos em um universo insano e grande. É incrivelmente vasto, com bilhões sobre bilhões de galáxias, cada uma com bilhões de estrelas e planetas espalhados sobre distâncias impossíveis. Se estamos sós ou não no universo depende destes dois fatores: a improbabilidade potencial da vida é sobrepujada pela insana enormidade do universo? Se você lançar os dados uma quantidade suficiente de vezes, mesmo aquilo que é praticamente impossível provavelmente acontecerá.

Uma coisa é certa, no entanto: a verdade *está* lá fora (entra a trilha sonora de Arquivo-X). Ou há (houve ou haverá) ou não há vida em outros planetas. A resposta existe totalmente independente de estarmos aqui fazendo as perguntas ou não.

Cada uma dessas respostas é de enlouquecer e *uma delas é verdadeira*.

A boa notícia é que estamos agora adquirindo uma noção de exatamente quão grande o universo é, como está estruturado e quantos planetas contem. Pela primeira vez na história da vida neste planeta, abrimos os nossos olhos e ampliamos os alcances do nosso conhecimento quase até o quanto é possível.

Pode ser que estejamos sós no universo e que os seres humanos sejam o único farol de lucidez que este vasto cosmos já tenha conhecido ou vai conhecer.

Ou pode ser que o universo esteja repleto de vida por todo canto e que sejamos apenas uma em um milhão de maneiras através das quais moléculas podem se arranjar, autorreplicar, adquirir consciência e comer lóbulos oculares.

Ou talvez a resposta esteja em algum meio termo e a vida seja rara, porém não tão rara. Pode ser que tenhamos apenas alguns postos avançados de vida na história do universo que jamais falarão ou tomarão conhecimento uns dos outros por causa das enormes escalas de espaço e tempo.

Em todo caso, não devemos jamais esquecer: a vida existe e somos a prova disso.

Uma espécie de conclusão

O Mistério Definitivo

E assim chegamos ao fim.

Se você comprou, pegou emprestado ou roubou este livro porque queria respostas para as maiores perguntas no universo, talvez este não tenha sido o livro certo para você.[128] Este livro não dá respostas, mas faz perguntas.

Ao longo dos últimos dezessete capítulos você aprendeu que ainda temos muito o que aprender sobre *muitas* coisas. Um monte de coisas bastante *grandes*. Tomar conhecimento de que não sabemos do que 95% do universo é feito ou que há coisas estranhas por aí afora sobre as quais compreendemos muito pouco (antimatéria, raios cósmicos, o limite de velocidade do universo) podem deixá-lo um pouco perturbado. Quem não ficaria após descobrir que está rodeado por uma substância desconhecida

128. Sabemos que é um pouco tarde demais para este aviso.

chamada de matéria escura e que está sendo puxado por algo chamado energia escura *neste exato momento*? É o suficiente para deixar qualquer um nervoso só de pensar em sair de casa.

Mas esperamos que você também tenha aprendido a lição principal deste livro: devemos ficar *entusiasmados* sobre todas as coisas que não sabemos. O fato de ainda não sabermos tantas verdades fundamentais sobre o universo significa que ainda há descobertas incríveis à nossa frente. Quem sabe que insights fantásticos vamos encontrar ou quais tecnologias surpreendentes vamos desenvolver ao longo do caminho? A era da exploração e descoberta humana está longe do fim.

Se você realmente aprendeu esta lição, talvez esteja pronto para discutir conosco um último mistério. E começa com uma pergunta tão profunda que muitos poderiam chamar de O Mistério Definitivo:

Por que o universo existe e por que ele é do jeito que é?

Alguns de vocês devem estar, agora, um tanto preocupados por estarmos levantando esta questão. Afinal, outra grande lição deste livro é relativa ao cuidado com os *limites da ciência*. De todas as perguntas que se pode fazer, há algumas que estão no âmbito da ciência porque suas respostas podem ser testadas. Outras, cujas respostas não podem ser testadas experimentalmente, podem ser profundas e fascinantes, mas estão além do âmbito da ciência e pertencem mais ao domínio da filosofia. Perguntar por que o universo existe soa perigosamente próximo ao tipo de pergunta que pertence à categoria filosófica.

Por quê? Porque quando você faz esta pergunta, o que você está realmente procurando é uma explicação baseada em alguma lei fundamental ou fato sobre o universo, que mostre que o universo *tinha* que existir e que não poderia ter sido feito de outra maneira (e ainda ser consistente). Se ele pudesse ser feito de outra maneira (ou nem mesmo ter sido feito), então outra pergunta surge: por que o universo é *dessa* maneira e não *daquela*?

Porém, mesmo que você encontre tal explicação e descubra que há leis fundamentais que não poderiam ter sido juntadas de outra forma (ex., sem parâmetros aleatórios ou arbitrários), mesmo assim ainda *mais* perguntas surgem:

Por que leis fundamentais existem? E por que o universo as segue?

Como você pode ver, todas essas perguntas são capciosas até mesmo para a filosofia e está claro que as respostas podem estar fora do âmbito da ciência.

Na verdade, pode ser que *muitos* dos mistérios profundos que explicamos neste livro também estejam além do âmbito da investigação científica. Isso significa que *jamais* vamos encontrar as respostas destas perguntas?

Não necessariamente!

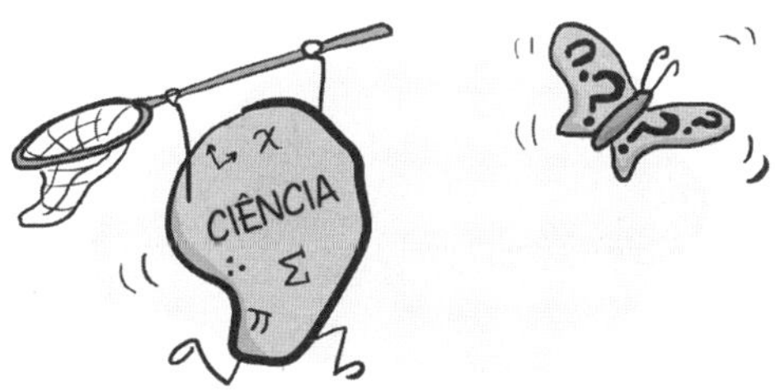

O universo testável

É possível que haja perguntas para as quais jamais vamos encontrar respostas, mas há também perguntas que se deslocaram da filosofia para a ciência.

À medida que expandimos nossa habilidade de olhar bem longe no universo e bem dentro das partículas, também expandimos o número de coisas que conseguimos testar com a ciência. Isso faz crescer aquilo que chamamos de universo testável.

Você deve se lembrar do conceito de universo observável descrito anteriormente neste livro. Essa é a fração do universo que podemos de fato enxergar hoje, porque tempo suficiente se passou, desde o início do universo, para que a luz nessa fração tenha nos alcançado. Tudo do lado de fora dessa fração nos é invisível porque a sua luz ainda não conseguiu nos alcançar.

De maneira análoga, o universo testável é a fração do universo que conseguimos confirmar e tomar conhecimento através da ciência. Não inclui apenas as fronteiras exteriores da nossa visão (quão longe no espaço conseguimos ver). Também inclui as fronteiras interiores (os menores pedaços de espaço e matéria que conseguimos ver). Inclui os limites de quão minuciosa e acuradamente conseguimos discernir as coisas, nas menores e maiores escalas, e inclui os limites das nossas teorias, da matemática e da capacidade de compreensão.[129]

129. Esta última é um tanto aterrorizante: e se o universo fizer total sentido e puder ser descrito por uma teoria matemática elegante que esteja além da capacidade do nosso cérebro de compreender?

Assim como o universo observável, é bastante provável (se não óbvio) que o universo testável é muito menor que o universo completo. Isso significa que ainda há muita coisa além do nosso alcance. Mas aí vai a parte excitante de tudo isso: ainda que haja muitas perguntas que estão fora dos limites da ciência, a ciência está *sempre crescendo*.

Assim como o universo observável, o universo testável está se expandindo. Cada vez que desenvolvemos novas tecnologias e novas ferramentas para investigar a realidade, o universo testável cresce. Nossa capacidade de compreender o mundo ao nosso redor e de esclarecer todos os conhecidos desconhecidos no universo se expande a cada ano. Na verdade, o mais fantástico é que o crescimento do universo testável está *acelerando*.

Uns cem anos atrás, quando a ciência estava em sua infância, o universo testável era bem pequeno e crescia vagarosamente. Nossa tecnologia e nossa capacidade de modelar e entender a natureza eram bastante limitados durante as primeiras décadas da investigação científica.

Então, pouco mais de cem anos atrás, conforme o progresso tecnológico nos proporcionava novas ferramentas para explorar nosso ambiente, o universo testável começou a se expandir rapidamente. Podemos agora fazer — e responder! — perguntas sobre física quântica, a formação do universo e a natureza da matéria, que eram, anteriormente, deixadas aos filósofos.

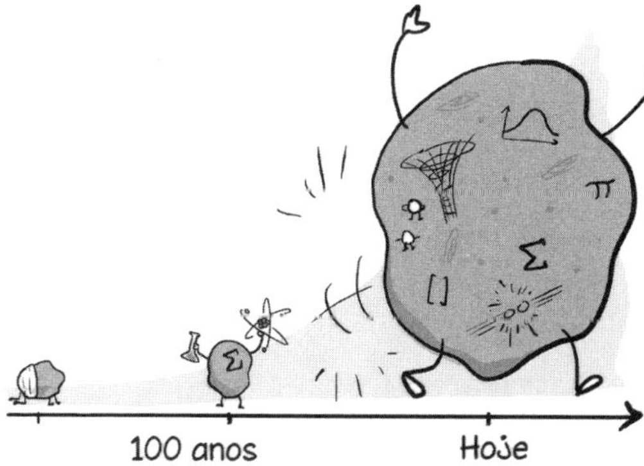

A CIÊNCIA ATINGE A PUBERDADE

É justo dizer, hoje, que o universo testável está passando pela sua própria versão da inflação cósmica: uma expansão além de tudo que vimos anteriormente. De apenas uns cem anos para cá, conseguimos espiar o Big Bang a fundo e talvez as bordas do cosmos. Conseguimos especular e potencialmente verificar se o espaço propriamente dito é infinito ou se é curvado sobre si mesmo como uma batata. Conseguimos olhar bem dentro de prótons e acelerar a matéria a 99,999999% da velocidade da luz. Começamos a enviar espaçonaves não tripuladas além do nosso sistema solar e aterrissar sondas em cometas.

O que isso significa para perguntas como "Por que o universo existe?", que parecem, hoje, estar irremediavelmente fora do universo testável? Precisamos olhar para a história recente e nos incentivarmos pela rápida inflação do nosso conhecimento. As ferramentas e as técnicas científicas que estão sendo desenvolvidas hoje, e que serão no futuro, continuarão a aumentar o número de coisas que conseguimos estudar e o número de perguntas que podem ter respostas firmes e testáveis.

Vamos algum dia ser capazes de responder perguntas profundas como essas sobre o universo?

Não temos ideia.

Mas certamente será uma jornada empolgante.

FIQUEM LIGADOS NA NOSSA SEQUÊNCIA, NÓS TEMOS ALGUMAS IDEIAS

Agradecimentos

Agradecemos ao incalculável insight científico e à verificação de fatos realizados por James Bullock, Manoj Kaplinghat, Tim Tait, Jonathan Feng, Michael Cooper, Jeffrey Streets, Kyle Cranmer, Jahred Adelman e Flip Tanedo.

Muito obrigado aos leitores das versões iniciais pelos seus feedbacks: Dan Gross, Max Gross, Carla Wilson, Kim Dittmar, Aviva Whiteson, Katrine Whiteson, Silas Whiteson, Hazel Whiteson, Suelika Chial, Tony Hu e Winston e Cecilia Cham.

Um agradecimento especial à nossa editora, Courtney Young, pela sua fé nesse projeto e constantes conselhos, e a Seth Fishman por nos ajudar a encontrar o lar certo para este livro. Agradecemos à toda equipe da Gernert Company, incluindo Rebecca Gardner, Will Roberts, Ellen Goodson e Jack Gernert. E muito obrigado a todos da Riverhead Books que contribuíram com seu tempo e talento para produzir e lançar este livro, incluindo Kevin Murphy, Katie Freeman, Mary Stone, Jessica Miltenberger, Helen Yentus e Linda Korn.

Também gostaríamos de agradecer a todas as pessoas que vêm acompanhando nosso trabalho on-line por anos. Vocês nos inspiram a continuar a fazer coisas interessantes.

Finalmente, agradecemos aos muitos, muitos cientistas, engenheiros e pesquisadores que trabalham para ampliar as fronteiras do nosso conhecimento. Um brinde às suas ideias.

Bibliografia

Como você sabe essas coisas?
E onde posso aprender mais?

Capítulos 1 e 2

As porcentagens de matéria escura e de energia escura mencionadas vêm da medição realizada, em 2013, pela *Planck Collaboration* [Colaboração Planck]: http://arxiv.org/abs/1303.5062. Existem medidas atualizadas, mas a análise qualitativa não mudou.

As curvas de rotação de galáxias foram estudadas pela primeira vez por Vera Rubin e Kent Ford nas décadas de 1960 e 1970. Rubin, Vera, Norbert Thonnard e W. Kent Ford Jr, 1980. *The Astrophysical Journal* [O jornal astrofísico] 238: 471-87.

Lentes gravitacionais têm na verdade duas abordagens diferentes. Lentes fortes mostram a distorção dramática de uma única galáxia (ex., https://arxiv.org/abs/astro-ph/9801158) e lentes fracas medem efeitos mínimos em muitas galáxias com base estatística (e.g., https://arxiv.org/abs/astro-ph/0307272).

A colisão entre galáxias mencionada é o *Bullet Cluster* [Aglomerado Bala] (https://arxiv.org/abs/astro-ph/0608407). Aprendemos daquela colisão que a matéria escura não tem autointerações fortes (https://arxiv.org/abs/astro-ph/0309303).

Para um relatório atual sobre informações acerca da matéria escura e buscas por WIMPs: https://arxiv.org/abs/1401.0216.

Capítulo 3

As supernovas tipo Ia foram observadas pelo High-Z Supernova Search Team [Time de Procura por Supernovas High-Z] (https://arxiv.org/abs/astro-ph/9805201) e pelo Supernova Cosmology Project [Projeto de Cosmologia Supernova] (https://arxiv.org/abs/astro-ph/9812133). Essas supernovas não têm todas o mesmo pico de brilho, mas uma curva de luz específica, a quantidade de luz que emitem como função do tempo, que pode ser calibrada (Phillips, Mark

M. 1993. *The Astrophysical Journal* [O jornal astrofísico] 413, nº 2: L105-8), de modo que essas supernovas forneçam uma medida de distância.

Capítulo 4

Muitos detalhes do nosso entendimento atual sobre partículas podem ser encontrados no site *Particle Data Group* [Grupo de Dados de Partícula]: http://pdg.lbl.gov.

Capítulo 5

Mais ou menos $N = 10^{23}$ é quando a energia de ligação começa a se igualar à energia dos pedaços de lhama porque esse é o número aproximado de átomos num objeto macroscópico (a constante de Avogadro).

Observações experimentais da energia de ligação afetando a massa incluem os processos de decaimento radioativo — decaimento beta do nêutron, por exemplo. Um nêutron de massa 939,57 MeV decai em: um próton de massa 938,28 MeV, um elétron de 0,511 MeV e um neutrino de massa desprezível. O desaparecimento de massa (939,57 — [938,28 + 0,511] = 0,78 MeV) é uma consequência da baixa energia das ligações dos prótons e essa massa é convertida em energia cinética do próton, elétron e neutrino. Um exemplo oposto é a molécula de O2, que tem *menos* massa que dois átomos de oxigênio porque os dois átomos se atraem e a formação da molécula de O2 *libera* energia.

A porcentagem de 0,005 vem do fato de que a energia de ligação por núcleo são poucos MeV e a massa dos núcleos é quase 1.000 MeV.

As massas dos quarks up e down são <5 MeV e as massas do próton e do núcleo são cerca de 1.000 MeV, de modo que a massa total dos quarks dentro dos núcleos é cerca de 15/1.000 ou cerca de 1%.

O quark top tem cerca de 170.000 MeV de massa e o quark up, 2,3 MeV, numa razão de cerca de 1:75.000.

Uma descrição técnica de como o campo de Higgs funciona e como ele resolve o problema dos bósons W e Z pode ser encontrada em http://arxiv.org/abs/0910.5095 ou, com mais detalhes, no vídeo dos autores: http://vimeo.com/41038445.

Capítulo 6

Há várias maneiras de comparar a força da gravidade com as outras forças.

Primeiro, podemos comparar a constante de acoplamento gravitacional ($\alpha_g = Gm_e^2/\hbar(c) = 1{,}7518 \times 10^{-45}$) com a constante de acoplamento eletro-magnética (também chamada constante de estrutura fina) de $\frac{1}{137} = 7\text{x}10^{-3}$. Resulta numa razão de 10^{-42}.

Mas a força sentida em objetos devido às forças gravitacional e eletromagnética depende da massa e da carga. Por exemplo, se você comparar as forças gravitacional e eletromagnética em dois prótons (carga = 1, massa = 1.000 MeV):

$$F_g = G(m_p m_p/r^2)$$

$$F_{em} = k_e(q_p q_p/r^2)$$

Logo, $F_g/F_{em} = G(m_p m_p)/k_e(q_p q_p) = [G(m_p)^2] / [k_e(q_p)^2] = [6.674 \times 10^{-11}\ Nm^2/kg^2\ (1.67 \times 10^{-27}\ kg)^2] / [8.99 \times 10^9\ Nm^2/C^2 = 8 \times 10^{-37}$, que é quase 1×10^{-36}

A onda gravitacional vai distorcer bem pouco o espaço. A primeira detecção que a LIGO observou foi uma distorção de cerca de 1×10^{-21} (Fig 1 de http://arxiv.org/abs/1602.03837).

Capítulo 7

O espaço é plano com uma margem de erro de 0,4% de acordo com a medida da radiação cósmica de fundo feita pela WMAP 2013 (http://map.gsfc.nasa.gov/universe/uni_shape.html) e com o estudo de triângulos grandes (http://arxiv.org/abs/astro-ph/0004404).

Distâncias de 10^{-35} metros correspondem à escala do comprimento de Planck: metros $\sqrt{(\hbar G/c^3)} = 1{,}616 \times 10^{-35}$.

Capítulo 8

Para mais leituras sobre a flecha do tempo recomendamos o excelente livro *From Eternity to Here* [Da eternidade até aqui] de Sean Carroll.

Capítulo 9

O fluxo de neutrino solar tem cerca de 7×10^{10} partículas por cm^2 por segundo (*Astroparticle Physics* [Física de Astropartículas], de Clauss Grupen, página 95).

Veja as notas do Capítulo 6 sobre a fraqueza da gravidade, na qual é discutido o fator 10^{-42} entre a força da gravidade e a força eletromagnética.

A nota de rodapé sobre mecânica quântica e sua percepção de tempo se refere ao princípio da incerteza, que pode relacionar incerteza em energia com incerteza em tempo.

Capítulo 10

Para uma boa revisão de relatividade, veja *Modern Physics for Scientists and Engineers* [Física Moderna para cientistas e engenheiros], de John R. Taylor, Chris D. Zafiratos e Michael A. Dubson.

A velocidade da luz é de 299.792.458 metros por segundo. Esse é um número exato uma vez que é usado para definir o comprimento de um metro.

Os limites da tolerância humana para a força G tem sido estudado no contexto de pilotos de caça (veja *Medical Aspects of Harsh Environments* [Aspectos médicos de ambientes extremos], volume 2, capítulo 33, de Ulf Balldin).

Uma aceleração de 3 g (~30 m/s^2) levaria 10 milhões de segundos (um terço de um ano) para alcançar a velocidade da luz, mas note que manter essa aceleração iria requerer uma quantidade crescente de energia.

A estrela mais próxima é a Proxima Centauri, 4,2 anos-luz = $4{,}0 \times 10^{16}$ metros.

Capítulo 11

Uma revisão sobre raios cósmicos e seus mecanismos de detecção se encontra em *Extensive Air Shower* [Chuvas de ar extensas], de Peter Grieder.

A desaceleração dos raios cósmicos altamente energéticos devido suas interações com fótons do universo primordial é chamado efeito GZK (Greisen-Zatsepin-Kuzmin).

Observe que muitos dos números neste capítulo são aproximados, uma vez que a taxa de partículas a altas energias tem incertezas grandes, mas a análise qualitativa não é afetada.

Capítulo 12

O CERN pode fazer 10 milhões de antiprótons por minuto (Veja "Cold Antihydrogen: A New Frontier in Fundamental Physics" [Anti-hidrogênio frio: uma nova fronteira em física fundamental], de Niels Madsen, publicado na *Philosophical Transactions of the Royal Society* [Transações filosóficas da sociedade real], em 2010.

Um grama de antimatéria mais um grama de matéria poderia gerar 2 gramas $\times c^2$ de energia = $(2 \times 10^{-3}$ kg$)$ $(3 \times 10^8$ m/s$^2)^2 = 1.8 \times 10^{14}$ J = 43 quilotons.

A procura por galáxias de antimatéria é descrita aqui: http://arxiv.org/abs/0808.1122.

O experimento ALPHA do CERN produz e analisa anti-hidrogênio. Veja http://home.cern/about/experiments/alpha.

Capítulo 14

O universo tem 13,6 (13,8) bilhões de anos de acordo com os dados *Planck* de 2013 (2015).

A descoberta acidental da radiação cósmica de fundo por Arno Penzias e Robert Wilson, em 1964, os fizeram ganhar o Prêmio Nobel de Física em 1978. A época que o universo se tornou transparente é datada em 380.000 anos depois do Big Bang, de acordo com os dados *Planck* de 2013 (http://www.mpg.de/7044245).

Existem muitas teorias sobre inflação; usamos números aproximados que são característicos: expansão de 10^{25} vezes para um período curto começando nos 10^{-30} primeiros segundos depois do Big Bang.

Capítulo 15

Não se sabe ao certo o número de estrelas na Via Láctea. As estimativas variam de 100 bilhões até um trilhão (http://www.huffingtonpost.com/dr-sten-odenwald/number-of-stars-in-the-milky-way_b_4976030.html).

O número de galáxias no universo observável também não é categoricamente conhecido. As estimativas variam de 100 bilhões até 200 bilhões (http://www.space.com/25303-how-many-galaxies-are-in-the-universe.html) ou até 2 trilhões (http://arxiv.org/abs/1607.03909).

A massa estimada de nosso superaglomerado é 10^{15} vezes a massa do Sol (http://arxiv.org/abs/0706.1122).

Simulações mostram que a formação de uma galáxia depende da presença de matéria escura (http://arxiv.org/abs/astro-ph/0512234).

Estima-se que o tamanho do universo observável é de 14,26 gigaparsecs, ou 46,5 bilhões de anos-luz, ou $4{,}40 \times 10^{26}$ metros, em qualquer direção (http://arxiv.org/abs/astro-ph/0310571).

O número estimado de partículas no universo é aproximado e vem, principalmente, do número estimado de estrelas e da razão entre matéria escura e matéria normal; como a massa de matéria escura é desconhecida, a incerteza é muito grande. Veja: http://universetoday.com/36302/atoms-in-the-universe/.

Capítulo 16

O raio de um próton tem cerca de 10^{-16} metros, mas sua definição é um pouco filosófica.

O LHC tem energias de colisão de cerca de 10 TeV, que é 10^{13} eV, correspondendo a 10^{-20} metros.

Capítulo 17

A estimativa da fração de estrelas com planetas parecidos com a Terra vem dos dados de *Kepler* (http://arxiv.org/abs/1301.0842).

A base de dados do *Meteoritical Bulletin* [Boletim meteórico] lista, atualmente, 177 meteoros catalogados como sendo de origem marciana (http://www.lpi.usra.edu/meteor/index.php).

Leitura recomendada

Our Mathematical Universe [Nosso universo matemático], de Max Tegmark, publicado pela Knopf em 2014.

From Eternity to Here [Da eternidade até aqui], de Sean Carroll, publicado pela Dutton em 2010.

Sete breves lições de Física, de Carlo Rovelli, publicado pela Objetiva em 2015.

Este livro foi composto na tipografia
Sabon LT Std, em corpo 11/16, e impresso
em papel off-white 70g/m² na Lis Gráfica